普通高等教育规划教材

水污染控制工程

李 潜　缪应祺　张红梅　主编

中国环境出版集团·北京

图书在版编目（CIP）数据

水污染控制工程/李潜，缪应祺，张红梅主编. —北京：中国环境出版集团，2013.11（2018.8 重印）
普通高等教育规划教材
ISBN 978-7-5111-1531-7

Ⅰ.①水… Ⅱ.①李… ②缪… ③张… Ⅲ.①水污染—污染控制—高等学校—教材 Ⅳ.①X520.6

中国版本图书馆 CIP 数据核字（2013）第 177098 号

出 版 人	武德凯	
责任编辑	黄晓燕　侯华华	更多信息，请关注中国环境出版集团第一分社
责任校对	唐丽虹	
封面设计	宋　瑞	

出版发行　**中国环境出版集团**
　　　　　（100062　北京市东城区广渠门内大街 16 号）
　　　　　网　　址：http://www.cesp.com.cn
　　　　　电子邮箱：bjgl@cesp.com.cn
　　　　　联系电话：010-67112765（编辑管理部）
　　　　　　　　　　010-67112735（第一分社）
　　　　　发行热线：010-67125803，010-67113405（传真）
印　　刷　北京中科印刷有限公司
经　　销　各地新华书店
版　　次　2013 年 11 月第 1 版
印　　次　2018 年 8 月第 2 次印刷
开　　本　170×230
印　　张　22
字　　数　380 千字
定　　价　38.00 元

【版权所有。未经许可，请勿翻印、转载，违者必究。】
如有缺页、破损、倒装等印装质量问题，请寄回本社更换

前　言

《水污染控制工程》是高等院校环境类专业的一门主干课程，本书是根据全国高等院校环境工程专业教学指导委员会制定的教学基本要求，面向环保产业的人才需求和学生工程素质能力培养的需要，在江苏大学 2002 年首次编写的同名教材的基础上，结合多年教学实践经验编写。

本书由分单元到总集合的大结构体系安排内容，先分别介绍各种污水处理单元，后介绍各种污水处理单元的集合体，即污水处理系统或污水处理厂，其中各种污水处理单元按照基本概念（原理）—设备—工程应用的结构体系讲解。本书编写注重吸收污水处理的新理论和新技术，突出一体化污水处理设备，同时力求理论联系实际，用工程观点分析问题，融水污染控制理论与工程实践于一体，并且内容精简，适合于 60～90 学时的教学需要。可供高等院校环境工程、环境科学、环保设备工程、给排水工程等专业作为教材，还可供从事水处理和环境保护的研究、设计与运行管理及技术人员等参考。

本书的编写人员有：缪应祺（第一章），李潜、张祯（第二章），邵晓玲（第三章），李潜（第四章、第五章、第六章），张红梅（第七章、第八章），丁成、张红梅（第九章），刘宏（第十章），解清杰（第十一章），全书由李潜负责统稿。在编写过程中得到了江苏大学和盐城工学院同事们的关心和帮助，在此一并致以衷心的感谢。

由于编者水平有限，书中存在一些缺点和错误在所难免，恳请广大读者和同行专家批评指正。

李　潜

2012 年 11 月

目　录

第一章　绪　论 ... 1
　第一节　水资源与水循环 ... 1
　第二节　水污染 ... 3
　第三节　水污染控制 ... 4

第二章　物理处理法 ... 9
　第一节　均化法 ... 9
　第二节　拦截法 ... 12
　第三节　重力分离法 ... 19

第三章　化学处理法 ... 50
　第一节　混凝法 ... 50
　第二节　中和法 ... 61
　第三节　化学沉淀法 ... 66
　第四节　化学氧化法 ... 69
　第五节　化学还原法 ... 75
　第六节　电解法 ... 76

第四章　物化处理法 ... 80
　第一节　吸附法 ... 80
　第二节　离子交换法 ... 92
　第三节　气浮法 ... 99
　第四节　膜分离法 ... 111
　第五节　其他物化处理法 ... 122

第五章　生物处理基础 ... 138
　第一节　微生物基础 ... 138
　第二节　动力学基础 ... 143
　第三节　污水生物处理 ... 147
　第四节　污水的可生化性 ... 154

第六章 活性污泥法 160
第一节 基本原理 160
第二节 活性污泥法参数 163
第三节 曝气原理和曝气系统 171
第四节 活性污泥法工艺类型 184
第五节 活性污泥法工艺设计 197

第七章 生物膜法 226
第一节 基本原理 226
第二节 生物滤池 232
第三节 生物接触氧化法 247
第四节 其他形式生物膜反应器 252

第八章 厌氧生物处理法 259
第一节 基本原理 259
第二节 厌氧生物处理方法 265
第三节 厌氧生物处理的设计 274
第四节 厌氧与好氧生物处理联用工艺 275

第九章 自然净化处理 287
第一节 稳定塘 287
第二节 土地处理系统 296
第三节 人工湿地系统 303

第十章 一体化污水处理及中水回用设备 308
第一节 一体化污水处理设备 308
第二节 一体化中水回用设备 319

第十一章 污水处理厂设计 330
第一节 设计程序与厂址选择 330
第二节 污水处理工艺流程选择 332
第三节 污水处理厂平面与高程布置 337
第四节 城市污水处理厂设计实例 341

参考文献 345

第一章 绪 论

第一节 水资源与水循环

一、水资源

水是人类生存和社会发展必不可少的物质,是地球上最宝贵的一种自然资源。

地球上水的总量为14.5亿 km^3,其中淡水只占2.5%,且主要分布在南北两极的冰雪中。目前,人类可以直接利用的只有地下水、湖泊淡水和河流水,三者总共约占地球总水量的0.77%,除去不能开采的深层地下水,人类实际能利用的水占地球总水量的0.26%左右。

我国水资源总量2.8万亿 m^3,人均2 173 m^3,仅为世界人均水平的1/4。其特点是水资源不足、用水浪费、水污染严重,资源型缺水、工程型缺水和水质型缺水并存。并且我国水资源空间分布不平衡,总体上"南多北少",长江以北水系流域面积占全国国土面积的64%,而水资源量仅占19%。目前全国600多个城市中,400多个缺水,其中100多个严重缺水,北京、天津等大城市最为严峻。

二、水循环

地球上的水始终处于循环运动之中,有自然循环和社会循环两种类型。

1. 自然循环

地球表面上的水在太阳辐射下,受热蒸发为水蒸气,水蒸气升至空中形成云,并被气流输送至各地,在适当条件下凝结而形成降水,降落在陆地上的雨雪转化为地表径流和地下径流,最后又回归海洋。因此自然界的水通过蒸发、输送、降水、渗透等环节不停地流动和转化,从海洋到天空高陆地,最后又回到海洋,这种循环就构成了水的自然循环,见图1-1。全世界自然水文循环总量57.9万 km^3/a,地表、地下径流总量4.7万 km^3/a。

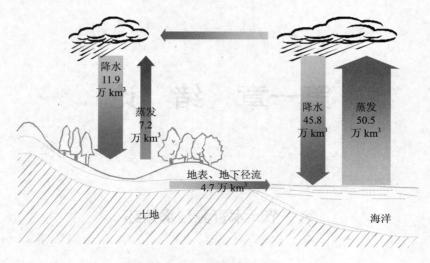

图 1-1 水的自然循环

2．社会循环

人类以各种自然水体为水源用于生活和生产，使用后的水就变成了污染过的水，简称为废水或污水，被排出的污水最后又流入自然水体，这样在人类社会中构成的局部循环系统称为水的社会循环，见图 1-2。

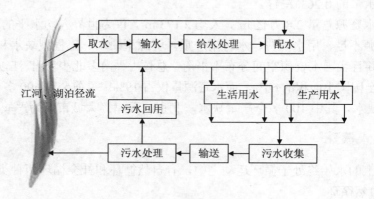

图 1-2 水的社会循环

在水的社会循环中，显示出人与自然在水量和水质方面存在的巨大矛盾，集中表现在废水的排放对水体、土壤、大气等的污染，即废水污染。

第二节 水污染

一、水体污染

水体污染是指污染物进入河流、湖泊、海洋或地下水等水体，使水体的水质和沉积物的物理性质、化学性质或生物群落组成发生变化，从而降低了水体的使用价值和使用功能的现象。污染物进入水体的主要途径为人口集中区域的生活污水排放，工业生产过程中产生的废水排放，使用农药或化肥的农田排水，大气中的污染物随降水进入地表水体，固体废弃物堆放场地因雨水冲刷、渗漏或抛入水体等所造成的污染，其中废水排放是造成水污染的主要原因。

废水的分类有多种方法，根据废水的来源分为生活污水和工业废水两大类，又将城镇生活污水、工业废水和雨水的混合废水称为城市污水，它是城市通过下水管道收集到的所有排水；按照污染物的化学类别，分为无机废水和有机废水；也可以根据毒物的种类分类，以表明主要毒物；还可以按照工业行业或生产工艺名称来分类。

二、水体污染物

水体污染物种类繁多，可以用不同的方法、标准或从不同的角度进行分类。从环境工程的角度，水体污染物可以分为固体污染物、需氧污染物、有毒污染物、营养性污染物、生物污染物、酸碱污染物、感官污染物、油类污染物和热污染等。

三、水体污染的危害

水体污染造成的危害极大，包括对人类健康、公共事业、工业生产、农业生产、生态系统、水资源、旅游资源等诸多方面。对人类的危害主要表现在以下3个方面。

（1）对人类健康的危害。水体污染对人类健康的危害最严重，特别是重金属、有毒有害有机污染物和病原微生物等。目前，已知疾病中约80%与水污染有关，一方面许多疾病通过水体媒介传播，另一方面，许多化学药品、重金属污染人类饮用水水源，引发人们癌症、心血管病等多种疾病。

（2）对工业农业生产的危害。电子工业、食品工业等行业对水质的要求比较高，水中污染物会影响产品质量；此外，废水中的有毒有害物质，不仅污染土壤，恶化土质，而且会造成农作物、森林等受损或死亡。

(3) 对生态系统的危害。水体污染会严重干扰自然界的生态系统,水中的有害有毒有机物、重金属、石油、农药等会使水生生物(如鱼类等)大量死亡;水中的环境激素(又称为内分泌干扰物)对水生动物的生殖系统产生影响,会造成有些物种灭绝,又因其迁移转化和生物富集等对人类产生潜在危害。

第三节 水污染控制

一、污水水质与水质指标

水质是指水和其中所含的杂质共同表现出来的综合特性,包括化学、物理、生物学性质3个方面。污水水质的好坏常用水质指标来衡量,与污水的物理、化学、生物学性质相对应,水质指标也可分为物理性、化学性和生物性水质指标3类。

(1) 物理性水质指标。污水的物理性质可以用物理性水质指标衡量。物理性水质指标主要有温度、色度、浊度、透明度、臭与味、固体含量和电导率等,其中温度、色度、浊度、透明度、臭与味称为感官物理性水质指标;总固体量(TS)是指污水在103~105℃蒸发后余下的所有残余物的总量,包括悬浮物(SS)和溶解性固体(DS)。根据测定的电导率可以得知水中溶解性盐类的多少。

(2) 化学性水质指标。污水中常含有需氧有机物、植物营养素、重金属、无机非金属化合物和有害有毒有机污染物等化学物质,其种类及含量的多少可用化学性水质指标来表征。这类指标主要包括:生化需氧量(BOD)、化学需氧量(COD)、总需氧量(TOD)和总有机碳(TOC)等表示有机物的综合性指标;氨氮、凯氏氮、亚硝酸盐、硝酸盐、总氮和总磷等表示植物营养素的指标;汞、镉、铅、镍和铬等重金属指标;总砷、硒、硫化物、氰化物和氟化物等无机非金属化合物指标;酚类化合物、有机磷农药、有机氯农药、有机染料、有机金属化合物、多氯联苯和多环芳烃等有害有毒有机污染物指标。

(3) 生物性水质指标。生物性水质指标主要有细菌总数、大肠菌群数、各种病原体和病毒等。

二、水质标准

(一) 地表水环境质量标准

《地表水环境质量标准》(GB 3838—2002)适用于全国领域内江河、湖泊、水库、运河、渠道等具有使用功能的地表水域。依据地表水水域环境功能和保护目标，按控制功能高低依次将水域功能划分为 5 类。

Ⅰ类：主要适用于源头水、国家自然保护区。

Ⅱ类：主要适用于集中式生活饮用水水源地一级保护区、珍贵鱼类保护区、鱼虾产卵场等。

Ⅲ类：主要适用于集中式生活饮用水水源地二级保护区、一般鱼类保护区及游泳区。

Ⅳ类：主要适用于一般工业区及人体非直接接触的娱乐用水区。

Ⅴ类：主要适用于农业用水区及一般景观要求水域。

同一水域兼有多类功能的，依最高功能划分类别。

（二）水污染物排放标准

我国对工业废水和城镇污水制定了一系列排放标准，主要有《污水综合排放标准》（GB 8978—1996）（一般性排污单位的主要项目的一级排放标准见表 1-1 和表 1-2)、《污水排入城镇下水道水质标准》（CJ 343—2010）（主要污染物排放指标见表 1-3)、《生活污水排放标准》（GB 18918—2002）、《城镇污水处理厂污染物排放标准》（GB 18918—2002）及各种行业排放标准等。

表 1-1 工业污水第一类污染物最高允许排放浓度　　　　（单位：mg/L）

序号	污染物	最高允许排放浓度	序号	污染物	最高允许排放浓度
1	总汞	0.05	8	总镍	1.0
2	烷基汞	不得检出	9	苯并[a]芘	0.000 03
3	总镉	0.1	10	总铍	0.005
4	总铬	1.5	11	总银	0.5
5	六价铬	0.5	12	总α放射性	1 Bq/L
6	总砷	0.5	13	总β放射性	10 Bq/L
7	总铅	1.0	—	—	—

资料来源：GB 8978—1996。

表 1-2 工业污水第二类污染物最高允许排放浓度（pH 除外）

（单位：mg/L）

序号	污染物	一级标准	序号	污染物	一级标准
1	pH 值（量纲一）	6~9	12	氟化物	10
2	色度（稀释倍数）	50	13	磷酸盐	0.5
3	悬浮物（SS）	70	14	甲醛	1.0
4	生化需氧量（BOD_5）	20	15	苯胺类	1.0
5	化学需氧量（COD）	100	16	硝基苯类	2.0

序号	污染物	一级标准	序号	污染物	一级标准
6	石油类	5	17	阴离子合成洗涤剂（LAS）	5.0
7	动植物油	10	18	总铜	0.5
8	挥发性酚	0.5	19	总锌	2.0
9	总氰化合物	0.5	20	总锰	2.0
10	硫化物	1.0	21	元素磷	0.1
11	氨氮	15	22	有机磷农药（以P计）	不得检出

资料来源：GB 8978—1996。

表1-3　污水排入城镇下水道水质等级标准（最高允许浓度，pH除外）

（单位：mg/L）

控制项目名称	A等级	B等级	C等级	控制项目名称	A等级	B等级	C等级
水温/℃	35	35	35	苯胺类	5	5	2
色度/倍	50	70	60	硝基苯类	5	5	3
pH值（量纲一）	6.5～9.5	6.5～9.5	6.5～9.5	挥发酚	1	1	0.5
易沉固体/[mL/(L·15 min)]	10	10	10	阴离子表面活性剂（LAS）	20	20	10
悬浮物（SS）	400	400	300	总汞	0.02	0.02	0.02
溶解性固体	1 600	2 000	2 000	总镉	0.1	0.1	0.1
动植物油	100	100	100	总铬	1.5	1.5	1.5
石油类	20	20	15	六价铬	0.5	0.5	0.5
生化需氧量（BOD_5）	350	350	150	总砷	0.5	0.5	0.5
化学需氧量（COD）	500（800）	500（800）	300	总铅	1	1	1
氨氮（以N计）	45	45	25	总镍	1	1	1
总氮（以N计）	70	70	45	总铍	0.005	0.005	0.005
总磷（以P计）	8	8	5	总银	0.5	0.5	0.5
总氰化物	0.5	0.5	0.5	总硒	0.5	0.5	0.5
总余氯（以Cl_2计）	8	8	8	总铜	2	2	2
硫化物	1	1	1	总锌	5	5	5
氟化物	20	20	20	总锰	2	5	5
氯化物	500	600	800	总铁	5	10	10
硫酸盐	400	600	600	甲醛	5	5	2
有机磷农药（以P计）	0.5	0.5	0.5	三氯甲烷	1	1	0.6
苯系物	2.5	2.5	1	五氯酚	5	5	5

注：括号内数值适用于有城镇污水处理厂的城镇下水道系统。

资料来源：CJ 343—2010。

（三）回用水水质标准

回用目的不同，对水质的要求也不同。我国已颁发的回用水水质标准主要有：

《城市污水再生利用 分类》（GB/T 18919—2002）、《城市污水再生利用 城市杂用水水质》（GB/T 18920—2002）、《城市污水再生利用 景观环境用水水质》（GB/T 18921—2002）、《农田灌溉水质标准》（GB 5084—2005）、《再生水用作冷却用水的水质控制标准》（GB/T 19923—2005）等。

三、水污染控制技术

水污染控制指控制废水对环境的污染，防止水资源的破坏和环境质量的下降。水污染控制技术又称为污水处理技术，已有100多年的发展历史，随着社会的不断需求和科学技术的不断进步，通过技术创新，从最初的物理沉淀和最原始的生物滤池发展到活性污泥法、生物膜法，发展到目前较为完善的多种技术联用。通常把水污染控制技术分为物理方法、化学方法、物理化学方法和生物方法4大类。

物理方法是利用物理作用分离污水中污染物的方法，主要是分离水中呈悬浮状态的污染物质，在处理过程中不改变物质的化学性质，包括物理沉淀法、阻力拦截法、过滤法和离心分离法等。

化学方法是利用化学作用分离污水中污染物的方法，在处理过程中物质的化学性质发生了改变，包括混凝法、中和法、化学沉淀法、氧化还原法、电化学法等。

物理化学方法是利用物化作用分离污水中污染物的方法，包括吸附法、离子交换法、萃取法、膜分离等。

生物方法也称为生物化学法，简称生化法，是通过微生物的作用运用生物化学原理分离污染物的方法，分为好氧生化法和厌氧生化法。

四、污水处理系统

污水处理是利用各种方法或技术将污水中的污染物分离出来，或转化为无害的物质，使污水得到净化的过程。多种污水处理方法或技术的合理组合就构成了污水处理系统，按照处理对象的不同，污水处理系统主要分为城市污水处理系统和工业废水处理系统。

（一）城市污水处理系统

目前，城市污水处理系统包括一级处理、二级处理、三级处理（深度处理）和污泥的处理与处置，如图1-3所示。

一级处理，通常采用物理方法，只去除漂浮物和易沉物，使城市污水排入水体时不致立即出现不洁现象，因此又称为预处理或物理处理。

二级处理，常采用生化法，因此又叫生物处理，主要去除一级处理后污水中的大部分有机物，基本上消除污水的耗氧性能，使水体接纳污水后不至于出现严重缺氧情况，水体生态系统将基本上维持原有的平衡状态。

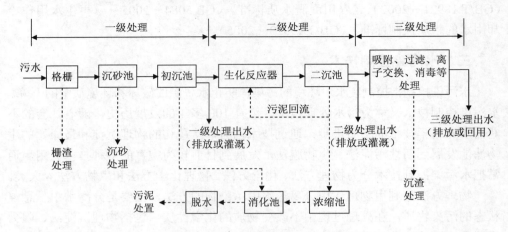

图 1-3　典型的城市污水处理系统

三级处理，进一步去除二级处理不能去除的有机物，并降低出水中氮、磷化合物的浓度，去除病原菌、矿物质（盐）等，出水可以回用。因此，三级处理在某种意义上也可以说是深度处理或高级处理，可采用生物法、吸附、离子交换、消毒、膜分离等多种方法。

污泥是污水处理过程中的副产物，其处理与处置主要包括浓缩、消化、脱水、堆肥或者填埋等。

（二）工业废水处理系统

工业废水种类繁多，性质各异，处理工艺复杂，按照工艺流程的程序，工业废水处理系统包括预处理、主处理和后处理（深度处理）以及污泥的处理与处置。

思考题

1. 简述我国水资源的现状及其特点。
2. 水体污染主要有哪几类？水体中可能有哪些污染物？
3. 概述水体污染控制的主要水质指标。
4. 水污染控制技术可以分为哪几种类型？

第二章 物理处理法

污水的物理处理是借助重力、离心力等物理作用去除污水中的漂浮物、悬浮物和易沉物等的过程，并进行水量、水质的均化，以保证污水处理设施的正常运转，获得稳定的污水处理效果。常用物理处理方法有均化法、拦截法和重力分离法等。

第一节 均化法

均化是用以尽量减小污水处理厂进水水量和水质波动的过程，其构筑物称均化池，亦称调节池。均化的内容包括水量调节和水质均化两个方面。

一、水量调节

污水处理中单纯的水量调节比较简单，所用调节池称均量池或水量调节池，其调节方式有线内调节和线外调节两种。

（一）线内调节

线内调节又称在线调节，其流程见图 2-1，均量池设置在污水处理流程中，所有污水均经过均量池。均量池进水一般采用重力流，出水用泵提升。均量池的容积可采用图解法计算，具体参见相关设计手册。实际上，由于污水流量的变化往往规律性差，所以均量池容积的设计一般凭经验确定。

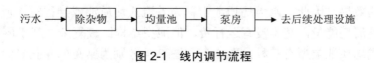

图 2-1 线内调节流程

（二）线外调节

线外调节又称离线调节，其流程见图 2-2，调节池设置在污水处理流程之外，部分污水经过调节池。当污水流量过高时，多余的污水用泵打入调节池，当流量低于设计流量时，再从调节池回流至集水井。与线内调节相比，线外调节的调节池不受进水管高度限制，其体积较小，但调节能力较差，而且被调节水量需要两次提升，动力消耗大。

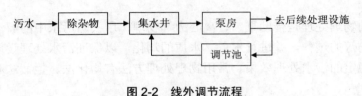

图 2-2　线外调节流程

二、水质均化

水质均化是采用某种方法使不同水质的污水相互混合，以得到较均匀水质的过程，所用构筑物称为水质调节池或均质池。水质均化的基本方式有动力均质和水力均质两种。

（一）动力均质

动力均质是利用压缩空气搅拌、机械搅拌、水泵循环等外加动力使污水强制混合，达到均质的过程。这种方式简单易行，效果好，但动力消耗较大，运行成本高，且空气和机械搅拌混合的设备及管道长期浸在水中，易于腐蚀，因此维护成本高，不宜用于大型污水处理厂。另外，当污水中含有易挥发有害物质和还原性物质时，不宜使用空气搅拌。

（二）水力均质

水力均质是通过均质池的特殊构造使进入池内的污水行程发生变化形成差流而进行自身水力混合，使不同时刻进入均质池的污水同时流出均质池，从而取得随机均质的效果。因此，水力均质池常称为差流式均质池或异程式均质池，这种方式不另外消耗能量，基本没有运行费，但池型结构比较复杂，施工困难。

差流式均质池类型有多种，图 2-3 和图 2-4 分别为常见的穿孔导流墙式均质池（对角线出水）和同心圆型均质池。污水进入均质池后，由于池体结构特殊，可以使不同时刻进入的污水同时流到出水槽，从而使不同浓度的污水相互混合，达到均质的目的。

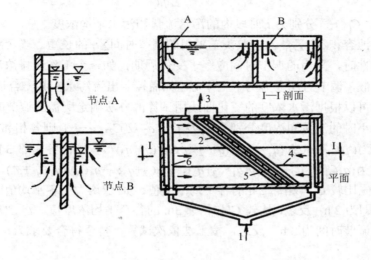

图 2-3　穿孔导流墙式均质池
1. 进水；2. 集水；3. 出水；4. 纵向隔墙；5. 斜向隔墙；6. 配水槽

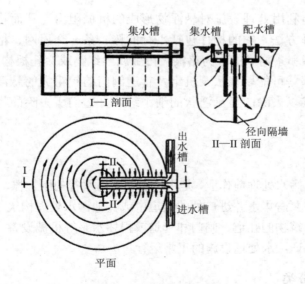

图 2-4　同心圆型均质池

经完全均和后的污水平均浓度 C 由下式计算：

$$C = \frac{\sum q_i C_i t_i}{\sum q_i t_i} \quad (2-1)$$

式中：q_i，C_i —— 分别为 t_i 时段内的污水流量和污水平均浓度。

均质池容积 $V=\sum q_i t_i$，它取决于采用的调节时间 $\sum t_i$ 的长短。当污水水质变化具有周期性时，采用的调节时间应等于变化周期，如一个工作班排浓液，一个工作班排稀液，调节时间应为两个工作班。如需控制出流污水在某一合适的浓度 C' 以内，则可以根据污水浓度的变化曲线用试算的办法确定所需的调节时间。

设各小时的流量和浓度分别为 q_1 及 C_1，q_2 及 C_2，……，则各相邻 2 h 的平均浓度分别为 $(q_1C_1+q_2C_2)/(q_1+q_2)$，$(q_2C_2+q_3C_3)/(q_2+q_3)$，……；各相邻 3 h 时的平均浓度分别为 $(q_1C_1+q_2C_2+q_3C_3)/(q_1+q_2+q_3)$，$(q_2C_2+q_3C_3+q_4C_4)/(q_2+q_3+q_4)$，……，依此类推。先比较 C' 与相邻 2 h 的各平均浓度值，如 C' 均大于各平均值，则需要的调节时间即为 2 h；反之，比较 C' 与相邻 3 h 的各个平均浓度值，若 C' 均大于各平均值，则调节时间为 3 h；反之，按上法依次试算，直至符合要求为止。

第二节　拦截法

拦截法是指利用处理设施对悬浮物形成的机械阻力，从而将其从水中截留下来的一种处理方法。它的构件包括平行的棒、条、金属网、格网或穿孔板，其中由平行的棒和条构成的称为格栅；由金属丝织物或穿孔板构成的称为筛网。格栅去除的是那些可能堵塞水泵机组及管道阀门的较粗大的悬浮物；而筛网去除的是用格栅难以去除的呈悬浮状的细小纤维。它们所去除的物质则统称为筛余物。

一、格栅

格栅多用于污水处理前作业，是用一组或多组平行的刚性棒、条制成的框架，通常倾斜架设在泵房集水井进口处的渠道中或其他污水处理构筑物之前，防止粗大悬浮物堵塞构筑物的孔道、闸门和管道或损坏水泵等机械设备，减少后续处理产生的浮渣，保证污水处理设施的正常运行。

（一）格栅分类

（1）按栅面形状，格栅可分为平面格栅和曲面格栅两种。

平面格栅由栅条与框架组成，基本形式见图 2-5，A 型栅条布置在框架外侧，适用于机械清渣或人工清渣；B 型栅条布置在框架内侧，顶部设有起吊架，可将格栅吊起，进行人工清渣。平面格栅的基本参数与尺寸包括宽度 B、长度 L、栅条间隙 e，具体参数与尺寸见表 2-1，可根据污水渠道、泵房集水井进口尺寸选用不同数值。当长度 $L>1\,000\,mm$ 时，框架应增加横向肋条。

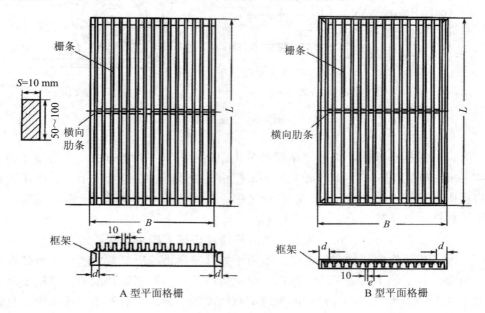

图 2-5 平面格栅

表 2-1 平面格栅的基本参数及尺寸　　　　　　　　　　（单位：mm）

名　称	数　值
格栅宽度 B	600，800，1 000，1 200，1 400，1 600，1 800，2 000，2 200，2 400，2 600，2 800，3 000，3 200，3 400，3 600，3 800，4 000，用移动除渣机时，$B>4\,000$
格栅长度 L	600，800，1 000，…，以 200 为一级增长，上限值取决于水深
间隙净宽 e	10，15，20，25，30，40，50，60，80，100

曲面格栅栅面呈弧状，有固定曲面格栅与旋转鼓筒式格栅两种，见图 2-6，其中（a）为固定曲面格栅，利用渠道水流速度推动清渣浆板；（b）为旋转鼓筒式格栅，污水从鼓筒内向外流动，被截留的栅渣，由冲洗水管冲入渣槽内排出。

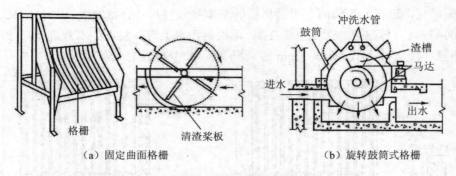

(a) 固定曲面格栅　　　　　(b) 旋转鼓筒式格栅

图 2-6　曲面格栅

(2) 按栅条净间隙大小，格栅可分为粗格栅（50～100 mm）、中格栅（10～40 mm）和细格栅（3～10 mm）3 种。粗格栅一般是设在泵前的第一道格栅，细格栅则一般设在提升水泵后、沉砂池之前。新设计的污水处理厂一般采用粗、中两道格栅，甚至粗、中、细 3 道格栅。

(3) 按清渣方式，可分为人工清渣格栅和机械清渣格栅两种。

人工清渣格栅又称普通格栅，适用于处理流量小或所能截留的污染物量较少的场合。为了使工人易于清渣作业，避免清渣过程中栅渣掉回水中，格栅安装倾角以 45°～60° 为宜。格栅过水面积应留有较大的余量，一般不小于进水管渠有效面积的 2 倍，以免清渣过于频繁。如果只有一套格栅时，应设置溢流旁通道，见图 2-7。

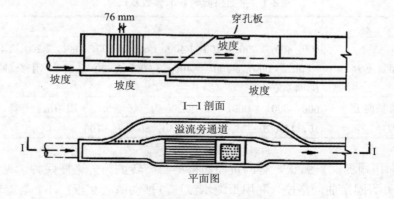

图 2-7　带溢流旁通道的人工清渣格栅示意

机械清渣格栅简称机械格栅，主要适用于栅渣量大（＞0.2 m³/d）的大中型污水处理厂，安装倾角一般为 60°～75°，格栅设计面积一般应不小于进水管渠有效面积的 1.2 倍。

目前,机械格栅除污机种类很多,常见的几种除污机特点及适用范围见表 2-2。

表 2-2　几种常见格栅除污机的优缺点及适用范围

类型	优点	缺点	适用范围
链条式除污机	构造简单,制造方便;占地面积少	杂物进入链条和链轮之间时,容易卡住;套筒滚子链造价高,耐腐蚀差	深度不大的中小型格栅,主要清除长纤维、带状物
移动式伸缩臂除污机	不清渣时,设备全部在水面上,维护检修方便;可不停水检修;钢丝绳在水面上运行,寿命较长	需三套电机和减速器,构造较复杂;移动时耙齿与链条间隙的对位较困难	中等深度的宽大格栅
圆周回转除污机	构造简单,制造方便;动作可靠,检修容易	配制圆弧形格栅,制造较难;占地面积较大	深度较浅的中小型格栅
钢丝绳牵引式除污机	适用范围广;无水下固定部件设备,维护检修方便	钢丝绳干湿交替,易腐蚀,宜用不锈钢丝绳	固定式适用于中小型格栅,深度范围较大;移动式适用于宽大格栅

(二) 格栅的选择

选择格栅应考虑的主要因素包括栅条断面形状、栅条间隙宽度和清渣方式等几个方面。

栅条的断面形状有圆形、方形、矩形及半圆形等。圆形栅条水利条件好,但刚度较差;矩形栅条刚度好,但水利条件不如圆形;半圆形栅条水利条件和刚度都比较好,但形状相对复杂,加工较困难。目前多采用矩形断面形式的栅条。

栅条间隙宽度与格栅用途有关。泵前格栅根据水泵要求确定,即栅条间隙应小于水泵叶轮的间隙;在污水处理系统前的格栅,栅条间隙宽度最大不能超过 40 mm,其中人工清渣为 25~40 mm,机械清渣为 16~25 mm。

清渣方式与栅渣量有关。当栅渣量 $>0.2 \text{ m}^3/\text{d}$ 时,应采用机械清渣;当栅渣量 $\leqslant 0.2 \text{ m}^3/\text{d}$ 时,可采用人工清渣或机械清渣。

(三) 格栅的设计

1. 设计参数及要求

(1) 污水泵站主要使用中格栅一道;在污水处理厂进水泵房中,泵前设一道中格栅,泵后再设一道细格栅,以利于污水的后续处理。如泵前格栅栅条间隙宽度不大于 20 mm,污水处理系统前也可不再设置格栅。

（2）污水泵站一般采用固定式清污机，单台工作宽度不宜超过 3 m，否则应使用多台，以保证运行效果。

（3）机械格栅台数不宜少于 2 台，如为 1 台时，应设 1 台人工清渣格栅备用。

（4）栅条间隙宽度与格栅用途有关。

（5）栅条断面形状按表 2-3 选用。

（6）格栅前渠道内的污水流速常采用 0.4~0.9 m/s；污水过栅流速一般采用 0.6~1.0 m/s。

（7）格栅倾角一般 45°~75°，机械清渣一般 60°~75°，回转式一般 60°~90°，特殊时 90°。

（8）通过格栅的水头损失一般采用 0.08~0.15 m。

（9）栅渣量与当地特点、栅条间隙大小、污水流量和性质以及下水道系统的类型等因素有关，在无当地运行资料时，可采用：

① 当栅条间隙为 16~25 mm 时，0.10~0.05 $m^3/10^3 m^3$ 污水；

② 当栅条间隙为 40 mm 左右时，0.03~0.01 $m^3/10^3 m^3$ 污水。

栅渣的含水率一般按 80%左右，密度按 960 kg/m^3 左右计算。

（10）格栅上部必须设置工作台，台面应高出栅前最高设计水位 0.5 m，工作台上应有安全和冲洗设施，两侧过道宽度不应小于 0.7 m，正面过道宽度采用机械清渣时不应小于 1.5 m，采用人工清渣时不应小于 1.2 m。

（11）机械格栅的动力装置一般宜设在室内，或采用其他保护设施。

表 2-3　格栅栅条断面形状尺寸

栅条断面形状	正方形	圆形	矩形	带半圆的矩形	两头半圆的矩形
一般采用尺寸/mm	20, 20, 20, 20	20, 20, 20	10, 10, 10, 50	10, 10, 10, 50	50, 10, 10

2．设计计算

格栅的设计内容包括水力计算、尺寸计算、栅渣量计算以及清渣机械的选用等。

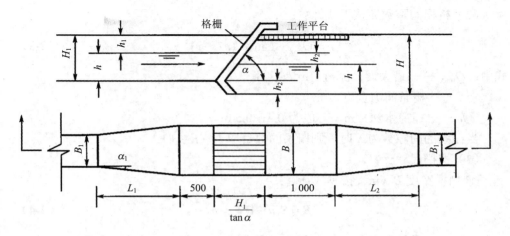

图 2-8 格栅计算图

(1) 通过格栅的水头损失 h_2 (m) 按下式计算：

$$h_2 = h_0 \cdot k = \xi \frac{v^2}{2g} \cdot \sin\alpha \cdot k \qquad (2-2)$$

式中：h_0 —— 计算水头损失，m；
　　　v —— 污水过栅流速，m/s；
　　　ξ —— 阻力系数，其值与栅条断面的几何形状有关，见表 2-4；
　　　α —— 格栅倾角，(°)；
　　　g —— 重力加速度，m/s^2；
　　　k —— 格栅被栅渣阻塞而使水头损失增大的系数，一般取 3，或按 $k = (3.36v - 1.32)$ 求定。

表 2-4 格栅阻力系数 ξ 的计算公式

栅条断面形状	ξ 的计算公式	β 和 ε 取值
锐边矩形	$\xi = \beta \left(\dfrac{S}{e}\right)^{4/3}$	$\beta = 2.42$
迎水面为半圆形的矩形		$\beta = 1.83$
圆形		$\beta = 1.79$
迎水面、背水面均为半圆形的矩形		$\beta = 1.67$
方形	$\xi = \left(\dfrac{e+S}{\varepsilon e} - 1\right)^2$	$\varepsilon = 0.64$

注：β 为栅条形状系数，ε 为收缩系数，S 为栅条宽度，e 为栅条间隙宽度。

（2）格栅间隙数 n 按下式计算：

$$n = Q_{max} \cdot \sqrt{\sin\alpha} / (e \cdot h \cdot v) \tag{2-3}$$

式中：Q_{max} —— 最大设计流量，m^3/s；
　　　e —— 栅条间隙宽度，m；
　　　h —— 栅前水深，m，一般为 $0.3\sim0.5$ m。

当栅条的间隙数为 n 时，则栅条的数目应为 $(n-1)$。

（3）栅槽尺寸计算。

① 栅槽宽度 B（m）按下式计算：

$$B = S(n-1) + e \cdot n \tag{2-4}$$

式中：S —— 栅条宽度（m），常用尺寸见表 2-3。

② 栅后槽总高度 H 按下式计算：

$$H = h_1 + h + h_2 \tag{2-5}$$

式中：h_1 —— 栅前渠道超高，一般取 0.3 m。

③ 栅槽总长度 L（m）按下式计算：

$$L = L_1 + L_2 + 1.0 + 0.5 + H_1 / \tan\alpha \tag{2-6}$$

$$L_1 = \frac{B - B_1}{2\tan\alpha_1}$$

式中：L_1 —— 栅槽前渐宽段的长度，m；
　　　B_1 —— 进水渠道宽度，m；
　　　α_1 —— 进水渠渐宽段的展开角度，一般用 20°；
　　　L_2 —— 栅槽后渐缩段的长度，一般 $L_2 = 0.5L_1$；
　　　H_1 —— 栅前渠道高，m，$H_1 = h_1 + h$。

（4）每日栅渣量 W（m^3/d），根据其大小选择清渣方式。

$$W = \frac{Q_{max} \cdot W_1 \times 86\,400}{K_Z \times 1\,000} \tag{2-7}$$

式中：W_1 —— 栅渣量，$m^3/10^3\ m^3$ 污水；
　　　K_Z —— 生活污水流量总变化系数，见表 2-5。

表 2-5　生活污水流量总变化系数 K_Z

日均流量/（L/s）	4	6	10	15	25	40	70	120	200	400	750	1 600
K_Z	2.3	2.2	2.1	2.0	1.89	1.80	1.69	1.59	1.51	1.40	1.30	1.20

二、筛网

选择不同尺寸的筛网，能去除和回收不同类型和大小的悬浮物（如纤维、纸浆、藻类等），采用筛网分离，具有简单、高效、运行费用低廉等优点。

筛网常用金属丝或化学纤维编织而成，其装置形式有振动式、水力旋转式、转鼓或转盘式、固定式斜筛等多种。不论何种形式，其结构要既能截留污物，又便于卸料和清理筛面。

振动筛网如图 2-9 所示，它由振动筛和固定筛组成。污水通过振动筛时，悬浮物等杂质被留在振动筛上，并通过振动卸到固定筛网上，以进一步脱水。

水力旋转筛网如图 2-10 所示，它由锥筒水力旋转筛（运动筛）和固定筛组成。锥筒水力旋转筛呈截头圆锥形，小端为进水端，用不透水材料制成，内壁装设固定的导水叶片，当进水射向导水叶片时，推动锥筒旋转。污水在从锥筒小端到大端的流动过程中，水穿过筛孔流入集水槽，而悬浮物被筛网截留，并沿筛网斜面落到固定筛上，以进一步脱水。

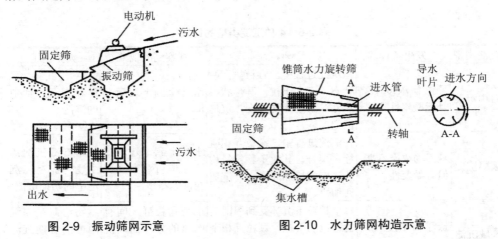

图 2-9　振动筛网示意　　　　图 2-10　水力筛网构造示意

第三节　重力分离法

重力分离法是利用水中悬浮微粒与水的密度差来分离污水中的悬浮物，使水得到澄清的方法。若悬浮物密度大于水的密度，则悬浮物在重力作用下下沉形成沉淀物，反之则上浮到水面形成浮渣，通过收集沉淀物或浮渣，使污水得到净化。前者称为沉淀法，后者称为上浮法。重力沉淀法是最常用、最基本、最经济的污水处理方法，几乎所有的污水处理系统都用到该方法。通常，重力分离可用于：① 化学或生物处理的预处理；② 分离化学沉淀物或生物污泥；③ 污泥浓缩脱水；④ 污灌的灌前处理；⑤ 去除污水中的可浮油。

重力分离法的去除对象为砂粒、一般悬浮物、剩余活性污泥、生物膜残体等粒径大于 10 μm 的可沉固体和可浮油，所用设备有沉砂池和沉淀池等沉淀设备及隔油池和气浮池等上浮设备。本节着重介绍沉砂池、沉淀池及隔油池，气浮池的介绍见第四章。

一、沉淀理论

（一）沉淀类型

根据污水中悬浮颗粒的浓度及其凝聚性能（即彼此黏结、团聚的能力），沉淀可分为 4 种基本类型：自由沉淀、絮凝沉淀、区域沉淀（也称成层沉淀、集团沉淀或拥挤沉淀）和压缩沉淀。4 种沉淀类型的发生条件及特征见表 2-6。

表 2-6　4 种沉淀类型的比较

沉淀类型	发生条件	主要特征	观察到的现象	典型例子
自由沉淀	悬浮物浓度不高且无凝聚性	在沉淀过程中，颗粒呈离散状态，互不干扰，其形状、尺寸、密度等均不变，沉速恒定	水从上到下逐渐变清	砂粒在沉砂池中的沉淀
絮凝沉淀	悬浮物浓度不高，但有凝聚性	在沉淀过程中，颗粒互相碰撞、聚合，其质量、粒径均随深度的增加而增大，沉速亦加快	水从上到下逐渐变清，但可观察到颗粒的絮凝现象	化学混凝沉淀；生物污泥在二沉池中的初期沉淀
区域沉淀	悬浮物浓度较高（>500 mg/L）	每个颗粒下沉都受到周围其他颗粒的干扰，颗粒互相牵扯形成网状的"絮毯"整体下沉	水与颗粒群之间有明显的分界面，沉淀过程即该界面的下降过程	生物污泥在二沉池内的后期沉淀和浓缩池内的初期沉淀
压缩沉淀	悬浮固体浓度很高	颗粒互相接触、互相支承，在上层颗粒的重力作用下，下层颗粒间隙中的水被挤出界面，固体颗粒群被浓缩	颗粒群与水之间有明显的界面，但颗粒群比区域沉淀时密集，界面沉降速度很慢	生物污泥在二沉池泥斗及浓缩池内的浓缩过程

在同一沉淀池中的不同沉淀时间或不同深度处可能存在着不同的沉淀类型。如果用量筒来观察沉淀过程，会发现随沉淀时间的延长，不同沉淀类型会在不同时间出现。图 2-11 中时刻 1 沉淀时间为零，污水中悬浮物在搅拌下呈均匀状态；在时刻 1 与时刻 2 之间为自由沉淀或絮凝沉淀阶段；到时刻 2 时，水与颗粒层出现明显的界面，此时变为区域沉淀阶段，同时由于靠近底部的颗粒很快沉淀到容器底部，故在底部出现压缩层 D。在时刻 2 与时刻 4 之间，界面继续以匀速下沉，沉降区 B 的浓度基本保持不变，压缩区的高度增加。到时刻 5 时沉降区 B 消失，此时称为临界点。时刻 5 和时刻 6 之间为压缩沉降阶段。实验时各时刻出现的时间和存在的时间长短与颗粒的性质、浓度和是否添加药剂有关。

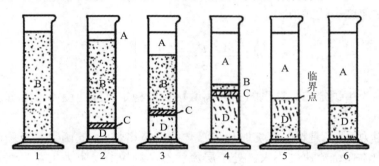

图 2-11　不同沉淀时间沉淀类型分布示意
A—澄清区；B—沉降区；C—过渡区；D—压缩区

（二）自由沉淀理论基础

假定：① 颗粒为球形、不可压缩、无凝聚性，沉淀过程中其大小、形状和质量等均不变；② 水处于静止状态；③ 颗粒沉淀仅受重力和水的阻力作用。在此假设的基础上，如以 F_1、F_2 分别表示颗粒的重力和水对颗粒的浮力，则颗粒在水中的有效重量 F_g 为二者之差，即

$$F_g = F_1 - F_2 = \frac{\pi d^3}{6}\rho_S g - \frac{\pi d^3}{6}\rho_L g = \frac{\pi d^3}{6}(\rho_S - \rho_L)g \tag{2-8}$$

式中：d —— 颗粒的直径；

ρ_S 和 ρ_L —— 分别为颗粒及水的密度；

g —— 重力加速度。

当 $\rho_S > \rho_L$ 时，$F_1 > F_2$，颗粒便在合力 F_g 的作用下做加速下沉运动，此时颗粒便受到水的阻力 F_D 的作用，根据因次分析和实验验证，F_D 可按下式计算：

$$F_D = \lambda \cdot A \cdot \rho_L \cdot \frac{u^2}{2} = \lambda \cdot \frac{\pi d^2}{4} \cdot \rho_L \cdot \frac{u^2}{2} = \frac{\pi d^2}{8} \lambda \rho_L u^2 \tag{2-9}$$

式中：λ —— 牛顿无因次阻力系数；

A —— 颗粒在垂直于运动方向上的投影面积，$A = \frac{\pi d^2}{4}$；

u —— 颗粒的沉淀速度。

颗粒在下沉运动过程中，净重 F_g 不变，而 F_D 则随沉淀速度 u 的平方的增大而增大。因此，经过某一短暂时刻（约 0.1 s）后，F_D 便增大到与 F_g 相平衡，即 $F_D = F_g$。此时，颗粒的加速度变为零，沉速 u 变为常数。由此可得球形颗粒自由沉淀的沉淀速度表达式为：

$$u = \left[\frac{4g \cdot (\rho_S - \rho_L) \cdot d}{3\lambda \cdot \rho_L} \right]^{1/2} \tag{2-10}$$

此式称为牛顿定律，这里的 u 为离散颗粒的稳定沉淀速度或最终沉淀速度，简称沉速。

式中阻力系数 λ 是颗粒沉淀时周围液体绕流雷诺数 Re 的函数。当颗粒沉速较小时，周围流体绕流速度不大，处于层流状态，颗粒所受阻力主要为液体黏滞阻力；当绕流速度较大，并转入湍流状态时，液体的惯性力也将产生阻力。

对于污水中的颗粒物而言，其粒径较小，沉速小，绕流多处于层流状态，阻力主要来自污水的黏滞力，此时阻力系数 $\lambda = 24/Re$，其中 Re 与颗粒的直径、沉速，液体的黏度等有关，$Re = du\rho_L/\mu$，其中 μ 为液体的动力黏度。将阻力系数公式代入式（2-10），整理后得

$$u = \frac{g(\rho_S - \rho_L)}{18\mu} d^2 \tag{2-11}$$

式（2-11）即为斯托克斯（Stokes）公式，它揭示了各有关因素对沉淀速度影响的一般规律，为强化沉淀过程提供了理论依据，这些规律主要有：

（1）影响固液分离的首要因素是（$\rho_S - \rho_L$）。当 $\rho_S - \rho_L < 0$ 时，$u < 0$，颗粒上浮，u 为上浮速度；当 $\rho_S - \rho_L > 0$ 时，$u > 0$，颗粒下沉，u 为下沉速度；当 $\rho_S - \rho_L = 0$ 时，$u = 0$，颗粒既不上浮，也不下沉，呈随机悬浮状态，这样的固体颗粒不能用自然沉淀和上浮去除。

（2）沉速 u 与 d^2 成正比，因此，增大颗粒直径，可大大提高沉淀（或上浮）的效果。

（3）沉速 u 与 μ 成反比，而 μ 决定于水质和水温，在水质相同的条件下，水温高则 μ 值小，有利于颗粒下沉（或上浮）。

（三）沉淀池的工作原理

1. 理想沉淀池

进行重力沉淀分离的构筑物称为沉淀池。为了分析悬浮颗粒在沉淀池内运动的普遍规律和沉淀池的分离效果，哈增（Hazen）和坎普（Camp）提出了一种概念化的沉淀池，即理想沉淀池，它分为 4 个功能区，即流入区、沉淀区、流出区和污泥区，并满足以下假设：

① 污水在沉淀区以流速 v 沿水平方向做等速流动，从入口到出口的流动时间为 t；
② 在沉淀池的进水区，水流中的悬浮颗粒均匀分布在整个过水断面上；
③ 悬浮颗粒在沉淀区以沉速 u 等速下沉，其水平分速度等于水流速度 v；
④ 颗粒落到池底不再浮起即被除去。

图 2-12 所示为平流理想沉淀池，其沉淀区的长、宽、深分别为 L、B 和 H。

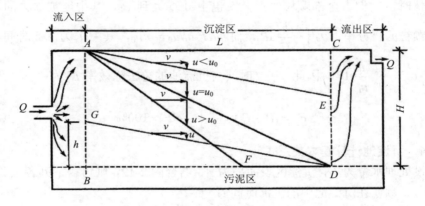

图 2-12 平流理想沉淀池示意

2. 沉淀过程分析

根据上述假设，悬浮颗粒随水流进入沉淀区后，其运动轨迹为一组斜率等于 u/v 的直线。

从沉淀区顶部 A 点进入的颗粒中，某一粒径颗粒的沉速为 u_0，刚好能沉到池底，即在池内运动了水平距离 L 后刚好到达沉淀区端点 D，则 u_0 为临界沉淀速度，也称最小沉淀速度，即在该沉淀池中能完全除去的最小颗粒的沉淀速度。

由图 2-12 可知，当颗粒沉速 $u \geqslant u_0$ 时，这些颗粒无论处于进水端的什么位置，都可以沉到池底被去除；当颗粒沉速 $u < u_0$ 时，从 A 点入流，则其运动轨迹为斜率小于 u_0/v 的斜线 AE，它们在沉到池底前就被水流带出沉淀池，因而

不能被除去。如果由 D 点作 AE 的平行线 GD，交入流断面于 G 点，则从 G 点及其以下入流的 $u<u_0$ 的颗粒能沉到污泥区，即有部分 $u<u_0$ 的颗粒能被去除。设 G 点的水深为 h，显然，$u<u_0$ 的颗粒中能被除去的部分占其总量的比例为 h/H。

3．沉淀池的去除效率

根据以上分析可知，沉淀池能去除的颗粒包括全部 $u \geqslant u_0$ 的颗粒和部分 $u<u_0$ 的颗粒，因此沉淀池的总去除效率为 $u \geqslant u_0$ 的颗粒去除率与 $u<u_0$ 的颗粒去除率之和。

设 $u<u_0$ 的颗粒占全部颗粒的百分率为 P_0，则 $u \geqslant u_0$ 的颗粒去除率为 $(1-P_0)$。若以 $\mathrm{d}P$ 表示 $u<u_0$ 的颗粒中某一微小粒径范围的颗粒占全部颗粒的百分率，其中能被去除的部分占 h/H，则这种粒径范围的颗粒中能被去除的部分占全部颗粒的百分率为 $\dfrac{h}{H}\mathrm{d}P$。当考虑的粒径范围由某一微小值扩展到整个 $u<u_0$ 的颗粒群体时，它们占全部颗粒的百分率也由 0 增大到 P_0，其中能被除去的部分占全部颗粒的百分率即为 $\int_0^{P_0} \dfrac{h}{H}\mathrm{d}P$，而 $h/H=ut/u_0 t=u/u_0$，其中 t 为沉淀时间，则有 $\int_0^{P_0} \dfrac{h}{H}\mathrm{d}P = \int_0^{P_0} \dfrac{u}{u_0}\mathrm{d}P$。因此，在 t 时间内沉淀池的总去除效率 E_T 为：

$$E_T = \left[(1-P_0) + \frac{1}{u_0}\int_0^{P_0} u\mathrm{d}P\right] \times 100\% \quad (2\text{-}12)$$

4．沉淀池计算基本关系式

设处理水量为 Q，沉淀区表面积为 A，结合图 2-12，则可得下列各项关系式：

（1）颗粒在沉淀池中的沉淀时间 t：

$$t = \frac{L}{v} = \frac{H}{u_0} \quad (2\text{-}13)$$

（2）沉淀池的容积 V：

$$V = Qt = HBL = HA \quad (2\text{-}14)$$

（3）沉淀区表面积 A：

因为 $H = u_0 t$，所以由式（2-14）可得：

$$A = \frac{Qt}{H} = \frac{Qt}{u_0 t} = \frac{Q}{u_0} \quad (2\text{-}15)$$

由式（2-15）可得：

$$u_0 = \frac{Q}{A} = q \tag{2-16}$$

式中 Q/A 的物理意义是单位时间内通过沉淀池单位表面积的污水量，称为表面水力负荷（简称表面负荷）或溢流率，以 q 表示，单位为 $m^3/(m^2 \cdot h)$ 或 $m^3/(m^2 \cdot s)$，是沉淀池设计的一个重要参数。式（2-16）是沉淀池理论中的一个重要关系式，该式表明：

① 沉淀池表面负荷 q 与该沉淀池能够完全除去的最小颗粒的沉速 u_0 在数值上相等，这为沉淀池的设计提供了理论依据；

② 表面负荷 q 值越小，沉淀池的沉淀效率 E_T 越高；

③ 沉淀效率 E_T 仅为沉淀区表面积 A 的函数，而与水深 H 无关。当沉淀区容积一定时，水深愈浅，则表面积愈大，沉淀效率也愈高，据此产生了"浅层沉淀"的应用。

在实际沉淀池中，理想沉淀池的假设条件均不存在。因此，将理想条件下的静置沉淀曲线用于实际沉淀池的设计时，常按以下经验公式确定设计表面负荷 q 和沉降时间 t：

$$q = \left(\frac{1}{1.25} \sim \frac{1}{1.75}\right) u_0 \tag{2-17}$$

$$t = (1.5 \sim 2.0) t_0 \tag{2-18}$$

式中：u_0，t_0——分别为由沉淀曲线上查得的理论沉淀速度和沉淀时间。

二、沉砂池

沉砂池的去除对象是污水中比重较大的无机颗粒（如泥砂、煤渣等），一般设于泵站或沉淀池之前，使水泵和管道免受磨损和阻塞，同时减轻沉淀池的无机负荷，使污泥具有良好的流动性，便于排放输送、处理与处置。沉砂池的工作原理是以重力分离或离心力分离为基础，即控制沉砂池内的污水流速或旋流速度，使相对密度大的无机颗粒下沉，而有机悬浮颗粒则随水流带走。常用的沉砂池有平流沉砂池、曝气沉砂池、旋流沉砂池等。

（一）平流沉砂池

1. 构造及特点

平流沉砂池的构造见图 2-13，它由入流渠、沉砂区、出流渠及沉砂斗等组成，两端设有闸板以控制水流。沉砂斗设置在池底，斗底接有带闸阀的排砂管，利用重力排砂，也可用射流泵或螺旋泵排砂。

平流沉砂池的特点是沉砂效果较好，构造简单，排沉砂较方便，但沉砂中有机颗粒含量较高，排砂常需要进行洗砂处理。

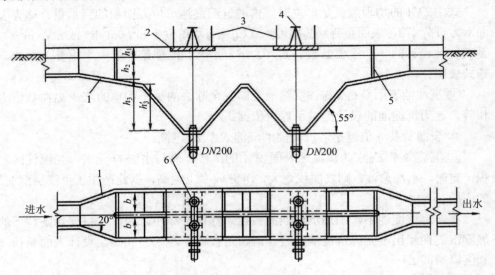

图 2-13 平流沉砂池示意
1. 池壁；2. 操作平台；3. 栏杆；4. 排砂阀门；5. 闸槽；6. 排砂管

2．平流沉砂池的设计

（1）设计参数及要求：

① 当污水为自流进入时，应按最大设计流量计算；当污水用水泵提升进入时，应按工作水泵的最大组合流量计算；

② 沉砂池个数或分格数不应少于2，且宜按并联系列设计。当污水量较小时，可考虑一格工作，一格备用，但每个格应按最大设计流量计算；

③ 最大流速 0.3 m/s，最小流速 0.15 m/s；

④ 最大流量时的停留时间不小于 30 s，一般为 30~60 s；

⑤ 有效水深应不大于 1.2 m，一般采用 0.25~1 m，每格宽度不宜小于 0.6 m；

⑥ 沉砂量依水质不同而异，城市生活污水可按每人每天 0.01~0.02 L 计，城市污水按每立方米污水 0.03 L 计，其含水率约 60%，容重约 1 500 kg/m^3；

⑦ 砂斗容积不大于 2 d 的沉砂量，斗壁与水平面的倾角不应小于 55°；

⑧ 池底坡度一般为 0.01~0.02，并可根据除砂设备的要求考虑池底形状；

⑨ 除砂宜采用机械方法，并设置贮砂池或晒砂场。采用人工排砂时，排砂管直径不应小于 200 mm；

⑩ 沉砂池超高不宜小于 0.3 m。

（2）设计计算公式见表 2-7。

表 2-7　平流沉砂池计算公式

计算内容	计算公式	符号说明
① 沉砂部分的长度 L/m	$L = vt$	v——最大设计流量时的流度，m/s； t——最大设计流量时的停留时间，s
② 水流断面积 A/m^2	$A = Q_{\max}/v$	$Q_{\max}$——最大设计流量，m³/s
③ 池总宽度 b/m	$b = A/h_2$	h_2——设计有效水深，m
④ 砂斗所需容积 V/m^3	$V = \dfrac{Q_{\max} \cdot X \cdot T \cdot 86\,400}{K_Z \cdot 10^3}$ 或　$V = N \cdot x \cdot T$	X——城市污水的沉砂量，L/m³（污水）； T——排砂时间的间隔，d； K_Z——流量总变化系数； x——生活污水沉砂量，L/（人·d）； N——服务人口数
⑤ 砂斗各部分尺寸	$b_2 = \dfrac{2h_3'}{\tan\alpha} + b_1$ $V_1 = \dfrac{1}{3} h_3'(S_1 + S_2 + \sqrt{S_1 \cdot S_2})$	b_1——砂斗底宽，一般取 0.5 m； α——砂斗倾角，55°～60°； b_2——砂斗上口宽，m； h_3'——砂斗高度，m； V_1——贮砂斗容积，m³； S_1，S_2——砂斗下口和上口的面积，m²
⑥ 池总高度 H/m	$H = h_1 + h_2 + h_3$	h_1——超高，m； h_3——沉砂室高度，m
⑦ 核算最小流速 $v_{\min}/$（m/s）	$v_{\min} = Q_{\min}/n_1 \cdot A_{\min}$	$Q_{\min}$——设计最小流量，m³/s； n_1——最小流量时工作的沉砂池数目； $A_{\min}$——最小流量时工作沉砂池水流断面面积，m²

（二）曝气沉砂池

平流沉砂池的主要缺点是沉砂中夹杂约 15%（质量分数）的有机物，使沉砂的后续处理难度增加。曝气沉砂池集曝气和除砂于一身，不但可使沉砂中的有机物降低至 5% 以下（达到清洁砂标准），而且还有预曝气、脱臭、除油等多种功能。

1. 构造及工作原理

如图 2-14 所示，曝气沉砂池是一个断面呈矩形的狭长渠道，沿渠道壁一侧的整个长度上，距池底 0.6～0.9 m 处设置曝气装置，并在其下部设集砂斗，集砂斗侧壁的倾角应不小于 60°，在池底另一侧有 0.1～0.5 的坡度坡向集砂斗。为增强曝气推动水流回旋的作用，可在曝气器的外侧装设导流挡板。

污水进入沉砂池后，在水平和回旋的双重推力作用下，以螺旋形轨迹向前流动。由于曝气以及水流的旋流作用，污水中的悬浮颗粒相互碰撞、摩擦，并受到气泡上升时的冲刷作用，使黏附在砂粒上的有机污染物得以去除。此外，由于旋流产生的离心力，把密度较大的无机物颗粒甩向外层而下沉，密度较小的有机物旋至水流的中心部位随出水带走。因此，沉于池底的砂粒较为洁净，有机物含量只有 5%左右，便于沉砂处置。

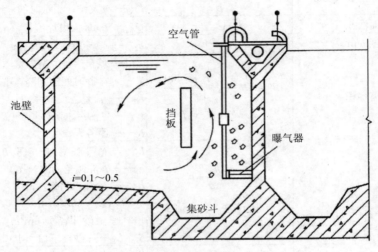

图 2-14　曝气沉砂池剖面示意

2．曝气沉砂池的设计

曝气沉砂池的设计水平流速 0.1 m/s，在过水断面周边的最大旋流速度 0.25～0.4 m/s；有效水深 2～3 m，宽深比 1～1.5，长宽比可达 5，当长宽比大于 5 时，可考虑设置横向挡板；最大流量时的停留时间为 1～3 min；每立方米污水的曝气量为 0.1～0.2 m³ 空气；曝气装置多采用穿孔管，孔径 2.5～6.0 mm，安装于池壁一侧距池底 0.6～0.9 m 处。设计计算公式见表 2-8。

表 2-8　曝气沉砂池计算公式

计算内容	计算公式	符号说明
① 总有效容积 V/m^3	$V = 60Q_{max}t$	Q_{max}——最大设计流量，m³/s； t——最大设计流量时的停留时间，min
② 水流断面面积 A/m^2	$A = Q_{max}/v$	v——最大设计流量时的水平流度，m/s
③ 池总宽度 b/m	$b = A/h_2$	h_2——设计有效水深，m
④ 池长 L/m	$L = \dfrac{V}{A}$	L——池长，m
⑤ 所需曝气量 $q/(m^3/h)$	$q = 3600Q_{max}D$	D——每立方米污水所需曝气量，m³（空气）/m³（污水）

(三）旋流沉砂池

污水由池下部呈旋转方向流入，从池上部四周溢流而出，利用机械力控制水流流态与流速、加速砂粒的沉淀，并使有机物随水流带走的沉砂装置称为旋流沉砂池（也称为涡流沉砂池），其类型有多种，目前应用较多的有英国 Jones & Attwod 公司的钟式（Jeta）沉砂池（图 2-15）和美国 Smith & Loveless 公司的佩斯塔（Pista）沉砂池等。这类沉砂池结构紧凑，占地面积小，土建费用低，维护管理较方便，对中小型污水处理厂具有较好的适用性。

1. 构造及工作原理

旋流沉砂池由流入口、流出口、沉砂区、砂斗、涡轮驱动装置及排砂系统等组成（图 2-15），利用水力涡流原理除砂，其水砂流线如图 2-16 所示。污水由流入口切线方向流入沉砂区，旋转的涡轮叶片使砂粒呈螺旋形流动，促进有机物和砂粒的分离，由于所受离心力的不同，相对密度较大的砂粒被甩向池壁，在重力作用下沉入砂斗，有机物随出水旋流带出池外，通过调整转速，可达到最佳沉砂效果。砂斗内沉砂可采用空气提升、排砂泵排砂等方式排除，再经过砂水分离达到清洁砂标准。

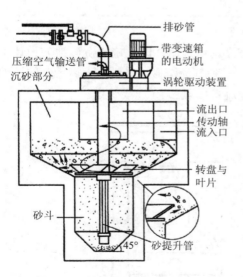

图 2-15 钟式沉砂池构造示意

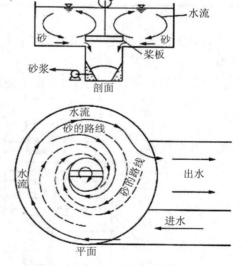

图 2-16 旋流沉砂池水砂流线图

2. 旋流沉砂池设计

旋流沉砂池进水管最大流速 0.3 m/s；池内最大流速 0.1 m/s，最小流速 0.02 m/s；最大流量时，停留时间不小于 20 s，一般采用 30~60 s；设计水力表面负荷为 150~200 m³/(m²·h),有效水深为 1.0~2.0 m,池径与池深比宜为 2.0~2.5。具体计算公式见表 2-9。

表 2-9 旋流沉砂池计算公式

计算内容	计算公式	符号说明
① 进水管直径 d/m	$d = \sqrt{\dfrac{4Q_{\max}}{\pi v_1}}$	$Q_{\max}$ —— 最大设计流量,m³/s; v_1 —— 污水在进水管内的流速,m/s
② 沉砂池直径 D/m	$D = \sqrt{\dfrac{4Q_{\max}(v_1 + v_2)}{\pi v_1 v_2}}$	v_2 —— 池内水流上升速度,m/s
③ 水流部分高度 h_2/m	$h_2 = v_2 t$	t —— 最大流量时的停留时间,s
④ 沉砂部分所需容积 V/m^3	$V = \dfrac{Q_{\max} \cdot X \cdot T \cdot 86400}{K_Z \cdot 10^3}$	X —— 城市污水的沉砂量,L/m³(污水); T —— 排砂时间的间隔,d; K_Z —— 流量总变化系数
⑤ 截头圆锥部分实际容积 V_1/m^3	$V_1 = \dfrac{\pi h_4}{3}(R^2 + Rr + r^2)$	h_4 —— 截头圆锥部分的高度,m; R, r —— 截头圆锥部分上、下底面半径,m
⑥ 池总高度 H/m	$H = h_1 + h_2 + h_3 + h_4$	h_1 —— 超高,m; h_3 —— 进水管底至沉砂砂面的距离,一般采用 0.25 m

目前国内外均有定型的旋流沉砂池产品可供选用,因此旋流沉砂池的设计可以根据设计流量直接选型。图 2-17 所示为一种旋流沉砂池(钟式沉砂池)的各部分尺寸,其型号和尺寸大小可以根据处理流量按表 2-10 选取确定。

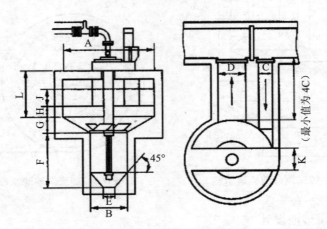

图 2-17 钟式沉砂池各部分尺寸示意

表 2-10　钟式沉砂池型号及各部分尺寸　　　　　　　（单位：m）

型号	流量/(L/s)	A	B	C	D	E	F	G	H	J	K	L
50	50	1.83	1.0	0.305	0.610	0.30	1.40	0.30	0.30	0.20	0.80	1.10
100	110	2.13	1.0	0.380	0.760	0.30	1.40	0.30	0.30	0.30	0.80	1.10
200	180	2.43	1.0	0.450	0.900	0.30	1.35	0.40	0.30	0.40	0.80	1.15
300	310	3.05	1.0	0.610	1.200	0.30	1.55	0.45	0.30	0.45	0.80	1.35
550	530	3.65	1.5	0.750	1.50	0.40	1.70	0.60	0.51	0.58	0.80	1.45
900	880	4.87	1.5	1.00	2.00	0.40	2.20	1.00	0.51	0.60	0.80	1.85
1 300	1 320	5.48	1.5	1.10	2.20	0.40	2.20	1.00	0.61	0.63	0.80	1.85
1 750	1 750	5.80	1.5	1.20	2.40	0.40	2.50	1.30	0.75	0.70	0.80	1.95
2 000	2 200	6.10	1.5	1.20	2.40	0.40	2.50	1.30	0.89	0.75	0.80	1.95

三、沉淀池

沉淀池是分离悬浮固体的常用处理构筑物，按工艺布置的不同，可分为初次沉淀池（简称初沉池）和二次沉淀池（简称二沉池），初沉池是设于生物处理构筑物前的沉淀池，而二沉池则是设于生物处理构筑物后的沉淀池。通常，沉淀池按池内水流方向分类，可分为平流式、竖流式及辐流式 3 种，如图 2-18 所示。平流式沉淀池平面呈长方形，污水从池一端流入，沿水平方向在池内流动，从另一端溢出；辐流式沉淀池平面呈圆形，污水从池中心进入，沿径向呈辐射状水平流向池周溢出；竖流式沉淀池表面多为圆形，污水从池中央的中心进水管下端进入，经折流后由下向上流过沉淀区，到达池面溢出。

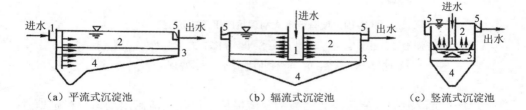

图 2-18　三种类型的沉淀池示意

1. 入流区；2. 沉淀区；3. 缓冲区；4. 污泥区；5. 出流区

沉淀池有入流区、沉淀区、出流区、污泥区和缓冲区 5 个功能区（图 2-18）。进水处为入流区，池子主体部分为沉淀区，出水处为出流区，池子下部为污泥区，污泥区与沉淀区交界处为缓冲区。入流区和出流区的作用是进行配水和集水，使水流均匀地分布在各个过流断面上，提高容积利用系数以及为固体颗粒的沉降提供尽可能稳定的水力条件；沉淀区是可沉颗粒与水分离的区域；污泥区是泥渣储存、浓缩和排放的区域；缓冲区是分隔沉淀区和污泥区的水层，防止泥渣受水流冲刷而重新浮起。以上各部分相互联系，组成一个有机整体，以达到设计要求的处理能力和沉淀效率。

（一）平流式沉淀池

1. 构造

平流式沉淀池的构造如图 2-19 所示。污水由进水槽经淹没孔口进入池内，在孔口后面设有挡板或穿孔整流墙，用来消能稳流，使进水沿过流断面均匀分布；在沉淀池末端设有溢流堰（或淹没孔口）和集水槽，澄清水溢过堰口，经集水槽排出。在溢流堰前也设有挡板，用以阻隔浮渣，浮渣通过可转动的排渣管收集和排除。池体下部靠进水端有泥斗，斗壁倾角 50°～60°，池底以 0.01～0.02 的坡度坡向泥斗，泥斗内设有排泥管，开启排泥阀时，泥渣便在静水压力作用下由排泥管排出池外。

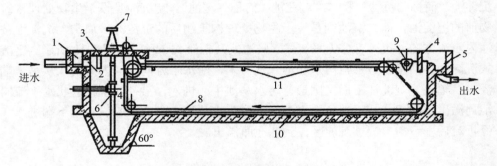

图 2-19 设有链带式刮泥机的平流式沉淀池

1. 进水槽；2. 进水孔；3. 进水挡板；4. 出水挡板；5. 集水槽；6. 排泥管；
7. 排泥阀；8. 链条；9. 可转动的排渣管；10. 导轨；11. 支撑

平流式沉淀池的入流区应有消能和整流措施，以使入流污水均匀、稳定地进入沉淀池，通常采用穿孔配水槽外加挡板（或穿孔墙）的入流整流方式（图 2-20）。当穿孔配水槽为底部穿孔（竖向潜孔）时，挡板是横向的[图 2-20（a）]，大致在 1/2 水深处；当穿孔配水槽为侧面穿孔（横向潜孔）时，用竖向挡板[图 2-20（b）]或穿孔整流墙[图 2-20（c）]，挡板应高出水面 0.15～0.2 m，淹没深度不小于 0.25 m，距进水口 0.5～1.0 m。为了减弱射流对沉淀的干扰，整流墙开孔率应在 10%～20%，孔口边长或直径应为 50～150 mm，最上一排孔口的上缘应在水面以下 0.12～0.15 m 处，最下一排的下缘应在泥层以上 0.3～0.5 m 处。

第二章 物理处理法 **33**

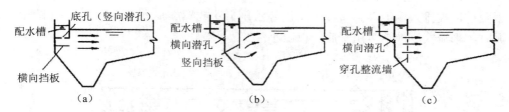

图 2-20 平流式沉淀池的几种入流整流方式

平流式沉淀池的出流区设有流出装置，由集水槽与挡板组成。集水槽的布置方式见图 2-21，其中（a）最简单，但出水流速大，易挟带较多悬浮物；（b）水力条件最好，但结构复杂；（c）只在池边加设纵向集水支渠，结构比（b）简单，而水力条件比（a）好。出流口常采用溢流堰和淹没潜孔。溢流堰要求严格水平，以保证水流均匀分布和控制沉淀池水位，常用锯齿形三角堰，见图 2-22。堰前应设置挡板或浮渣槽，用以稳流和阻挡（或收集）浮渣。挡板淹没深度为 0.3～0.4 m，距溢流堰 0.25～0.5 m。

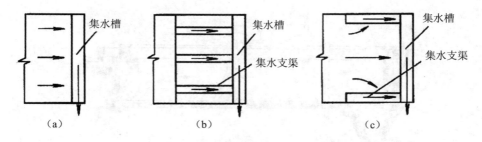

图 2-21 平流式沉淀池的出口集水槽的形式

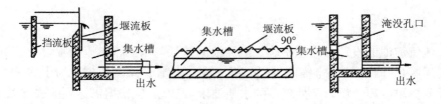

图 2-22 堰口和出水潜孔示意

平流式沉淀池的排泥可以采用带刮泥机的单斗排泥或多斗排泥（图 2-23），前者常用链带式刮泥机（图 2-19）或行走小车式刮泥机（图 2-24）把污泥集中到污泥斗，然后排出；后者通常不设置机械刮泥设备，每个贮泥斗单独设置排泥管，各自独立排泥，互不干扰，有利于保证污泥浓度。在池宽度方向贮泥斗一般不多于两排，被排入污泥斗的沉泥，可用静水压力法或螺旋泵排出池外。采用机械刮泥时，平流式沉淀池可用平底，以减小池深。

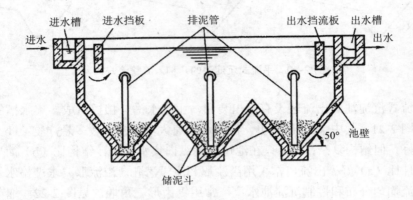

图 2-23 多斗排泥平流式沉淀池

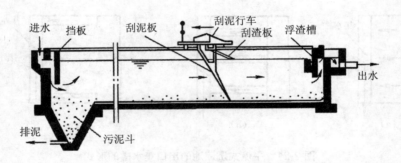

图 2-24 设有行走小车刮泥的平流式沉淀池

2. 设计

平流沉淀池的设计内容包括确定沉淀池的数量，入流、出流装置设计，沉淀区和污泥区尺寸计算，排泥和排渣设备选择等。设计的基本依据是污水流量、水中悬浮固体浓度和性质以及处理后的水质要求。因此，应根据需达到的去除效率，确定沉淀速度（或表面负荷）、沉淀时间以及污水在池内的平均流速等基本设计参数，这些参数一般需要通过试验取得；若无条件，也可根据同类沉淀池的运行资料，因地制宜地选用经验数据。

（1）设计参数及要求：

① 城镇污水沉淀池，如无实测资料，宜按表 2-11 选用设计数据。

表 2-11　城镇污水沉淀池经验设计数据

沉淀池类型		沉淀时间/h	表面负荷/[m³/(m²·h)]	污泥量（干物质）/[g/(人·d)]	污泥含水率/%
初沉池	二级处理前	1.0～2.0	1.5～3.0	14～25	95～97
	单独沉淀处理	1.5～2.0	1.5～2.5	15～27	95～97
二沉池	活性污泥法后	1.5～2.5	1.0～1.5	10～21	99.2～99.6
	生物膜法后	1.5～2.5	1.0～2.0	7～19	96～98

② 沉淀池个数或分格数不应少于 2，并宜按并联系列设计。

③ 沉淀池超高不宜小于 0.3 m，有效水深宜为 2～4 m，沉淀区长度一般 30～50 m。

④ 池子（或分格）长宽比不小于 4，长深比不小于 8，一般采用 8～12。

⑤ 初沉池污泥区容积，宜按不大于 2 d 的污泥量计算，采用机械排泥的可按 4 h 污泥量计算。活性污泥法处理后二沉池的污泥区容积，宜按不超过 2 h 污泥量计算，并应有连续排泥措施；生物膜法处理后二沉池的污泥区容积，宜按 4 h 的污泥量计算。

⑥ 污泥斗的斜壁与水平面的倾角，方斗不宜小于 60°，圆斗不宜小于 55°。

⑦ 排泥管直径不宜小于 200 mm。采用静水压力排泥时，初沉池静水压头不应小于 1.5 m，二沉池静水压头，活性污泥法处理后不应小于 0.9 m，生物膜法处理后不应小于 1.2 m。

⑧ 沉淀池出水堰最大负荷，初沉池不宜大于 2.9 L/(s·m)，二沉池不宜大于 1.7 L/(s·m)。

⑨ 缓冲层高度，非机械排泥时为 0.5 m，机械排泥时，缓冲层上缘宜高出刮泥板 0.3 m。

⑩ 池底纵坡不宜小于 0.01。

（2）设计计算公式见表 2-12。

表 2-12　平流式沉淀池计算公式

计算内容	计算公式	符号说明
① 沉淀区总表面积 A/m^2	$A = \dfrac{Q_{max}}{q}$	Q_{max}——最大设计流量，m^3/h；q——表面负荷，$m^3/(m^2·h)$
② 沉淀区有效水深 h_2/m	$h_2 = qt$	t——沉淀时间，h
③ 沉淀区有效容积 V_1/m^3	$V_1 = A·h_2$ 或 $V_1 = Q_{max}t$	V_1——沉淀区有效容积，m^3
④ 沉淀区长度 L/m	$L = vt \times 3.6$	v——最大设计流量时的水平流速，mm/s，一般不大于 5 mm/s

计算内容	计算公式	符号说明
⑤沉淀池总宽度 B/m	$B = \dfrac{A}{L}$	要求$L:b \geqslant 4$，一般4~5
⑥沉淀池的个数 n	$n = \dfrac{B}{b}$	b —— 单池或分格的宽度，与刮泥机有关，一般用 5~10 m
⑦污泥区所需容积 V/m³	$V = \dfrac{Q_{\max} \times 24(C_0 - C_1)100}{\gamma(100 - \rho_0)} \cdot T$ 或 $V = \dfrac{SNT}{1\,000}$	C_0，C_1 —— 沉淀池进、出水悬浮物浓度，kg/m³； ρ_0 —— 污泥含水率，%； γ —— 污泥容重，一般取 1 000 kg/m³； T —— 两次排泥的时间间隔，d； S —— 生活污水污泥量，0.36~0.83 L/(p·d)； N —— 服务人口数
⑧污泥斗的容积 V_1/m³	$V_1 = \dfrac{1}{3}h_4'(S_1 + S_2 + \sqrt{S_1 \cdot S_2})$ $h_4' = \dfrac{1}{2}(a_1 - a_2)\tan\alpha$	h_4' —— 污泥斗高度，m； S_1，S_2 —— 污泥斗上、下口面积，m²； a_1，a_2 —— 方污泥斗上、下口边长，m，单排污斗时，一般 $a_1=b$，a_2 取 0.4~0.6 m； α —— 污泥斗倾角，(°)
⑨泥斗以上梯形部分污泥容积 V_2/m³	$V_2 = (\dfrac{L_1 + L_2}{2})h_4''b$ $h_4'' = (L_1 - L_2) \cdot i$	L_1，L_2 —— 梯形上、下底边长，m； h_4'' —— 梯形部分的高度，m； i —— 池底纵坡，一般 0.01~0.02
⑩池总高度 H/m	$H = h_1 + h_2 + h_3 + h_4$ $= h_1 + h_2 + h_3 + h_4' + h_4''$	h_1 —— 超高，m； h_3 —— 缓冲层高度，m； h_4 —— 污泥区高度，m
⑪池总长度 L_0/m	$L_0 = L + e_1 + e_2$	e_1 —— 进水挡板到进水口的距离，0.5~1.0 m； e_2 —— 出水挡板到溢流堰的距离，0.25~0.5 m

（二）竖流式沉淀池

1. 构造

竖流式沉淀池平面多为圆形，也有方形或正多边形，直径（或边长）一般为 4~7 m。圆形竖流式沉淀池的构造见图 2-25，上部为圆筒形的沉淀区，下部为截头圆锥状的污泥区，两层之间为缓冲层。工作时，污水从进水管进入池中心管，并从中心管的下部流出，经过反射板的阻拦向四周均匀分布，沿沉淀区的整个断面缓缓上升，澄清水由四周集水槽收集排出。如果池径大于 7 m，为使池内水流分布均匀，可增设辐射方向的集水槽与池边环形集水槽相通。集水槽前设有浮渣挡板，挡板伸入水面下 0.25~0.5 m，伸出水面上 0.1~0.2 m，距池壁 0.4~0.5 m。

池底贮泥斗倾角为 45°～60°，污泥可借静水压力由排泥管排出，不需机械刮泥。排泥管直径应不小于 200 mm，静水压力为 1.5～2.0 m。排泥管下端距池底不大于 2.0 m，管上端超出水面不少于 0.4 m。

2. 工作原理

竖流式沉淀池的水流流速 v 向上，而颗粒沉速 u 向下，颗粒实际沉速是 v 与 u 的矢量和，因此，池中颗粒可能出现 3 种运动情形：① 当 $u>v$ 时，颗粒将沉于池底而被除去；② 当 $u=v$ 时，颗粒处于随机状态，既不下沉也不上升；③ 当 $u<v$ 时，颗粒将不能沉淀下来，而会被上升水流带走。因此，当颗粒沉淀属于自由沉淀类型时，在表面负荷相同的条件下，竖流式沉淀池的去除率将低于平流式沉淀池。但若颗粒沉淀属于絮凝沉淀类型，则情况较为复杂，在水流上升和颗粒下沉的过程中，$u\leqslant v$ 的颗粒通过互相碰撞接触，促进絮凝，粒径变大，沉速随之增大，又有被去除的可能；同时絮凝颗粒在上升水流的顶托和自身重力作用下，有可能在沉淀区内形成悬浮层，对上升水流起过滤作用。这样，其去除率很可能高于表面负荷相同的平流式沉淀池。但由于池内布水不易均匀，去除率的提高受到影响。故竖流式沉淀池适用于处理量小、污水中悬浮固体具有絮凝性的场合。

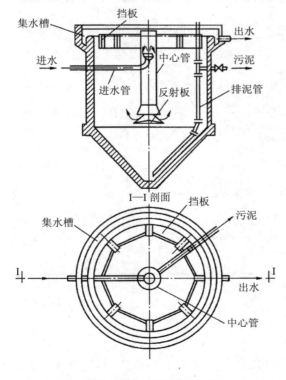

图 2-25 竖流式沉淀池（圆形）

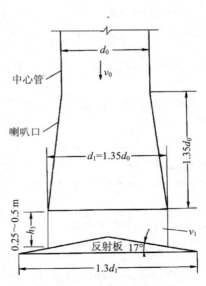

图 2-26 中心管和反射板的结构尺寸

3. 设计

（1）设计参数及要求：

① 池子直径（或边长）一般为 4～7 m，最大可达 10 m；

② 池子直径（或边长）与有效水深之比不大于 3；

③ 污水在沉淀区的上升流速 v，如有沉淀试验资料，等于拟去除的最小颗粒的沉速 u_0，如无则采用 0.5～1.0 mm/s；

④ 中心管内污水流速 v_0，不设反射板时，$v_0 \leqslant 0.03$ m/s；设反射板时，$v_0 \leqslant 0.1$ m/s；

⑤ 喇叭口与反射板之间的流出速度 $v_1 \leqslant 0.04$ m/s；

⑥ 中心管及喇叭口、反射板的构造与尺寸如图 2-26 所示；

⑦ 反射板底距污泥表面的距离（即缓冲层高度）为 0.3 m；

⑧ 出水堰最大负荷不宜大于 1.5 L/(s·m)，其他参数及规定同平流沉淀池。

（2）设计计算公式见表 2-13。

表 2-13 竖流式沉淀池计算公式

计算内容	计算公式	符号说明
① 中心管截面积 f/m^2 和直径 d_0/m	$f = \dfrac{q_{\max}}{v_0}$，$d_0 = \sqrt{\dfrac{4f}{\pi}}$	$q_{\max}$ —— 单池最大设计流量，m^3/s；v_0 —— 中心管内污水流速，m/s
② 中心管喇叭口与反射板之间的间隙高度 h_3/m	$h_3 = \dfrac{q_{\max}}{\pi d_1 v_1}$	v_1 —— 间隙流出速度，m/s；d_1 —— 管喇叭口直径，m，$d_1 = 1.35 d_0$
③ 沉淀区水流断面积 F/m^2 和沉淀池直径 D/m	$F = \dfrac{q_{\max}}{v}$，$D = \sqrt{\dfrac{4(f+F)}{\pi}}$	v —— 污水在沉淀区的上升流速，m/s
④ 沉淀区有效水深 h_2/m	$h_2 = vt \times 3600$	t —— 沉淀时间，见表2-1
⑤ 污泥区所需容积 V/m^3	与平流式沉淀池相同	
⑥ 污泥斗（截头圆锥）的容积 V_1/m^3	$V_1 = \dfrac{1}{3}\pi h_5(R^2 + r^2 + Rr)$ $h_5 = (R-r)\tan\alpha$	h_5 —— 污泥斗高度，m；R、r —— 污泥斗上、下口半径，m，$R=D/2$，r 一般用 0.2～0.4 m；α —— 污泥斗倾角，度
⑦ 池总高度 H/m	$H = h_1 + h_2 + h_3 + h_4 + h_5$	h_1 —— 超高，0.3～0.5 m；h_4 —— 缓冲层高度，0.3 m

（三）辐流式沉淀池

1. 构造

辐流式沉淀池是一种大型圆池，直径多在 20 m 以上，最大可达 100 m，池中心水深 2.5～5.0 m，池周水深 1.5～3.0 m，其结构如图 2-27 所示。池中心处设中心布水筒，污水经进水管进入中心布水筒后，通过筒壁上的孔口和外围的环形穿孔整流挡板（开孔率为10%～20%），沿径向呈辐射状流向池周，在此过程中，由于过水断面逐渐增大，故水流速度逐步减小。澄清水经溢流堰或淹没孔口汇入集水槽排出。堰前设挡板，以拦截浮渣。沉于池底的泥渣，由安装于桁架底部的刮泥板以螺线形轨迹刮入泥斗，再借静水压力或污泥泵排出。如果池直径较小（小于20 m），可做成方形池，采用多斗（一般4个）排泥。

这种辐流式沉淀池称为中心进水周边出水辐流式沉淀池或普通辐流式沉淀池，其缺点主要是中心进水口处流速较大，且呈紊流，容易影响初期沉降效果。

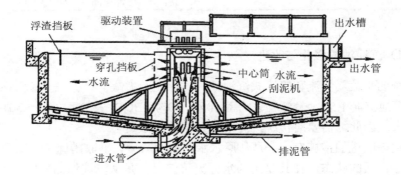

图 2-27 中心进水周边出水辐流式沉淀池

2．设计

（1）设计参数及要求：
① 池子直径（或边长）与有效水深之比为6～12；
② 有效水深 h_2 通常取池半径 1/2 处的深度值；
③ 取池半径 1/2 处的水流断面作为沉淀池的设计断面；
④ 坡向泥斗的坡度不宜小于 0.05，其他参数及规定同前。

（2）设计计算公式见表 2-14。

表 2-14 辐流式沉淀池计算公式

计算内容	计算公式	符号说明
① 单池表面积 A/m^2 和直径 D/m	$A=\dfrac{Q_{max}}{nq}$，$D=\sqrt{\dfrac{4A}{\pi}}$	Q_{max}——最大设计流量，m^3/h； n——沉淀池的个数； q——表面负荷，$m^3/(m^2 \cdot h)$，同前
② 沉淀池有效水深 h_2/m	$h_2=qt$	t——沉淀时间； h——同前
③ 污泥区所需容积 V/m^3	与平流式沉淀池相同	

计算内容	计算公式	符号说明
④ 污泥斗容积 V_1/m^3	$V_1 = \frac{1}{3}\pi h_5 (r_1^2 + r_2^2 + r_1 r_2)$ $h_5 = (r_1 - r_2)\tan\alpha$	h_5——污泥斗高度，m； r_1、r_2——污泥斗上、下口半径，m； α——污泥斗倾角，度
⑤ 泥斗以上圆台部分污泥容积 V_2/m^3	$V_1 = \frac{1}{3}\pi h_4 (R^2 + r_1^2 + R r_1)$ $h_4 = (R - r_1) \cdot i$	R——池子半径，m； h_4——圆台部分的高度（即池底坡落差），m； i——池底纵坡，一般 0.05～0.06
⑥ 沉淀池总高度 H/m	$H = h_1 + h_2 + h_3 + h_4 + h_5$	h_1——超高，取 0.3 m； h_3——缓冲层高度，同机械刮泥平流沉淀池

（四）沉淀池的强化与改进

传统的平流、竖流和辐流式沉淀池，均存在两大缺点：① 去除效率不高。污水在初沉池沉淀 1.5 h，悬浮物去除率 40%～60%，BOD_5 去除率 20%～30%。② 占地面积大。因此，需要对传统沉淀池进行强化与改进。

强化与改进的措施有：一是从原水水质方面着手，采取措施（如混凝），改变水中悬浮物质的状态，使其易于与水分离沉淀；二是从沉淀池结构方面着手，创造更适宜于颗粒沉淀分离的条件，提高沉淀池的容积利用率。此章仅介绍改变沉淀池结构和工艺提高沉淀效率的举措，其中较为成熟的有向心辐流式沉淀池、斜板（管）沉淀池和预曝气沉淀池。

1. 向心辐流式沉淀池

将普通辐流式沉淀池的中心进水方式改为周边进水方式，就产生了向心辐流式沉淀池，如图 2-28 所示，其强化沉淀效果的结构改进主要为：① 流入槽沿池周设置，槽底均匀地开设布水孔及短管，布水时的水头损失集中在孔口上，故布水比较均匀；② 流入槽下部增设了一个导流絮凝区，具有使进水导向沉淀区并均匀布水和使进水在区内形成回流，促使活性污泥絮凝，加速沉淀区的沉淀，以及增大过水面积，使向下流的流速变小，从而不会冲击池底沉泥，提高沉淀效果等作用；③ 流出槽的位置可设在距池中心 $R/4$、$R/3$、$R/2$ 或 R 处，其中最佳位置为 R 处，即周边出水。因此，向心式辐流沉淀池的去除率和容积利用率比普通辐流式沉淀池有明显提高。

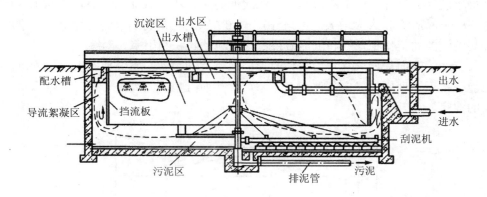

图 2-28　向心辐流式沉淀池

2．斜板（管）沉淀池

斜板（管）沉淀池是根据浅层沉淀原理设计的新型沉淀池，与普通沉淀池比较，具有沉淀效率高、停留时间短、占地面积小等优点。

（1）浅层沉淀原理

设有一理想沉淀池，其沉降区的长、宽、深分别为 L、B 和 H，表面积为 A，处理水量为 Q，表面负荷为 q_0，能够完全去除的最小颗粒的沉速为 u_0，则由式（2-16），可得 $Q=u_0A$。由此可见，在 A 一定的条件下，若增大 Q，则 u_0 成正比增大，从而使 $u \geqslant u_0$ 的颗粒所占分率（$1-P_0$）和 $u<u_0$ 的颗粒中能被除去的分率 u/u_0 都减小，总沉降效率 E_T 相应降低；反之，要提高沉降效率，则必须减小 u_0，结果 Q 成正比减小。因此在普通沉淀池中提高沉淀效率和增大处理能力相互矛盾。

如果将高度为 H 的沉淀区平均分隔为 n 层，即 n 个高度为 $h=H/n$ 的浅层沉淀单元（图 2-29），则在 Q 不变的条件下，颗粒的沉淀深度由 H 减小到 H/n，可被完全除去的颗粒沉速范围由原来的 $u \geqslant u_0$ 扩大到 $u \geqslant u_0/n$，沉速 $u<u_0$ 的颗粒中能被除去的分率也由 u/u_0 增大到 nu/u_0，从而使总沉淀效率 E_T 值大幅度提高；反之，在 E_T 值不变的条件下，即沉速为 u_0 的颗粒在下沉了距离 h 后恰好运动到浅层的右下端点，则由 $u_0/v'=h/L$ 和 $h=H/n$ 可得 $v'=nv$，即 n 个浅层的处理水量 $Q'=HBnv=nQ$，比原来增大了 n 倍。显然，分隔的浅层数越多，E_T 值提高越多或 Q 值增加越多。

此外，沉淀池的分隔还能大大改善沉淀过程的水力条件。当水以速度 v 流过当量直径为 d_e 的断面时，雷诺数 $Re=d_e v \rho_1/\mu$，$d_e=4R$（R 为水力半径，其值等于面积除以湿周），如对此断面进行分隔，则断面的湿周增大，R 大大减小，从而使 Re 降低至 500 以下（斜板沉淀池）和 100 以下（斜管沉淀池），使颗粒能在接近理想的层流状态下沉淀，而普通沉淀池内的 $Re=4.0 \times 10^3 \sim 1.5 \times 10^5$，颗粒是在紊流干扰下沉淀。另外,由于斜板(管)沉淀池的 R 很小,表征水流稳定性的佛劳德数 Fr($=v^2/Rg$)将大大增大,可达 $10^{-3}\sim10^{-4}$ 以上,提高了水流的稳定性,进而提高沉淀池的工作稳定性和沉淀效果,增大池的容积利用率。

上述沉淀面积增大和水力条件改善的双重有利因素,不但使斜板、斜管沉淀池能在接近于理想的稳定条件下高效率运行,而且也大大缩小了处理单位水量所需的池容。

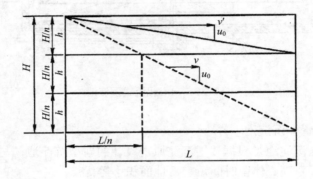

图 2-29 浅层沉淀原理示意

(2) 斜板(管)沉淀池的构造及分类

将浅层沉淀原理应用于工程实际时,必须解决沉泥从隔板上侧顺利滑入泥斗的问题。为此,要把隔板倾斜放置,而且相邻隔板之间要留有适当的间隔,一块隔板和它上面间隔的空间就构成一个斜板沉淀单元。如果再用垂直于斜板的隔板进行纵向分隔,每个斜板单元就变为若干个斜管沉淀单元。斜板倾角 θ 通常由污泥滑动性及其滑动方向与水流方向是否一致决定,一般用 $50°\sim60°$。

为了便于安装和检修,通常将许多斜板或斜管预制成规格化的整体,然后安装在沉淀池内,就构成斜板或斜管沉淀池,见图 2-30。安装斜板或斜管的区域为沉淀区,沉淀区以下依次为入流区和污泥区,沉淀区上面为出流区。沉淀池工作时,水从斜板之间或斜管内流过,沉落在斜板、斜管底面上的泥渣靠重力自动滑入泥斗。布水常用穿孔整流墙;集水多采用穿孔管或淹没孔口,为了使集水更趋均匀,可在池面上增设潜孔式中途集水槽;集泥常采用多斗式,以穿孔管靠静压或泥泵排泥。沉淀区高度大多为 $0.6\sim1.0$ m,入流、出流区高度分别为 $0.6\sim1.2$ m 和 $0.5\sim1.0$ m。为防止水流短路,须在池壁与斜板或斜管间隙处安装阻流板。

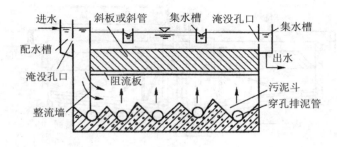

图2-30 斜板(管)沉淀池

根据沉淀区内水流与污泥的相对运动方向,斜板(管)沉淀池可分为异向流(水流方向与污泥运动方向相反,也称为逆向流)、同向流(水流方向与污泥运动方向相同)和横向流(水流方向与污泥运动方向互相垂直)3种,如图2-31所示。异向流可采用斜板或斜管单元,而同向流和横向流则只能采用斜板单元,实际应用中多采用异向流。

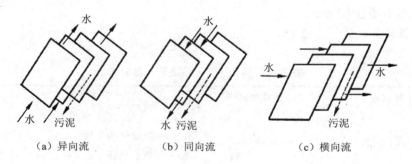

图2-31 水流和污泥在斜板间的流向示意

目前污水处理中常用的斜板(管)沉淀池是在原来的普通沉淀池中加设斜板(管)构成的。图2-32所示为平流式斜板沉淀池,图2-33所示为辐流式斜板沉淀池。

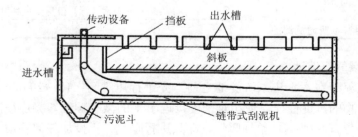

图2-32 平流式斜板沉淀池示意

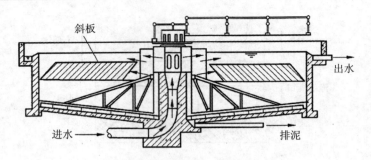

图 2-33 辐流式斜板沉淀池示意

(3) 异向流斜板（管）沉淀池的设计

设计时应满足的一般要求是：① 设计表面负荷，一般可按普通沉淀池的 2 倍考虑，但对于二沉池，还要按固体负荷进行核算；② 斜板净距（或斜管孔径）80～100 mm，斜板（管）斜长 1～1.2 m，斜板（管）倾角 60°；③ 斜板（管）区上部水深 0.5～1.0 m，底部缓冲层高度 1.0 m；④ 作初沉池停留时间不超过 30 min，作二沉池不超过 60 min。

设计计算公式见表 2-15。

表 2-15 斜板（管）沉淀池计算公式

计算内容	计算公式	符号说明
① 池表面积 A/m^2	$A = \dfrac{Q_{max}}{0.91nq}$	Q_{max}——最大设计流量，m^3/h； n——沉淀池的个数； q——表面负荷，$m^3/(m^2 \cdot h)$； 0.91——斜板（管）面积利用系数
② 池子平面尺寸	圆形池子：$D = \sqrt{\dfrac{4A}{\pi}}$ 方形池子：$a = \sqrt{A}$	D——沉淀池直径，m； a——沉淀池边长，m
③ 池内停留时间 t/h	$t = \dfrac{h_2 + h_3}{q}$	h_2——斜板（管）区上部水深，0.5～1 m； h_3——斜板（管）自身垂直高度，0.866～1 m

其他设计内容参考普通沉淀池

3. 预曝气沉淀池

预曝气就是在污水进入沉淀池之前，先进行短时间（10～20 min）的曝气，以改善悬浮物的沉淀性能，使相对密度接近于 1 的微小颗粒絮凝后被沉淀去除。预曝气的类型有两种：① 单纯曝气，即只进行曝气，不投加任何物质，利用气泡的搅动促使污水中的悬浮颗粒相互作用，产生自然絮凝。采用此法可使沉淀效率提高 5%～8%，曝气量约为 0.5 m³/m³（污水）；② 在曝气的同时，投加生物处理单元排出的剩余生物污泥，利用这些污泥所具有的活性产生絮凝作用，这一过程称为生物絮凝。采用该方法，可使沉淀效率提高 10%～15%，BOD_5 去除率也能增加 15%以上，活性污泥的投加量一般在 100～400 mg/L。

预曝气一般在专设的构筑物中进行，这种构筑物称为预曝气池或生物絮凝池。预曝气池与沉淀池可以合建，称为预曝气沉淀池，即将预曝气与沉淀两种功能置于同一池中的不同部位，如与平流式沉淀池合建，则池前部为预曝气部分，后部为沉淀部分；若与竖流式或辐流式沉淀池合建，则预曝气部分位于池中央处（图 2-34）。预曝气所使用的曝气装置与生物处理曝气池使用的相同。

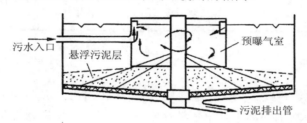

图 2-34　预曝气辐流式沉淀池示意

（五）沉淀池选型

沉淀池用于实际污水处理时，应根据实际情况，综合污水处理量、悬浮物质的沉降性能与泥渣性能、总体布置与地质条件、造价高低与运行管理水平要求等因素进行选型。表 2-16 为平流式、竖流式、辐流式和斜板（管）式 4 种沉淀池的优缺点及适用条件。

表 2-16　各类型沉淀池的优缺点及适用条件

池型	优点	缺点	适用条件
平流式沉淀池	① 效果较好； ② 对冲击负荷和温度变化适应能力较强； ③ 施工简单，造价低； ④ 平面布置紧凑； ⑤ 排泥设备已趋定型	① 配水不易均匀； ② 多斗排泥时，每个泥斗需独自排泥，工作量大，管理复杂、麻烦； ③ 机械排泥时，链带式刮泥设备的机件易于腐蚀，且维修困难	① 地下水位较高及地质较差的地区； ② 大、中、小型污水处理厂均可
竖流式沉淀池	① 排泥方便，管理简单； ② 占地面积较小	① 池子深度大，施工困难，造价较高； ② 对冲击负荷和温度变化适应能力较差； ③ 池径受限，不宜过大，否则布水不匀	小型污水处理厂

池型	优点	缺点	适用条件
辐流式沉淀池	① 机械排泥，运行可靠；② 排泥设备已定型化	① 池内水流不易均匀，流速不稳，效果较差；② 排泥设备复杂，运行管理水平要求较高；③ 对池体施工质量要求高	① 地下水位较高地区；② 大、中型污水处理厂
斜板（管）沉淀池	① 去除效率高；② 停留时间短、占地面积小	① 排泥困难、易堵，不耐冲击负荷；② 活性污泥易黏附在斜板（管）上，厌氧消化产生的气体上升时会干扰污泥沉淀，并把从斜板（管）上脱落下来的污泥带到水面形成污泥层，影响沉淀效果，甚至可能堵塞斜板（管），故不宜用作二沉池	① 已有污水处理厂挖潜或扩大处理能力；② 当污水处理厂设计受到占地面积限制时，可作为初沉池使用

四、隔油池

石油、石化、钢铁、焦化、煤气、毛纺、机械加工、屠宰等企业生产均会产生含油污水，污水中的油类除重焦油相对密度可达 1.1，能通过重力沉淀法去除外，其余油品相对密度均小于 1，在污水中以浮油、分散油、乳化油和溶解油 4 种形式存在。其中，浮油粒径较大（100 μm 以上），易浮在水面形成油膜或油层；分散油粒径次之（10～100 μm），以微小油滴分散悬浮于水中，静止后会转化成浮油；乳化油粒径较小（一般 0.1～2.0 μm），与水形成均匀稳定的混合体系，很难处理，通常要先破坏其稳定性，使其转化为可浮油后再利用油水密度差进行分离；溶解油粒径很小，甚至达到纳米级，以溶解状态存在于水中，但溶解度小，通常每升污水中只有几毫克。

隔油池是以重力分离为基础的自然上浮油水分离器，其去除对象是污水中的浮油和分散油，主要形式有平流式、斜板式、吸油板式 3 种。

（一）平流式隔油池

平流式隔油池的构造见图 2-35，与平流式沉淀池相似。污水从池的一端流入，从另一端流出。在污水流经池子的过程中，由于水平流速很小（2～5 mm/s），比重小于水而粒径较大的油珠上浮到水面上，比重大于水的杂质沉于池底，利用刮油刮泥机推动并刮集水面浮油和池底沉渣。在出水端的池面设集油管收集浮油，集油管常用直径为 200～300 mm 钢管制成，沿管轴方向在管壁上开有 60°～90°角的切口，集油管可以绕轴线转动，平时切口位于水面上，收油时将切口旋转到油面以下，浮油溢入集油管并沿集油管流向池外。收集在泥斗中的污泥由设在池底的排泥管借助静水压力排走，池底应有 0.01～0.02 的坡度坡向污泥斗，泥斗倾角为 45°，池底构造与沉淀池基本相同。池表面应设置盖板，以防火、防雨、保温及防止油气散发，污染大气。在寒冷地区或季节，池内应设有加温设施，以增大油的流动性。

平流式隔油池的特点是构造简单、便于运行管理、隔油效果稳定，但池容积较大，占地面积也大。有资料表明，平流式隔油池能去除的最小油滴直径为 100～150 μm，相应的上升速度不高于 0.9 mm/s，除油效率一般为 70%～80%，隔油池出水仍含有一定数量的乳化油和附着在悬浮固体上的油分，一般较难降到排放标准以下。

平流式隔油池的设计与平流式沉淀池基本相似，按表面负荷设计时，一般采用 1.2 m³/(m²·h)；按停留时间设计时，一般采用 1.5～2.0 h。此外，在隔油池设计中，每单格宽度应与刮油机跨度相适应，常采用 6.0 m、4.5 m、3.0 m、2.5 m 或 2.0 m。若采用人工清除浮油时，每个格间的宽度不宜超过 3.0 m。

（二）斜板式隔油池

为了提高单位池容积的处理能力，常采用以"浅层沉淀理论"为基础的斜板式隔油池，如图 2-36 所示。池内斜板大多采用聚酯玻璃钢波纹板，板间距约 40 mm，倾角不小于 45°，斜板采用异向流形式，污水自上而下流入斜板组，油珠沿斜板上浮。实践表明，斜板隔油池所需停留时间约 30 min，仅为平流隔油池的 1/4～1/2，能去除的油滴最小直径为 50 μm。

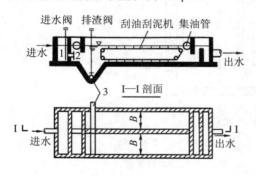

图 2-35　平流式隔油池

1. 布水间；2. 进水孔；3. 排渣管

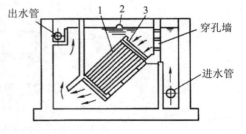

图 2-36　斜板式隔油池

1. 斜板；2. 集油管；3. 布水板

（三）吸油板式隔油池

吸油板式隔油池是用疏水亲油的粗粒化吸油材料制成吸油滤板代替普通隔油池的挡油墙而形成的一种高效隔油池。在池中做上浮运动的油珠，除了 $u \geqslant u_0$ 能上浮至水面被除去外，$u<u_0$ 的部分油珠运动到吸油滤板受吸附后也能被除去。因此，隔油池中油珠所做的上浮运动几乎都是有效的，这就大大提高了隔油池的分离效率。

吸油板式隔油池的隔油效果主要取决于水流的状态，当水流处于层流状态时，对隔油池的油水分离有利，因此可以通过雷诺数的计算进行设计。

图 2-37 为吸油板式隔油池。当含油污水进入隔油池后，污水受到挡水板的阻挡作用而向上运动，污水中大颗粒的油珠借助浮力上浮至水面，较细小的油珠顺水流经滤网、整流器层流区，继续沿着隔油池的长度方向缓慢浮升，其中部分较粗的油珠上浮至水面被吸油浮体吸附除去，另一部分油珠的浮力不足以使它们到达水面，结果只能到达吸油隔油板。但由于吸油隔油板上已设置粗粒化吸油材料，水中油珠被吸附除去，这样，吸油隔油板的作用就相当于增加了隔油池油水分离的有效工作长度，从而提高了隔油池的分离效率。考虑到污水流量有时会发生比较大的变化，导致层流区的流态被破坏，水中油珠不能上浮至水面或来不及被吸油隔油板吸附而被水流带走，影响排水水质，因此，在后级设置了挡水墙，并将隔油池排水管做成虹吸管。当水流加快，从层流区带走油珠时，水流将受到挡水墙的作用，其流向会改变成垂直向上，水中夹带的油珠受到浮力的作用会被送到隔油池后级水面，最后被吸油浮体吸附除去，下层水则通过虹吸管排走。

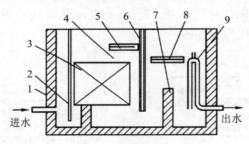

图 2-37 吸油板式隔油池

1. 隔油池；2. 挡水板；3. 滤网；4. 层流区；5. 吸油浮体；
6. 吸油隔油板；7. 挡水墙；8. 吸油浮体；9. 虹吸管

思考题

1. 简述均化的目的、类型和方式。
2. 某厂每小时排放生产污水 50 m³，污水 COD 浓度变化周期为 8 h，一个周期内各小时的 COD 浓度分别为 20 mg/L、80 mg/L、90 mg/L、140 mg/L、60 mg/L、40 mg/L、70 mg/L、100 mg/L。欲将污水的 COD 浓度降到 80 mg/L 以下，求需要

的均化时间和均化池容积。

3．某酸性污水的 pH 值逐时变化为 5、6.5、4.5、5、7，若水量依次为 4 m³/h、4 m³/h、6 m³/h、8 m³/h、10 m³/h，试问完全均化后能否达到排放标准（pH 值 6～9）？

4．欲建某城市污水处理厂，已知最大设计流量为 0.25 m³/s，污水流量变化系数 K_Z=1.4，试设计水泵前格栅，并绘制格栅设计计算简图。

5．沉淀有哪几种基本类型？各有何特点？适用哪些场合？

6．何谓表面负荷或溢流率？推导出它的表达式，并指出各参数的含义。再根据该表达式，说明离散型颗粒沉降的几个规律。

7．采用下列数据设计平流式沉砂池：设计人口 N=13 万人，Q_{max}=200 L/s，Q_{min}=100 L/s，每人每日的沉砂量为 0.02 L（采用水平流速 v=0.25 m/s，停留时间 t=30 s）。

8．已知某城镇污水处理厂设计日均流量为 40 000 m³，服务人口 200 000 人，初沉污泥量按 25 g/（人·d），污泥含水率按 97%计算，试为该处理厂设计曝气沉砂池和平流式初沉池，并绘制平流式初沉池的设计计算草图。

9．已知某小型污水处理站最大设计流量 400 m³/h，进水悬浮固体浓度 250 mg/L。设沉淀效率为 55%，根据沉淀试验性能曲线查得 u_0=2.8 m/h、t_0=80 min，污水的含水率为 98%，试为该处理站设计竖流式初沉池，并绘制设计计算草图。

10．某市欲建一城市污水处理厂，已知最大设计流量为 200 000 m³/d，原水悬浮固体浓度 300 mg/L，要求经沉淀后污水悬浮固体浓度不超过 120 mg/L，试为该厂设计辐流式初沉池，并绘制设计计算草图。

11．简述斜板（管）沉淀池的工作原理及适用范围。

12．简述含油污水中油的存在状态和隔油池的去除对象及主要形式。

第三章 化学处理法

化学处理法主要利用化学反应的作用去除水中杂质，主要处理对象是污水中的溶解性物质或胶体物质。常见的化学处理法包括混凝法、中和法、化学沉淀法、氧化还原法和电解法。

第一节 混凝法

各种污水都是以水为分散介质的分散体系。根据分散粒度不同，污水可分为 3 类：真溶液（0.1～1 nm）、胶体溶液（1～100 nm）和悬浮液（>100 nm），其中粒度为 1 nm～100 μm 的悬浮液和胶体溶液可采用混凝处理法。混凝就是向待处理水中投加化学药剂以破坏胶体的稳定性，使污水中的胶体和细小悬浮物聚集成可分离的絮凝体，再加以分离去除的过程。

一、胶体的稳定性

胶体微粒都带有电荷，其结构如图 3-1 所示。胶体的中心称为胶核，其表面选择性吸附了一层带同号电荷的离子，该层离子称为电位离子层。为维持胶体微粒的电中性，在电位离子层外面又吸附了大量的反离子，构成了所谓的"双电层"结构。反离子层又分为吸附层和扩散层，前者紧靠电位离子层，随胶核一起运动，和电位离子层一起构成了胶体粒子的固定层，而扩散层由于受到电位离子的引力较小，因而不随胶核一起运动，而是趋于向溶液主体扩散。吸附层与扩散层的交界面称为滑动面。

胶核表面与溶液主体之间的电位差称为 ψ 电位，滑动面与溶液主体间的电位差称为 ζ 电位。图 3-1 描述了两种电位随距离的变化而变化的情况。ψ 电位对于某类胶体而言是固定不变的，但无法度量，而 ζ 电位可计算得出，并随温度、pH 值及溶液中反离子浓度等外部条件而变化，在水处理中具有重要意义。

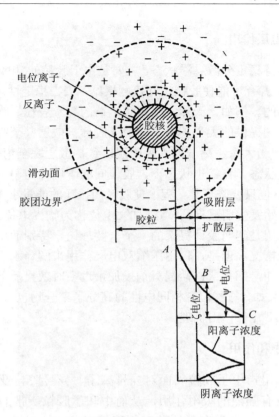

图 3-1　胶体双电层结构示意

胶体能在水中保持稳定且呈分散悬浮状态，主要有以下两方面原因：① 带同号电荷的胶粒之间存在静电斥力，ζ电位愈高，静电斥力愈大。胶粒间的斥力不仅与ζ电位有关，还与胶粒之间的间距有关，距离越近，斥力越大，而布朗运动的动能不足以将两颗胶粒推进到使范德华引力发挥作用的距离。因此，胶粒不能相互聚结而长期保持稳定分散状态。② 水化作用。由于胶粒带电，能将极性水分子吸引到它的周围形成一层水化膜，水化膜同样能阻止胶粒间相互接触。水化膜是伴随胶粒带电而产生的，如果胶粒的电位消除或减弱，水化膜也将随之消失或减弱。

二、混凝机理

化学混凝的目的就是破坏胶体的稳定性，使胶体微粒相互聚集。其中，胶体失去稳定性的过程叫凝聚，脱稳胶体相互聚集的过程称为絮凝，混凝就是凝聚和絮凝的总称。混凝机理至今尚未完全清楚，但归结起来，可以认为是以下 4 方面的作用。

（一）压缩双电层作用

水中胶粒能维持稳定分散悬浮状态，主要是由于胶粒的ζ电位，如果能消除或降低胶粒的ζ电位，就有可能使胶粒相互接触聚结，失去稳定性。向水中投加无机盐混凝剂可达此目的。例如，天然水中带负电荷的黏土胶粒，当投入铁盐或铝盐等混凝剂后，混凝剂提供的大量正离子会涌入胶体扩散层甚至吸附层，使扩散层变薄，ζ电位降低；当大量正离子涌入吸附层以致扩散层完全消失时，ζ电位降为零，此时称为等电状态。在等电状态下，胶粒间的静电斥力消失，胶粒最易发生聚结。实际上，ζ电位只要降至某一程度使胶粒间排斥的能量小于胶粒布朗运动的动能时，胶粒就开始发生明显聚结，这时的ζ电位称为临界电位。

压缩双电层作用是阐明胶体凝聚的一个重要理论，特别适用于无机盐混凝剂所提供的简单离子情况。但是，仅用压缩双电层作用来解释水中的混凝现象，会产生一些矛盾。例如，铝盐或铁盐混凝剂投加量过多时效果反而下降，水中胶粒会重新获得稳定；又如，与胶粒带相同电性的高分子聚合物也有良好的混凝效果。于是，又提出了以下几种作用机理。

（二）吸附电中和作用

吸附电中和作用指由于胶粒表面对异号离子、异号胶粒及链状离子或分子带异号电荷的部位有强烈的吸附作用，从而中和了胶粒所带的部分电荷，静电斥力减小，ζ电位降低，使胶体的脱稳和凝聚易于发生。例如，当投加三价铝盐或铁盐时，它们能在一定条件下离解和水解生成多种络合离子，如$[Al(H_2O)_6]^{3+}$、$[Al(OH)(H_2O)_5]^{2+}$、$[Al_2(OH)_2(H_2O)_8]^{4+}$、$[Al_3(OH)_5(H_2O)_9]^{4+}$等，这些络离子不但能压缩双电层，而且能进入到胶核表面，中和电位离子所带电荷，使ψ电位降低，ζ电位也随之减小，从而达到胶粒脱稳和凝聚的目的。吸附电中和作用的一个显著特点是，若药剂投加过量，则由于胶粒吸附了过多反离子，使ζ电位反号，排斥力变大，出现胶粒再稳现象。

（三）吸附架桥作用

吸附架桥作用主要是指投加的水溶性链状高分子聚合物在静电引力、范德华引力和氢键力等作用下，其活性部位与胶体或细微悬浮物发生吸附，将微粒搭桥联结为一个个絮凝体（俗称矾花）的过程，其模式如图3-2所示。如在溶液中投加三价铝盐或铁盐及其他高分子混凝剂后，经水解、缩聚反应形成的线形高分子聚合物，可被胶粒强烈吸附，因它们的线形长度较大，当一端吸附一胶粒后，另一端又吸附另一胶粒，在相距较远的两胶粒间起到架桥作用，使颗粒逐渐变大，形成粗大絮凝体。

根据此作用机理,可解释当水体浊度很低时为什么有些混凝剂使用效果不好,因为浊度低,水中胶体少,当高分子聚合物一端吸附一个胶粒后,另一端因粘连不到第二个胶粒,不能起到架桥作用,从而达不到混凝效果。

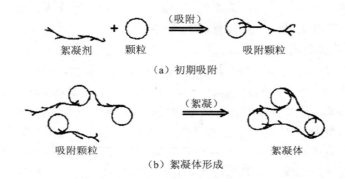

图 3-2　高分子絮凝剂对微粒的吸附桥联模式

显然,在吸附架桥形成絮凝体的过程中,胶粒和细微悬浮物并不一定要脱稳,也无需直接接触,ζ电位的大小也不起决定性的作用,但高分子絮凝剂的投加量及搅拌的时间和强度都必须严格控制。若投加量过大,胶粒被过多的聚合物所包围,胶粒会出现再稳现象;若搅拌强度过大或时间过长,会使架桥聚合物断裂或吸附的胶粒脱开,絮凝体破碎,形成二次吸附再稳颗粒。

(四)沉淀网捕作用

采用铁、铝等高价金属盐作混凝剂时可水解形成难溶性氢氧化物如 $Al(OH)_3$、$Fe(OH)_3$ 等,水中的胶粒和细微悬浮物可被这些沉淀物在形成时作为晶核或吸附质予以捕获共同沉降下来,此过程并不一定使胶粒脱稳,但能将胶粒卷带网罗除去。由于水中的胶体多带负电荷,若沉淀物带正电荷,更能加快网捕速度。此过程是一种机械作用,所需混凝剂与水中杂质含量成反比,即当水中胶体含量少时,所需混凝剂量多。

在实际水处理过程中,以上 4 种作用机理往往同时或交叉发挥作用,只是依条件不同,其中某一种机理起主导作用。对高分子混凝剂特别是有机高分子混凝剂,吸附架桥作用可能起主导作用,而对简单的铝、铁等无机盐混凝剂来说,压缩双电层、吸附电中和及沉淀网捕作用起主要作用。

三、混凝剂与助凝剂

(一) 混凝剂

混凝剂应符合如下要求：混凝效果良好，对人体健康无害，价廉易得，使用方便。混凝剂的种类较多，主要有以下两大类。

1. 无机盐类混凝剂

目前应用最广的是铝盐和铁盐。铝盐中主要有硫酸铝、明矾、聚合氯化铝、聚合硫酸铝等，比较常用的是 $Al_2(SO_4)_3 \cdot 18H_2O$，混凝效果较好，使用方便，适宜 pH 为 5.5~8，但水温低时，硫酸铝水解困难，形成的絮凝体较松散，效果不及铁盐。聚合氯化铝是在人工控制条件下预先制成的最优形态聚合物，投入水中后可发挥优良的混凝作用，对各种水质适应性较强，pH 适用范围较广，对低温水效果也较好，形成的絮凝体粒大且重，所需的投加量为硫酸铝的 1/3~1/2。

铁盐主要有三氯化铁、硫酸亚铁、硫酸铁、聚合硫酸铁、聚合氯化铁等。三氯化铁是褐色结晶体，极易溶解，形成的絮凝体较紧密、易沉淀，pH 适宜范围也较铝盐宽，为 5~11，但三氯化铁为铁锈色，腐蚀性强，易吸水潮解，不易保管，而且投加量控制不好会导致出水色度升高。硫酸亚铁（$FeSO_4 \cdot 7H_2O$）是半透明绿色结晶体，离解出的 Fe^{2+} 不具有三价铁盐的良好混凝作用，使用时需将二价铁氧化成三价铁。聚合铁盐与聚合铝盐的作用机理颇为相似，具有投加剂量小、絮体形成快、对不同水质适应强等优点，所以在水处理中的应用越来越广泛。

2. 有机高分子混凝剂

有机高分子混凝剂有天然和人工合成两种。凡链节上含有的可离解基团水解后带正电的称为阳离子型，带负电的称为阴离子型，链节上不含可离解基团的称为非离子型。我国当前使用较多的是人工合成的聚丙烯酰胺，为非离子型高聚物，聚合度可达 2×10^4~9×10^4，相应的分子量高达 150×10^4~600×10^4，但它可通过水解构成阴离子型，也可通过引入基团制成阳离子型。

由于有机高分子混凝剂对水中胶体微粒有极强的吸附作用，所以混凝效果好。并且，即使是阴离子型高聚物，对负电胶体也有强的吸附作用，但对于未脱稳的胶体，由于静电斥力作用，有碍于吸附架桥作用，所以通常作助凝剂使用；阳离子型高聚物的吸附作用尤其强烈，且在吸附的同时，对负电胶体有电中和脱稳作用。

有机高分子混凝剂虽然效果优异，但制造过程复杂，价格较贵。另外，聚丙烯酰胺单体——丙烯酰胺有一定的毒性，也一定程度上限制了它的应用。

（二）助凝剂

在实际水处理中，有时使用单一混凝剂不能取得良好效果，可投加某些辅助药剂以提高混凝效果，这些辅助药剂称为助凝剂。助凝剂可参加混凝，也可不参加混凝。广义上的助凝剂分为3类：① 酸碱类，主要用以调节水的pH值；② 加大絮凝体粒度和结实性类，利用高分子助凝剂的强烈吸附架桥作用，使细小松散的絮凝体变得粗大而紧密，常用的有聚丙烯酰胺、活化硅酸、骨胶、海藻酸钠、黏土等；③ 氧化剂类，如利用Cl_2、O_3等以分解过多有机物，避免对混凝剂的干扰，当采用硫酸亚铁作混凝剂时将亚铁离子氧化成三价铁离子。

四、影响混凝效果的因素

（一）原水水质

原水水质主要包括水温、pH、杂质等。

1. 水温

水温对混凝效果有明显影响。无机盐类混凝剂水解是吸热反应，水温低时，水解困难，特别是硫酸铝，当水温低于5℃时，水解速率缓慢。水温降低，水的黏度升高，布朗运动减弱，不利于脱稳胶粒相互絮凝，影响絮凝体的增大，进而影响后续的沉淀处理效果。另外，水温低时，胶粒水化作用增强，妨碍颗粒凝聚。而当温度较高时，混凝剂又易于老化或分解，也影响混凝效果。

2. pH值

原水pH值对混凝的影响程度视混凝剂的品种而异。用硫酸铝去除浊度时，最佳pH值范围为6.5～7.5，用于脱色时，为4.5～5。用三价铁盐时，最佳pH值范围为6.0～8.4，比硫酸铝宽。若用硫酸亚铁，只有在pH＞8.5和水中有足够溶解氧时，才能迅速形成Fe^{3+}，这就使设备和操作较复杂，因此，常采用加氯氧化的方法。铝盐和铁盐水解过程中会不断产生H^+，导致水体pH值下降，影响混凝效果，所以当原水中碱度不足或混凝剂投加量较大时，常投加石灰等进行调整。而高分子混凝剂尤其是有机高分子混凝剂，混凝效果受pH值的影响较小。

3. 杂质

水中杂质的成分、性质和浓度都对混凝效果有明显的影响。水中正二价及以上的离子多，将有利于压缩双电层；各种无机金属盐离子的存在通常能起到提高混凝效果的作用，而磷酸根离子、硫酸根离子、氯离子等的存在通常不利于混凝。水中的杂质颗粒尺寸越细小越单一均匀，越不利于混凝，而大小不一的颗粒将有利于混凝。当水中的杂质浓度低时，颗粒间的碰撞概率下降，混凝效果较差，可以通过投加高分子助凝剂、黏土、泥渣等以提高混凝效果，或投加混凝剂后对生成的絮凝体直接过滤去除。当水中的悬浮物含量较高时，为了减少混凝剂的用量，可投加适量高分子助凝剂。

（二）混凝剂

混凝剂的种类与投加量对混凝效果都会产生明显影响。混凝剂的选择主要取决于水中胶体与悬浮物的性质和浓度。若污染物主要以胶体状态存在，ζ电位较高，则应先投加无机盐混凝剂使胶体脱稳，若生成的絮体较细小，还应投加高分子助凝剂。在很多情况下，将无机盐混凝剂与高聚物并用，可明显提高混凝效果，扩大使用范围。但两种及以上混凝剂混合使用时，混凝剂的投加顺序有时也会影响混凝效果。对一定废水，均存在最佳投药量的问题，最佳投药量主要通过混凝试验来决定。

（三）水力条件

混凝过程中的水力条件对絮凝体的形成影响很大。整个混凝过程可分为两个阶段：混合（凝聚）阶段和反应（絮凝）阶段，水力条件的配合对这两个阶段非常重要。

混合阶段要求药剂迅速均匀地扩散到全部水中，以创造良好的水解和聚合条件，使胶体脱稳并借颗粒的布朗运动和紊动水流进行凝聚。在此阶段并不要求形成大的絮凝体，而是要快速和剧烈搅拌，通常在几秒钟或一分钟内完成。对于高分子混凝剂，由于它们在水中的形态不像无机盐混凝剂那样易受时间影响，混合作用主要是使药剂在水中均匀分散，混合反应可以在很短时间内完成，但不宜进行过度剧烈的搅拌。

反应阶段依靠机械或水力搅拌促进颗粒间碰撞凝聚逐渐形成大的具有良好沉淀性能的絮凝体。反应阶段的搅拌强度或水流速度应随着絮凝体的增大而逐渐降低，以免形成的絮凝体被打碎。如果在混凝处理后不经沉淀处理而直接进行接触过滤或是进行气浮处理，反应阶段可省略。

五、混凝设备

混凝设备主要包括混凝剂的配制与投加设备、混合设备和反应设备。

（一）混凝剂的配制与投加设备

混凝剂的投加方式分干投法和湿投法。干投法是把固体药剂破碎至一定粒度后直接定量投放到待处理水中,其优点是占地少,缺点是对药剂的粒度要求较高,投加量难以控制,对机械设备要求较高,同时劳动条件差,该方法现已很少使用。湿投法是将混凝剂先溶解,配制成一定浓度的溶液后定量投加,其所用的设备有溶液配制设备和投加设备。

1. 配制设备

混凝剂一般在溶解池中进行溶解,溶解池配有搅拌装置,目的是加速药剂溶解。搅拌方式有机械搅拌、压缩气体搅拌和水泵搅拌等。对于无机盐类混凝剂,溶解池搅拌装置和管配件等应考虑防腐蚀措施。

药剂溶解完成后,再将浓药液送到溶液池,用清水稀释到一定浓度后备用。溶液池的体积可按下式计算:

$$V_1 = \frac{AQ}{417wn} \tag{3-1}$$

式中,V_1 —— 溶液池体积,m^3;

Q —— 处理水量,m^3/h;

A —— 混凝剂的最大用量,mg/L;

w —— 溶液质量分数,%;

n —— 每天配制次数,一般为2~6次。

溶解池体积 V_2 可按下式计算:

$$V_2 = (0.2 \sim 0.3)V_1 \tag{3-2}$$

2. 投加设备

混凝剂溶液的投加要求计量准确、调节灵活及设备简单,所需设备包括计量设备、药液提升设备、投药箱、水封箱以及注入设备等。

计量设备目前较为常用的有孔口计量设备(图3-3)、转子流量计、电磁流量计、计量泵等。在孔口计量设备中,配制好的混凝剂溶液通过浮球阀进入恒位水箱,箱中液位靠浮球阀保持恒定,在恒定液位下 h 处有出液管,管端装有苗嘴或孔板。因作用水头 h 恒定,一定口径的苗嘴或一定开启度的孔板的出流量是恒定的。当需要调节投加量时,可以更换苗嘴或改变孔板的出口断面。

药液的投加方式通常有泵前重力投加(图3-4)、水射器投加(图3-5)、高位溶液池重力投加、虹吸式投加、计量泵投加等。高位溶液池重力投加通常适合取水泵房距水厂较远的情况,而泵前重力投加比较适合取水泵房离水厂较近的情况,采用水封箱防止管路进气,以防泵"气蚀",溶液池高架进行投加。虹吸式定量投加设备是利用空气管末端与虹吸式管出口之间的水位差不变而设计的投加设备,因而投加量恒定。水射器主要用于向压力管内投加混凝剂溶液,使用方便。

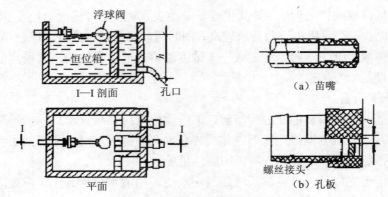

图 3-3 孔口计量设备、苗嘴和孔板

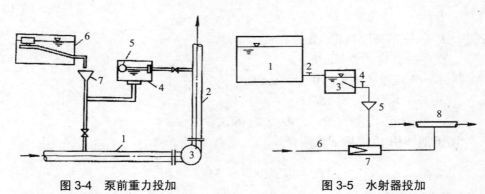

图 3-4 泵前重力投加
1. 吸水管；2. 出水管；3. 水泵；4. 水封箱；
5. 浮球阀；6. 溶液池；7. 漏斗

图 3-5 水射器投加
1. 溶液池；2. 阀门；3. 投药箱；4. 阀门；
5. 漏斗；6. 高压水管；7. 水射器；8. 原水

（二）混合设备

混合设备的作用是使药剂迅速均匀扩散到水中，使混凝剂的水解产物与胶体、细微悬浮物接触产生凝聚作用，形成细小矾花。根据动力来源分为水力和机械搅拌两类混合设备，前者有管道式、穿孔板式、隔板混合槽（池）等，后者有机械搅拌混合槽、水泵混合槽等。机械搅拌混合槽通过桨板的快速搅拌完成混合，其结构见图 3-6。在隔板混合池（图 3-7）中，当水流通过隔板孔道时产生急剧的收缩和扩散，形成涡流，从而达到混合目的。

（三）反应设备

混合反应完成后，水中已产生细小絮体，但还没有达到自然沉降的粒度，反应设备的任务就是使小絮体逐渐絮凝成大絮体以利于沉降。为了让凝絮物长大到 0.6~1.0 mm 的粒度，要求颗粒间不断接触长大，反应设备应有一定的停留时间和适当的搅拌强度，以让小絮体能相互碰撞，并防止生成的大絮体沉淀。但搅拌速度太大，则会使生成的絮体破碎，因此在反应设备中，沿水流方向的搅拌强度应越来越小。反应设备也分为水力和机械搅拌两大类。

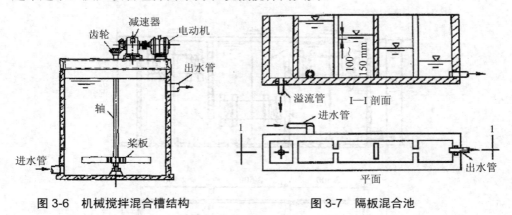

图 3-6　机械搅拌混合槽结构　　　　图 3-7　隔板混合池

水力搅拌型反应池包括隔板反应池、旋流反应池、涡流反应池等，其中隔板反应池应用较多，分为回转式隔板反应池和往复式隔板反应池两种，其结构如图 3-8 所示。隔板反应池是利用水流断面上流速分布不均匀所造成的速度梯度，来促进颗粒相互碰撞进行絮凝的，为避免结成的絮凝体被打碎，隔板中的流速应逐渐减小。隔板反应池构造简单，管理方面，效果较好，但反应时间较长，容积较大，主要适用于处理水量较大的处理厂。

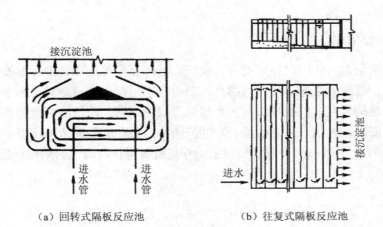

（a）回转式隔板反应池　　　（b）往复式隔板反应池

图 3-8　隔板反应池

机械搅拌反应池结构如图 3-9 所示,桨板式机械搅拌反应池的主要设计参数为:每台搅拌设备上的桨板总面积为水流截面积的 10%~20%,不超过 25%;桨板长度不大于叶轮直径的 75%,宽度为 10~30 cm;第一格叶轮半径中心点旋转线速度 0.5~0.6 m/s,以后逐格减少,最后一格 0.1~0.2 m/s,不得大于 0.3 m/s;反应时间为 15~20 min。

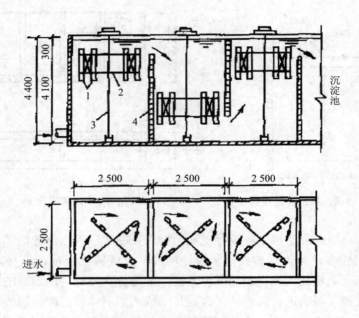

图 3-9 机械搅拌反应池
1. 桨板;2. 叶轮;3. 旋转轴;4. 隔墙

(四)澄清池

在澄清池内,可同时完成混合、反应、沉降分离等过程。澄清池的优点是占地面积小,处理效果好,生产效率高,节省药剂用量;缺点是对进水水质要求严格,设备结构复杂。根据泥渣与污水接触方式的不同,澄清池可分为两类,一类是悬浮泥渣型,包括悬浮澄清池、脉冲澄清池;另一类是泥渣循环型,有机械搅拌澄清池和水力加速循环澄清池。图 3-10 是机械搅拌澄清池的结构示意。

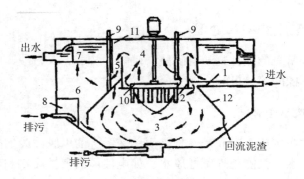

图 3-10　机械搅拌澄清池
1. 进水管；2. 三角配水槽；3. 一次混合反应区；4. 二次混合反应区；5. 导流区；6. 分离区；
7. 集水槽；8. 泥渣浓缩室；9. 投药管；10. 搅拌桨；11. 孔口；12. 伞形罩

第二节　中和法

含酸与含碱污水是两种重要的工业废液，其来源非常广泛。酸含量大于 5%～10%的高浓度含酸废水称为废酸液，碱含量大于 3%～5%的高浓度含碱废水称为废碱液。对于这类废液，可因地制宜采用特殊方法回收其中的酸或碱，或者进行综合利用，例如，用蒸发浓缩法回收苛性钠，用扩散渗析法回收钢铁酸洗废液中的硫酸，利用钢铁酸洗废液作为制造硫酸亚铁、聚合硫酸铁的原料等。然而，对于酸含量小于 5%～10%或碱含量小于 3%～5%的低浓度酸性废水或碱性废水，由于其中酸、碱含量低，回收价值不大，但不能直接排放，因此常采用中和处理法进行处理。

中和法就是利用碱性药剂或酸性药剂将污水从酸性或碱性调整到中性 pH 值附近的一类处理方法。在工业废水处理中，中和处理既可作为主要的处理单元，又可作为预处理方法，与其他后续处理工艺联用。污水排入受纳水体前，其 pH 值超过排放标准，这时应采用中和处理，以减少对水生物的影响；工业废水排入城市下水道系统前，进行中和处理，以免对管道系统造成腐蚀；化学处理或生物处理之前，对生物处理而言，需将处理系统的 pH 值维持在 6.5～8.5 范围内，以确保最佳的生物活性。

中和处理法因污水的酸碱性不同而不同。针对酸性废水，主要有酸性废水与碱性废水相互中和、药剂中和及过滤中和 3 种方法，而对于碱性废水，主要有碱性废水与酸性废水相互中和、药剂中和与利用酸性废气中和 3 种方法。

一、酸性废水的中和处理

酸性废水中常见的酸性物质有硫酸、硝酸、盐酸、氢氟酸、磷酸等无机酸和醋酸、甲酸、柠檬酸等有机酸。

(一) 碱性废水中和法

酸性、碱性废水相互中和是一种既简单又经济的以废治废的处理方法，该法既能处理酸性废水，又能处理碱性废水。如电镀厂的酸性废水和印染厂的碱性废水相互混合，达到中和的目的。

常用的中和设备有连续流中和池、间歇式中和池、集水井及混合槽等。当水质和水量较稳定或后续处理对 pH 值要求较宽时，可直接在集水井、管道或混合槽中进行连续中和反应，不需设中和池；当水质水量变化不大或者后续处理对 pH 值的要求较高时，可设连续流中和池；而当水质变化较大且水量较小时，连续流中和无法保证出水 pH 值要求，或者出水中含有其他杂质如重金属离子时，多采用间歇式中和池，即在间歇池内同时完成混合、反应、沉淀、排泥等操作。

(二) 药剂中和法

药剂中和法能处理任何浓度、任何性质的酸性废水，对水质和水量波动适应性强，中和药剂利用率高，中和过程易调节，但也存在劳动条件差、药剂配制及投加设备较多、基建投资大、泥渣多且脱水难等缺点。选择碱性药剂时，不仅要考虑它本身的溶解性、反应速度、成本、二次污染、使用方便等因素，而且还要考虑中和产物的性状、数量及处理费用等因素。常用药剂有石灰（CaO）、石灰石（$CaCO_3$）、碳酸钠、电石渣等，因石灰来源广泛、价格便宜，所以最为常用。当投加石灰进行中和处理时，产生的 $Ca(OH)_2$ 还有凝聚作用，因此对杂质多、浓度高的酸性废水尤其适宜。

药剂中和流程通常包括污水的预处理、药剂的制备与投配、混合与反应、中和产物的分离、泥渣的处理与利用等环节。污水的预处理包括悬浮杂质的澄清、水质及水量的均和调节，前者可以减少投药量，后者可以创造稳定的处理条件。中和剂的投加量可按实验绘制的中和曲线确定，也可根据水质分析资料，按中和反应的化学计量关系确定。

当采用石灰作为中和剂时，其投加方式可分为干投法和湿投法两种。干投法可采用具有电磁振荡装置的石灰振荡设备投加，以保证投加均匀。此法设备构造简单，但反应较慢，而且不充分，投药量大（需为理论量的 1.4~1.5 倍）。当石灰成块状时，可采用湿投法，石灰湿投系统结构如图 3-11 所示，将石灰在消解槽内先加水消解，可采用人工方法或机械方法消解。机械方法有立式和卧式两种，立式消解适用于用量在 4～8 t/d，卧式消解适用于在 8 t/d 以上。石灰经消解成为 40%～50%的乳液后，投入石灰乳贮槽中，经加水搅拌配成 5%～15%的石灰水，然后用耐碱水泵送到投配器中，经投配器投入渠道，与酸性废水共同流入中和池，反应后进行澄清，使水与沉淀物进行分离。消解槽和乳液槽中可用机械搅拌或水泵循环搅拌，以防产生沉淀。投配系统采用溢流循环方式，即输送到投配槽的乳液量大于投加量，剩余量沿溢流管流回乳液槽，这样可维持投配槽内液面稳定，易于控制投加量。

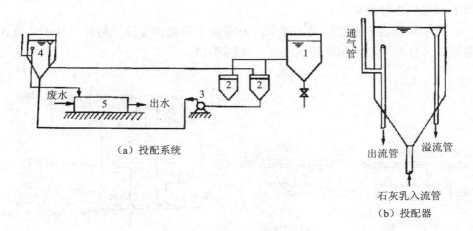

图 3-11　石灰乳投配装置
1. 消解槽；2. 石灰乳贮槽；3. 泵；4. 投配器；5. 中和池

药剂中和法有以下两种运行方式：当污水量少或间断排出时，采用间歇处理，设置 2～3 个池子进行交替工作；当污水量大时，采用连续流式处理，并采取多级串联的方式，以获得稳定可靠的中和效果。

（三）过滤中和法

过滤中和法是将碱性滤料填充成一定形式的滤床，酸性废水流过此滤床即被中和。过滤中和法与药剂中和法相比，具有操作方便、运行费用低及劳动条件好等优点，并且产生的沉渣少，只有污水体积的 0.1%，主要缺点是进水酸浓度受到限制，还必须对污水中的悬浮物、油脂等进行预处理，以防滤料堵塞。常用的滤料有石灰石、大理石和白云石 3 种，其中前两种的主要成分是 $CaCO_3$，第 3 种的主要成分是 $CaCO_3$ 和 $MgCO_3$。

滤料的选择与水中酸的种类及浓度密切相关，因为滤料的中和反应发生在滤料表面,如果生成的中和产物溶解度很小,就会沉淀在滤料表面形成外壳,影响中和反应进一步进行。各种酸中和后形成的盐具有不同的溶解度,其顺序为:$Ca(NO_3)_2$、$CaCl_2 > MgSO_4 \gg CaSO_4 > CaCO_3$、$MgCO_3$,因此,中和处理硝酸、盐酸时,滤料选用石灰石、大理石或白云石都可;中和处理碳酸时,含钙或镁的中和剂都不适用,不宜采用过滤中和法,中和含硫酸废水时,最好选用含镁的中和滤料(白云石),若采用石灰石,硫酸浓度不应超过 1~1.2 g/L,否则就会生成硫酸钙外壳,使中和反应终止。

根据滤床形式的不同,中和滤池分为普通中和滤池、升流式膨胀中和滤池和滚筒中和滤池 3 种类型。

普通中和滤池为固定床式,按水流方向分平流式和竖流式两种,其中竖流式较常用,又分为升流式和降流式两种,见图 3-12。

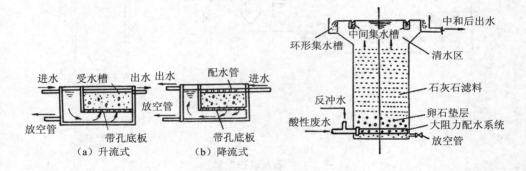

图 3-12 普通中和滤池　　　　　　图 3-13 升流式膨胀中和滤池

升流式膨胀中和滤池结构见图 3-13,污水自下向上运动,由于流速高,滤料呈悬浮状态,滤层膨胀,滤料间不断发生碰撞摩擦,使沉淀难以在滤料表面形成,因而进水含酸浓度可以适当提高,生成的 CO_2 气体也容易排出,不会使滤床堵塞。此外,由于滤料粒径小,比表面积大,相应接触面积也大,使中和效果得到改善。滤料层厚度在运行初期为 1~1.2 m,最终换料时为 2 m,滤料膨胀率保持 50%。池底设 0.15~0.2 m 的卵石垫层,池顶保持 0.5 m 的清水区。采用升流式膨胀中和滤池处理含硫酸废水,硫酸允许浓度可提高到 2.2~2.3 g/L。升流式膨胀中和滤池要求布水均匀,因此池子直径不能太大,并常采用大阻力配水系统和比较均匀的集水系统。

为了使小粒径滤料在高滤速下不流失,可将升流式膨胀滤池设计成变截面形式,上部放大,称为变速升流式膨胀中和滤池。这种结构既保持了较高的流速,使滤层全部膨胀,维持处理能力不变,又保留了小滤料在滤床中,使滤料粒径适用范围增大。

滚筒式中和滤池结构如图 3-14 所示。滚筒用钢板制成，内衬防腐层。筒为卧式，直径 1 m 或更大，长度为直径的 6～7 倍。筒内壁设有挡板，装于滚筒中的滤料随滚筒一起转动，使滤料互相碰撞，及时剥离由中和产物形成的覆盖层，使沉淀物外壳难以形成，从而加快中和反应速度。污水由滚筒的一端进入，由另一端流出。为避免滤料流失，在滚筒出水处设有穿孔板。滚筒转速约 10 r/min，滤料的粒径较大（达十几毫米），装料体积约占转筒体积的一半。这种装置的最大优点是进水酸浓度可以超过允许浓度数倍，其缺点是负荷率低[约为 36 $m^3/(m^2·h)$]、构造复杂、动力费用较高、运转时噪声较大，同时对设备材料的耐蚀性能要求高。

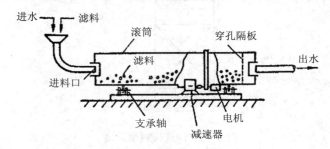

图 3-14 滚筒式中和滤池

二、碱性废水的中和处理

（一）酸性废水中和法

该方法与利用碱性废水中和酸性废水的原理相同。

（二）药剂中和法

常用的药剂是无机酸，如硫酸、盐酸及压缩二氧化碳等。硫酸的价格较低，应用最广。盐酸的优点是反应物溶解度高，沉渣量少，但价格较高。用无机酸中和碱性废水的工艺流程及设备，与药剂中和酸性废水的基本相同。

（三）酸性废气中和法

烟道气中 CO_2 含量可高达 24%，有时还含有 SO_2 和 H_2S，故可用来中和碱性废水。

用烟道气中和碱性废水时，均采用逆流接触喷淋塔（图 3-15），污水由塔顶布水器均匀喷出，或沿筒内壁流下，烟道气则由塔底鼓入，在逆流接触过程中，污水与烟道气都得到了净化。用烟道气中和碱性废水的优点是把污水处理与消烟除尘结合起来，缺点是处理后的污水中硫化物、色度和耗氧量均显著增加。

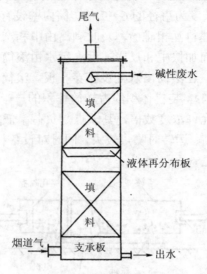

图 3-15 逆流接触喷淋塔

第三节 化学沉淀法

化学沉淀法是指向污水中投加化学药剂（沉淀剂），使之与其中的溶解态物质发生化学反应，生成难溶性固体物质，然后进行固液分离，从而达到去除污染物的一种处理方法，该方法可以去除污水中的重金属离子（如 Hg^{2+}、Cr^{3+}、Pb^{2+}、Zn^{2+}、Ni^{2+}、Cd^{3+}、Fe^{3+}、Cu^{2+}等）、钙、镁和某些非金属（如砷、氟、硫、硼等），某些有机污染物亦可采用化学沉淀法去除。

化学沉淀法的工艺流程通常包括投加化学沉淀剂，与水中污染物反应，生成难溶性沉淀物而析出；通过凝聚、沉降、浮选、过滤、离心等方法进行固液分离；泥渣处理和回收利用。

化学沉淀的基本过程是难溶电解质的析出，其溶解度大小与溶质性质、温度、盐效应、沉淀颗粒的大小及晶型等有关。在污水处理中，根据沉淀/溶解平衡移动的一般原理，可利用过量投药、防止络合、沉淀转化、分步沉淀等来提高处理效率，回收有用物质。可根据难溶电解质（以 M_mN_n 表示）的溶度积常数 K_{sp} 进行相关计算：若$[M^{n+}]^m \cdot [N^{m-}]^n < K_{sp}$，则溶液未饱和，不产生沉淀；若$[M^{n+}]^m \cdot [N^{m-}]^n = K_{sp}$，则溶液处于溶解平衡状态，无沉淀产生；若$[M^{n+}]^m \cdot [N^{m-}]^n > K_{sp}$，则溶液饱和，产生沉淀，但溶液中的离子浓度仍保持$[M^{n+}]^m \cdot [N^{m-}]^n = K_{sp}$关系。

根据沉淀剂的不同，常见的化学沉淀法有氢氧化物沉淀法、硫化物沉淀法、碳酸盐沉淀法、铁氧体沉淀法、钡盐沉淀法、卤化物沉淀法等。

一、氢氧化物沉淀法

除了碱金属和部分碱土金属外，其他金属的氢氧化物大都是难溶物，因此，工业废水中的许多金属离子可通过生成氢氧化物沉淀得以去除。金属氢氧化物的溶解度与废水 pH 值直接相关。以 $M(OH)_n$ 表示金属氢氧化物，则金属离子在水中的浓度与废水 pH 值有以下关系：

$$\lg[M^{n+}] = npK_w - npH + \lg K_{sp} \tag{3-3}$$

式中，K_w 为水的离解平衡常数，25℃时为 10^{-14}。由式（3-3）可知：① 金属离子浓度 $[M^{n+}]$ 相同时，溶度积常数 K_{sp} 愈小，则开始析出氢氧化物沉淀的 pH 值愈低；② 同一金属离子，浓度愈大，开始析出沉淀的 pH 值愈低。

氢氧化物沉淀法中所用的沉淀剂为各种碱性药剂，主要有石灰、碳酸钠、苛性钠、石灰石、白云石等，其中石灰最常用，其优点是去除污染物范围广（不仅可沉淀去除重金属离子，还可沉淀去除砷、氟、磷等）、药剂来源广、价格低、操作简便、处理可靠且不产生二次污染；主要缺点是劳动卫生条件差、管道易结垢堵塞、泥渣体积庞大且脱水困难。

二、硫化物沉淀法

大多数过渡金属的硫化物都难溶于水，向污水中投加硫化氢、硫化钠或硫化钾等沉淀剂，使其中的重金属离子反应生成难溶性硫化物沉淀得以去除的方法，称为硫化物沉淀法。由于重金属离子与硫离子能生成溶度积很小的硫化物，所以硫化物沉淀法能更彻底地去除污水中的溶解性重金属离子。并且，由于各种金属硫化物的溶度积相差较大，可通过控制水体 pH 值，用硫化物沉淀法把水中不同的金属离子分步沉淀而加以回收。

同样，硫化物沉淀的生成与水体的 pH 值有关，以 MS 表示金属硫化物，金属离子浓度与水体的 pH 值及水中硫化氢浓度有以下关系：

$$[M^{2+}] = \frac{K_{sp}[H^+]^2}{1.1 \times 10^{-22}[H_2S]} \tag{3-4}$$

在 0.1 MPa、25℃条件下，硫化氢在水中的饱和浓度为 0.1 mol/L（pH≤6），因此：

$$[\mathrm{M}^{2+}] = \frac{K_{\mathrm{sp}}[\mathrm{H}^+]^2}{1.1\times10^{-23}} \tag{3-5}$$

采用硫化物沉淀法处理含重金属离子的污水,具有 pH 值适用范围大、去除率高、可分步沉淀、便于回收利用等优点,但过量的 S^{2-} 可使污水的 COD 浓度增加,且当 pH 值降低时,会产生有毒气体 H_2S。此外,有些金属硫化物(如 HgS)的颗粒微细而难以分离,需要投加适量絮凝剂进行共沉。硫化物沉淀法处理含 Cu^{2+}、Cd^{2+}、Zn^{2+}、Pb^{2+}、AsO_2^- 等的污水已得到应用。

三、其他化学沉淀法

(一)碳酸盐沉淀法

碱土金属(Ca、Mg 等)和一些重金属(Mn、Fe、Co、Ni、Cu、Zn、Ag、Cd、Pb、Hg 等)的碳酸盐都难溶于水,所以可用碳酸盐沉淀法将这些金属离子从污水中去除。对于不同的处理对象,碳酸盐沉淀法有 3 种不同的应用方式:

(1)投加难溶碳酸盐(如碳酸钙),利用沉淀转化原理,使污水中的重金属离子(如 Pb^{2+}、Cd^{2+}、Zn^{2+}、Ni^{2+} 等)生成溶解度更小的碳酸盐而沉淀析出。

(2)投加可溶性碳酸盐(如碳酸钠),使水中的金属离子生成难溶碳酸盐而沉淀析出,此方法适用于去除水中的重金属离子与非碳酸盐硬度。

(3)投加石灰,与造成水中碳酸盐硬度的 $Ca(HCO_3)_2$ 和 $Mg(HCO_3)_2$ 生成难溶的 $CaCO_3$ 和 $Mg(OH)_2$ 而沉淀析出。

(二)铁氧体沉淀法

铁氧体是指铁族元素和其他一种或多种金属元素的复合氧化物。铁氧体晶格类型中的尖晶石型铁氧体最为人们所熟悉,其化学组成一般可用通式 $BO \cdot A_2O_3$ 表示,其中 B 代表二价金属,如 Fe、Mg、Zn、Mn、Co、Ni、Ca、Cu、Hg、Bi、Sn 等,A 代表三价金属如 Fe、Al、Cr、Mn、V、Co、Bi 及 Ga、As 等。许多铁氧体中的 A 或 B 可能更复杂些,如分别由两种金属组成。磁铁矿(其主要成分为 Fe_3O_4 或 $FeO \cdot Fe_2O_3$)就是一种天然的尖晶石型铁氧体。

污水中各种金属离子形成不溶性铁氧体晶粒而沉淀析出的方法叫做铁氧体沉淀法,可分为中和法、氧化法、GT-铁氧体法以及常温铁氧体法等。铁氧体沉淀工艺通常包括投加亚铁盐、调整 pH 值、充氧加热、固液分离和沉渣处理 5 个环节。例如,氧化法处理含锰废水时,首先向水中投加亚铁盐,通过调整 pH 值,生成 $Fe(OH)_2$ 沉淀,再向水中鼓入空气,将 $Fe(OH)_2$ 氧化成铁氧体,再与锰离子反应,使锰离子均匀混杂到铁氧体晶格中,形成锰铁氧体,最后进行固液分离,废渣加以利用，出水经检测达标后排放。

（三）钡盐沉淀法

钡盐沉淀法主要用于处理含 Cr（Ⅵ）废水，采用 $BaCO_3$、$BaCl_2$、BaS 等为沉淀剂，通过形成 $BaCrO_4$ 沉淀得以去除。pH 值对钡盐沉淀法有很大影响，pH 值越低，$BaCrO_4$ 溶解度越大，对铬去除越不利，而 pH 值越高，CO_2 气体难以析出，也不利于除铬反应。采用 $BaCO_3$ 为沉淀剂时，用硫酸或乙酸调 pH 值至 4.5～5，反应速度快，除铬效果好，药剂用量少；若用 $BaCl_2$ 则要将 pH 值调至 6.5～7.5，因会生成 HCl 而使 pH 值降低。为了促进沉淀，沉淀剂常过量投加，出水中含过量的钡，可通过加入石膏生成硫酸钡去除。钡盐法形成的沉渣中主要含铬酸钡，可回收利用，通常是向沉渣中投加硝酸和硫酸，反应产物有硫酸钡和铬酸。

（四）卤化物沉淀法

卤化物沉淀法的用途之一是处理含银废水，用以回收银。处理时，一般先用电解法回收污水中的银，将银离子浓度降至 100～500 mg/L，然后用氯化物沉淀法将银离子浓度降至 1 mg/L 左右。当污水中含有多种金属离子时，调 pH 值至碱性，同时投加氯化物，则其他金属离子形成氢氧化物沉淀，只有银离子生成氯化银沉淀，二者共沉淀，可使银离子浓度降至 0.1 mg/L。

卤化物沉淀法的另一个用途是处理含氟废水。当水中含有单纯的氟离子时，投加石灰，调 pH 值 10～12，生成 CaF_2 沉淀，可使氟离子浓度降至 10～20 mg/L。若水中还含有其他金属离子（如 Mg^{2+}、Fe^{3+}、Al^{3+} 等），加石灰后，除形成 CaF_2 沉淀外，还生成金属氢氧化物沉淀。由于后者的吸附共沉作用，可使氟离子浓度降至 8 mg/L 以下，如果加石灰使 pH 值为 11～12，再加硫酸铝，生成氢氧化铝，就可使氟离子浓度降至 5 mg/L 以下。

第四节　化学氧化法

化学氧化法是利用强氧化剂的氧化性，在一定条件下将水中的污染物氧化降解，从而消除污染的一种方法。水中的有机污染物（如色、嗅、味、COD）和还原性无机离子（如 CN^-、S^{2-}、Fe^{2+}、Mn^{2+} 等）都可通过氧化法消除其危害。与生物氧化法相比，化学氧化法需要较高的运行费用，所以仅限于饮用水处理、特种工业用水处理、有毒工业污水处理以及以回用为目的的污水深度处理。常见的化学氧化法有氯系氧化法、臭氧氧化法、过氧化氢氧化法、光化学氧化法、湿式氧化法、超临界水氧化法等。

一、氯系氧化法

氯系氧化法中常用的氧化剂有氯气、液氯、二氧化氯、次氯酸钠、漂白粉[$Ca(ClO)_2$]、漂粉精[$3Ca(ClO)_2 \cdot 2Ca(OH)_2$]等。

（一）基本原理

除了二氧化氯，其他氯系氧化剂溶于水后，在常温下很快水解生成次氯酸（HClO），次氯酸解离生成次氯酸根（ClO^-），HClO 与 ClO^- 均具有强氧化性，可氧化水中的氰、硫、醇、醛、氨氮等，并能去除某些染料而起到脱色作用，同时也具有杀菌、防腐作用。

二氧化氯在水中不发生水解，也不聚合，而是与水反应生成多种强氧化剂如氯酸（$HClO_3$）、亚氯酸（$HClO_2$）、Cl_2等，ClO_3^- 和 ClO_2^- 在酸性条件下具有很强的氧化性，能氧化降解污水中的带色基团和其他有机污染物。二氧化氯本身为强氧化剂，能很好地氧化分解水中的酚类、氯酚、硫醇、叔胺、四氯化碳、蒽醌等难降解有机物，也能有效去除氰化物、硫化物、铁、锰等无机物，并能起到脱色、脱臭、杀菌、防腐等作用。

（二）氯系氧化法在水处理中的应用

氯系氧化法在水处理中的应用已有近百年的历史，目前主要用于氰化物、硫化物、酚类的氧化去除及脱色、脱臭、杀菌、防腐等。

碱性氯化法处理含氰废水时，氯氧化剂与氰化物的反应分两个阶段：第一阶段是将 CN^- 氧化成氰酸盐（CNO^-），反应在 pH 值 10～11 条件下进行，一般经 5～10 min 即可完成；第二阶段增加氯氧化剂的投量，进一步将 CNO^- 氧化成 CO_3^{2-}、CO_2 和 N_2，pH 值控制在 8～8.5 时氰酸盐氧化最完全，反应时间约半小时。

碱性氯化法处理含氰废水工艺分间歇式和连续式两种。当水量较小，浓度变化较大，且处理效果要求较高时，常采用间歇法处理。一般设两个反应池，交替进行。污水注满一个池子后，先搅拌使氰化物分布均匀，随后调 pH 值并投加氯氧化剂，再搅拌 30 min 左右后静置沉淀，取上清液测定氰含量，达标后即可排放，池底的污泥排至污泥干化场进行处理；当污水量较大时常采用连续运行方式。污水先进入调节池以均化水质与水量，然后进入第一反应池，投加氯氧化剂和碱，使 pH 值维持在 10～11，水力停留时间为 10～15 min，以完成第一阶段反应。第一反应池出水进入第二反应池，继续投加氯氧化剂和碱，使 pH 值维持在 8～9，水力停留 30 min 以上，完成第二阶段反应。第二反应池出水进入到沉淀池，上清液经检测后排放，污泥进入干化场处理。如果采用石灰调节 pH 值，则必须设置沉淀池与污泥干化场，若采用 NaOH 调节 pH 值，可不设沉淀池与干化场，处理水直接从第二反应池排放。

二、臭氧氧化法

（一）基本原理

臭氧是一种强氧化剂，其在水中的标准氧化还原电位为 2.07 V，氧化能力比氧气（1.23 V）、氯气（1.36 V）、二氧化氯（1.50 V）等常用氧化剂都强。在理想反应条件下，臭氧可将水中大多数单质和化合物氧化到它们的最高氧化态，对水中有机物有强烈的氧化降解作用，还能起到强烈的杀菌消毒作用。臭氧除了单独作为氧化剂使用外，常与 H_2O_2、紫外光（UV）及固体催化剂（金属及其氧化物、活性炭等）组合使用，可产生羟基自由基 HO·。与其他氧化剂相比，羟基自由基具有更高的氧化还原电位（2.80 V），因而具有更强的氧化性能。

（二）臭氧氧化技术在水处理中的应用

臭氧及其在水中分解产生的羟基自由基都有很强的氧化能力，可分解一般氧化剂难以处理的有机物，具有反应完全，速度快，剩余臭氧会迅速转化为氧，出水无嗅无味，不产生污泥，原料（空气）来源广等优点，因此臭氧氧化技术广泛用于印染废水、含酚废水、农药生产废水、造纸废水、表面活性剂废水、石油化工废水等处理，在饮用水处理中也用于微污染源水的深度处理。例如：对印染废水，采用生化法脱色率较低（仅为 40%～50%），而采用臭氧氧化法，O_3 投量 40～60 mg/L，接触反应 10～30 min，脱色率可达 90%～99%；经脱硫、浮选和曝气处理后的炼油厂废水，含酚 0.1～0.3 mg/L、油 5～10 mg/L、硫化物 0.05 mg/L，色度为 8～12 度，采用 O_3 进行深度处理，O_3 投量 50 mg/L，接触反应 10 min，处理后酚含量 0.01 mg/L 以下，油 0.3 mg/L 以下，硫化物 0.02 mg/L 以下，色度为 2～4 度。

臭氧氧化通常在混合反应器中进行，混合反应器（接触反应器）不仅要能促进气、水扩散混合，而且要能使气、水充分接触，迅速反应。当扩散速度较大，反应速度为整个臭氧化过程的速度控制步骤时，反应器常采用微孔扩散板式鼓泡塔（图 3-16），处理的污染物包括表面活性剂、焦油、COD、BOD、污泥、氨氮等；当反应速度较大，扩散速度为整个臭氧化过程的速度控制步骤时，常采用喷射接触池作为反应器（图 3-17），处理的污染物有铁（Ⅱ）、锰（Ⅱ）、氰、酚、亲水性染料、细菌等。还有一种反应器称为静态混合器，也叫管式混合器，在一段管子内安装了许多螺旋叶片,相邻两螺旋叶片的方向相反,水流在旋转分割运动中与臭氧接触而产生许多微小的旋涡,使水、气得到充分混合。这种反应器的传质能力强,臭氧利用率可达87%(微孔扩散板式为73%),且耗能较少,设备费用低。

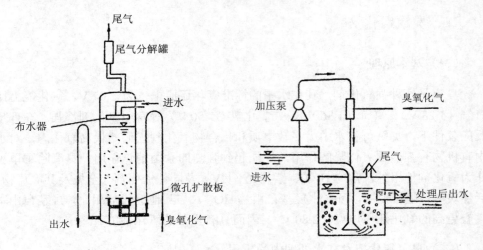

图 3-16 微孔扩散板式鼓泡塔　　　　图 3-17 部分流量喷射接触池

三、其他氧化法

(一)过氧化氢氧化法

1. 基本原理

过氧化氢亦称双氧水,标准氧化还原电位为 1.77 V,具有较强的氧化能力。H_2O_2 在酸性溶液中氧化反应速率较慢,而在碱性溶液中反应速率很快,只有遇到更强的氧化剂时,H_2O_2 才起还原作用。

H_2O_2 通常和 Fe^{2+} 组合形成芬顿(Fenton)试剂,在 Fe^{2+} 的催化作用下,H_2O_2 分解产生具有很强氧化能力的羟基自由基 HO·。另外,Fe^{2+}/TiO_2、Cu^{2+}、Mn^{2+}、Ag^+、活性炭等也能催化 H_2O_2 分解生成 HO·。

2. 过氧化氢氧化法在水处理中的应用

在水处理中,H_2O_2 可以单独用来处理含硫化物、酚类和氰化物的工业废水,也可以 Fenton 试剂形式用于去除污水中的有机污染物。Fenton 试剂几乎可氧化所有的有机物,尤其适用于某些难处理或对生物有毒性的工业废水,具有反应迅速、温度和压力等反应条件缓和且无二次污染等特点。例如:某化工企业采用蒽醌法生产双氧水,其生产废水中含重芳烃、2-乙基蒽醌、磷酸三辛酯及它们的衍生物,

COD 浓度为 625～7 580 mg/L，平均为 3 380 mg/L，采用 Fenton 试剂处理该有机废水。污水经专用明沟汇集至集污井，用泵提升至调节池，再经油水分离器至氧化池；在氧化池内投加硫酸亚铁溶液（污水中本身含有 0.2%～0.5%的双氧水），并鼓入空气，氧化池内污水采用间歇处理方式，水力停留时间为 24 h，氧化池出水再经滤池过滤，检测达标后排放。氧化池内污泥及滤池反冲洗水排至污泥浓缩池，经压滤成泥饼后外运。该处理工艺对 COD 的去除率可达 97%，出水水质达到排放要求。

利用 Fenton 试剂处理难降解有毒有机污染物，目前存在的主要问题是处理成本较高，所以通常将 Fenton 试剂作为一种预处理方法与其他处理技术联用，用于降低运行成本，同时也拓宽了 Fenton 试剂的应用范围。

（二）湿式氧化法

1. 基本原理

湿式氧化法（Wet Air Oxidation，WAO）是指在较高温度（150～350℃）和较高压力（5～20 MPa）条件下，用空气中的氧气氧化降解水中有机物和还原性无机物的一种方法，最终产物是二氧化碳和水。因为氧化反应是在液相中进行的，所以称为湿式氧化。

一般认为，湿式氧化反应属于自由基反应，在高温高压下，氧与有机物反应产生一系列自由基，这些自由基攻击有机物的碳链，使有机物降解成小分子有机酸、二氧化碳和水。

2. 湿式氧化法在水处理中的应用

湿式氧化技术适用于浓度高、毒性大的工业有机废水（农药、燃料、煤气洗涤、造纸、合成纤维废水等）以及污泥处理，尤其适合对高浓度难降解有机废水进行预处理，可提高废水的可生化性。目前，湿式氧化技术已在国外实现了工业化，主要用于活性炭再生、含氰废水、煤气废水、造纸黑液、城市污泥及垃圾渗滤液处理。近年来，在湿式氧化法基础上研发了一系列新技术，例如，使用高效、稳定催化剂的湿式氧化技术（Catalytic Wet Air Oxidation，CWAO），加入强氧化剂（如过氧化氢、臭氧等）的湿式氧化技术（Wet Peroxide Oxidation，WPO），以及利用超临界水的良好特性来加速反应进程的超临界水湿式氧化技术（Supercritical Wet Oxidation，SCWO）等。

（三）光化学氧化法

1. 基本原理

光化学氧化法是指有机污染物在光的作用下逐步被氧化成低分子中间产物，

并最终降解为二氧化碳、水及其他离子、卤素等的一种方法。有机物的光降解可分为直接光降解和间接光降解，前者指有机物分子吸收光能后发生氧化反应，后者指周围环境中的某些物质吸收光能呈激发态，再诱导有机污染物发生氧化反应。间接光降解对环境中难生物降解的有机污染物更为重要。

根据催化剂的参与情况，光化学氧化分为无催化剂和有催化剂参与两种光化学反应过程，前者多采用氧和过氧化氢作为氧化剂，在紫外光的照射下使污染物氧化分解；后者又称为光催化氧化，分为均相和非均相催化两种类型。均相光催化降解中常以 Fe^{2+} 或 Fe^{3+} 及 H_2O_2 为介质，通过光助 Fenton 反应产生 HO·，使污染物得到降解；非均相光催化降解中常向污染体系中投加光敏半导体材料，并结合光辐射，以产生 HO·等氧化性极强的自由基达到降解污染物的目的。

2. 光化学氧化法在水处理中的应用

光化学氧化法分解有机污染物是当今公认的最前沿、最有效的处理技术，有机物被降解为水、二氧化碳及无害的无机盐，从根本上解决了有机污染问题，目前已广泛应用于电镀、电路板、化工、油脂、印染和农业生产废水处理，对洗涤剂、COD、BOD、含氮、含磷的有机污染物具有很好的降解作用，特别是光催化氧化体系几乎可使水中所有的有机物降解，包括芳香族、有机染料、除草剂、杀虫剂、化学战争试剂、脂肪羧酸、氯代脂肪烃、氧化剂、醇、表面活性剂等。光化学氧化法还对各种水体具有脱色、除臭作用。

（四）超临界水氧化法

1. 基本原理

将水的温度和压力升高到临界点（T_c=374.3℃，P_c=22.05 MPa）以上，水就会处于超临界状态，此时，水能溶解大多数有机物和空气（氧气），而对无机盐却微溶或不溶。利用超临界水作为介质来氧化分解有机物的方法称为超临界水氧化法（Super Critical Water Oxidation，SCWO），该法将有机污染物与水混合，升温、升压至超临界状态，有机物溶于水中，被空气（氧气）迅速氧化，有机物分子中的 C、H 元素转化为二氧化碳与水，而杂原子以无机盐、氧化物等形式析出，从而达到去毒无害的目的。

2. 超临界水氧化法在水处理中的应用

超临界水能与大多数有机污染物和氧或空气互溶，有机物在超临界水中被均相氧化，具有分解效率高、不产生二次污染、反应非常迅速、选择性高和高效节能等特点，反应产物可通过降压或降温方式有选择性地从溶液中分离出来。因此，超临界水氧化法被广泛应用于各种有毒物质、污水废物的处理，包括多氯联苯、二噁英、氰化物、含硫废水、造纸废水、国防工业废水、城市污泥等。

第五节 化学还原法

化学还原法是指向污水中投加还原剂,使其中的有害物质转变为无毒或低毒物质的一种处理方法。采用化学还原法进行处理的污染物主要是 Cr(VI)、Hg(II) 等重金属。化学还原法中常用的还原剂有以下几类:① 一些电极电位较低的金属,如铁屑、锌粉等;② 一些带负电的离子,如 BH_4^-;③ 一些带正电的离子,如 Fe^{2+}。此外,还可利用废气中的 H_2S、SO_2 或污水中的氰化物等进行还原处理。

一、药剂还原除铬(VI)

含铬废水主要来自于电镀厂、制革厂、冶炼厂等,其中剧毒的六价铬通常以铬酸根(CrO_4^{2-})和重铬酸根($Cr_2O_7^{2-}$)两种形态存在,二者均可用还原法还原成低毒的三价铬,再通过加碱使 pH 值为 7.5~9,生成氢氧化铬沉淀,而从溶液中分离除去。应用较为广泛的还原剂是亚硫酸氢钠,具有设备简单、沉渣量少且易于回收利用等优点。硫酸亚铁也可作为还原剂,反应在 pH 值为 2~3 的条件下进行,反应后向水中投加石灰乳进行中和沉淀,使反应生成的 Cr^{3+} 和 Fe^{3+} 生成 $Cr(OH)_3$ 和 $Fe(OH)_3$ 一起沉淀,此方法也叫硫酸亚铁石灰法。

采用药剂还原法去除六价铬时,若厂区有 SO_2 或 H_2S 废气,就可采用尾气还原法;如厂区同时有含铬废水和含氰废水时,就可互相进行氧化还原反应,以废治废,其反应式为:

$$Cr_2O_7^{2-}+14H^++6CN^- \longrightarrow 2Cr^{3+}+3(CONH_2)_2+H_2O$$

二、金属还原除汞(II)

金属还原法主要用于除 Hg(II),常用还原剂为比汞活泼的金属,如铁、锌、铝、铜等,水中若为有机汞,通常先用氧化剂(如氯)将其转化为无机汞后,再用此法去除。

金属还原法除汞时,将含汞废水通过金属屑滤床,或与金属粉混合反应,置换出汞。金属通常破碎成 2~4 mm 的碎屑,并用汽油或酸预先去掉表面油污或锈蚀层;反应温度一般控制在 20~80℃。当采用铁屑过滤时,pH 值宜在 6~9,此时耗铁量最少;pH 值<6 时,铁因溶解而耗量增大;pH 值<5 时,有氢析出,吸附于铁屑表面,减小了金属的有效表面积,并且氢离子阻碍除汞反应。采用锌粒还原时,pH 值宜在 9~11,用铜屑还原时,pH 值在 1~10 均可。

第六节 电解法

电解法是利用电解的基本原理,当污水流经电解槽时,污染物在电解槽的阳、阴两极上分别发生氧化和还原反应,转化为低毒或无毒物质,以实现污水净化的一种方法。含铬、银、氰以及酚废水均可用电解法处理。

根据净化作用机理,电解法可分为电解氧化法、电解还原法、电解凝聚法和电解浮上法;按作用方式不同,电解法分为直接电解法和间接电解法,前者是污染物直接得到或失去电子被还原或氧化,后者是电极反应产物与污染物发生反应;按照阳极的溶解特性,电解法又分为不溶性阳极电解法和可溶性阳极电解法。

一、电解氧化法

在电解氧化法中,污染物在电解槽阳极上可直接发生氧化反应,也可被某些阳极反应产物(Cl_2、ClO^-、O_2、H_2O_2 等)间接氧化降解。为了强化阳极的氧化作用,可投加适量食盐进行所谓的"电氯化",此时阳极的直接氧化作用和间接氧化作用同时发生。电解氧化法主要用于去除污水中的氰、酚、COD、S^{2-}、有机农药(如马拉硫磷)等,还可利用阳极产物 Ag^+ 进行消毒处理。

电解氧化法处理含氰废水时,CN^- 可在阳极直接被氧化,其电极反应分两步进行:第一步是将 CN^- 氧化为 CNO^-,第二步将 CNO^- 氧化为 N_2 和 CO_2(CO_3^{2-})。CN^- 的阳极氧化需在碱性条件下(pH 值 9~10)进行,因为酸性条件下形成的 HCN 很难在阳极上放电,而碱性条件下形成的 CN^- 易于在阳极放电,但 pH 值太高,将发生 OH^- 放电析出 O_2 的副反应,虽与氰的氧化无关,却会使电流效率降低。阳极反应如下:

$$CN^- + 2OH^- - 2e \longrightarrow CNO^- + H_2O$$

$$CNO^- + 2H_2O \longrightarrow NH_4^+ + CO_3^{2-}$$

$$2CNO^- + 4OH^- - 6e \longrightarrow N_2\uparrow + 2CO_2\uparrow + 2H_2O$$

$$4OH^- - 4e \longrightarrow 2H_2O + O_2\uparrow \quad (副反应)$$

如果水中有 Cl^- 存在(也可人为加入适量食盐),Cl^- 在阳极放电产生氯,强化了 CN^- 的氧化,反应如下:

$$2Cl^- - 2e \longrightarrow 2[Cl]$$

$$CN^- + 2[Cl] + 2OH^- \longrightarrow CNO^- + 2Cl^- + H_2O$$

$$2CNO^- + 6[Cl] + 4OH^- \longrightarrow 2CO_2\uparrow + N_2\uparrow + 6Cl^- + 2H_2O$$

电解氧化法处理含氰废水时,阴极发生析氢反应:

$$2H^+ + 2e \longrightarrow H_2\uparrow$$

如果水中还含有其他重金属离子，则重金属离子也会在阴极还原析出，可以达到一次去除多种污染物的目的。

电解氧化法除氰可采用回流式电解槽（图3-18）外，亦可采用翻腾式电解槽（图3-19），为防止有害气体逸入大气，电解槽应采用全封闭式。此方法可使游离CN^-浓度降至0.1 mg/L以下，并且不必设置沉淀池和泥渣处理设施。

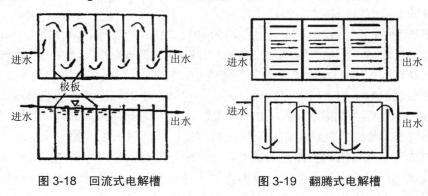

图 3-18　回流式电解槽　　　　图 3-19　翻腾式电解槽

二、电解还原法

在电解还原法中，利用电解槽阴极上发生还原反应，使污水中的重金属离子被还原，沉淀于阴极上（称为电沉积），再加以回收利用。此法也可将五价砷（AsO_4^{3-}）和六价铬（CrO_4^{2-}或$Cr_2O_7^{2-}$）分别还原为砷化氢（AsH_3）和Cr^{3+}，并予以去除或回收。

电解还原法处理含铬（Ⅵ）废水时，通常以铁作为阳极和阴极，在直流电作用下，Cr（Ⅵ）向阳极迁移，被铁阳极溶蚀产物Fe^{2+}离子所还原。阳极反应如下：

$$Fe - 2e \longrightarrow Fe^{2+}$$
$$6Fe^{2+} + Cr_2O_7^{2-} + 14H^+ \longrightarrow 6Fe^{3+} + 2Cr^{3+} + 7H_2O$$
$$CrO_4^{2-} + 3Fe^{2+} + 8H^+ \longrightarrow Cr^{3+} + 3Fe^{3+} + 4H_2O$$

此外，阴极还直接还原部分Cr（Ⅵ），阴极反应如下：

$$2H^+ + 2e \longrightarrow H_2\uparrow$$
$$Cr_2O_7^{2-} + 14H^+ + 6e \longrightarrow 2Cr^{3+} + 7H_2O$$
$$CrO_4^{2-} + 8H^+ + 3e \longrightarrow Cr^{3+} + 4H_2O$$

由于H^+离子在阴极放电，使水体pH值逐渐提高，生成的Cr^{3+}和Fe^{3+}形成$Cr(OH)_3$和$Fe(OH)_3$沉淀，$Fe(OH)_3$有凝聚作用，能促进$Cr(OH)_3$迅速沉淀。

电解还原法处理含铬废水，操作管理比较简单，处理效果稳定可靠，六价铬含量可降至 0.1 mg/L 以下，水中其他重金属离子亦可通过还原和共沉淀得以同步去除。

三、电解浮上法

污水电解时，由于水的电解及有机物的电解氧化，在电极上会有气体（H_2、N_2、O_2、CO_2、Cl_2 等）析出，借助于电极上析出的微小气泡而浮上分离疏水性杂质微粒的处理方法，称为电解浮上法。

电解产生的气泡粒径很小，氢气泡为 10~30 μm，氧气泡为 20~60 μm，而加压溶气气浮时产生的气泡粒径为 100~150 μm，机械搅拌时产生的气泡粒径为 800~1 000 μm；而且电解产生的气泡密度小，在 20℃时的平均密度为 0.5 g/L，而一般空气泡的平均密度为 1.2 g/L，所以，电解产生的气泡不仅捕获杂质微粒的能力强，而且其浮载能力很强，出水水质好。此外，电解时不仅有气泡浮上作用，而且还兼有凝聚、共沉和电化学氧化还原作用，能同时去除多种污染物。

电解浮上法采用的主要设备是电浮槽，电浮槽有两种基本类型，一种是电解和浮升在同一室内进行的单室电浮槽，另一种是电解与浮升分开的双室电浮槽，前者适用于小水量处理，后者适用于大水量处理。

四、电解凝聚法

在电解凝聚法（亦称电混凝）中，铝或铁阳极在直流电的作用下被溶蚀产生 Al^{3+}、Fe^{2+} 等离子，经水解、聚合或亚铁的氧化过程，生成各种单核多羟基络合物、多核多羟基络合物以及氢氧化物，使污水中的胶体、悬浮杂质凝聚沉淀得以去除。同时，带电的污染物颗粒、胶体粒子在微电场的作用下产生泳动，促使中和而脱稳聚沉。

污水进行电解凝聚处理时，不仅对胶态杂质及悬浮颗粒有凝聚沉淀作用，而且由于阳极的氧化作用和阴极的还原作用，能同时去除水中多种污染物。与投加混凝剂的凝聚法相比，电解凝聚法具有可去除污染物范围广、反应迅速（阳极溶蚀产生 Al^{3+} 离子并形成絮凝体只需约 0.5 min）、适用 pH 值范围宽、所形成的沉渣密实、澄清效果好等显著优点。

思考题

1. 简述混凝处理法的作用机理。
2. 常用的混凝剂与助凝剂有哪些？化学混凝法的主要设备有哪些？
3. 影响混凝效果的因素有哪些？
4. 采用中和法处理酸性废水时，可用哪些处理方法？

5．试述过滤中和法处理酸性废水时滤料的选择原则，并讨论升流式膨胀中和滤池及变截面升流式滤池的特点。

6．用氢氧化物沉淀法处理含镉废水，若使镉达到排放标准（<0.1 mg/L），出水 pH 值最低应为多少？（25℃时，$Cd(OH)_2$ 的溶度积为 2.2×10^{-14}）

7．试述硫化物沉淀法除 Hg（Ⅱ）的基本原理。

8．氧化还原法有何特点？是否污水中的杂质必须是氧化剂或还原剂才能使用此方法？

9．试述碱性氯化法处理含氰废水的基本原理、工艺流程及反应条件。

10．试述药剂还原法处理含 Cr（Ⅵ）废水的基本原理及常用药剂。

11．采用臭氧氧化法处理有机污水时，发现出水的 BOD_5 浓度往往比进水的高，试分析原因。

12．试述电解法处理含铬废水的原理。

13．用化学氧化法处理污水时，常用的氧化剂有哪些？

第四章 物化处理法

物化处理法是指利用物理化学的原理或化工单元操作的相分离原理分离去除水中无机或有机的溶解态或胶态污染物的一大类污水处理方法的总称。常用的物化处理方法有吸附法、离子交换法、气浮法、膜分离法等。

第一节 吸附法

吸附法是利用固体物质将污水中一种或多种物质吸附在其表面而与水分离，从而使污水得到净化的方法，其中具有吸附能力的固体物质称为吸附剂，污水中被吸附的物质称为吸附质。吸附法既可作为离子交换、膜分离等方法的预处理，以去除有机物、胶体物质及余氯等；也可用于污水深度处理，以保证回用水的质量。

一、吸附的基本理论

（一）吸附机理及分类

吸附是水、溶质和固体颗粒三者相互作用的结果，引起吸附的主要原因有：① 溶质对水的疏水特性；② 溶质对固体颗粒的高度亲和力。溶质的溶解度是确定第一种原因的重要因素，溶质的溶解度越大，则向固体表面运动的可能性越小；相反，溶质的憎水性越大，向吸附界面移动的可能性越大。引起吸附作用的第二种原因主要由溶质与固体颗粒之间的静电引力、范德华力或化学键所引起，因此吸附可分为物理吸附、化学吸附和交换吸附 3 种基本类型。

1. 物理吸附

吸附质与吸附剂之间由于分子间引力（即范德华力）而产生的吸附，称为物理吸附。其特征为：① 没有选择性；② 可形成单分子或多分子吸附层；③ 吸附热较小，一般不超过 41.9 kJ/mol；④ 吸附质不固定于吸附剂表面的特定位置，能在界面范围内自由移动,因此其吸附的牢固程度不高,较易解吸。

2. 化学吸附

吸附质与吸附剂之间发生了化学作用,生成化学键而引起的吸附,称为化学吸附。其特征为:① 具有选择性,一种吸附剂只能对某种或几种吸附质发生化学吸附;② 只能形成单分子吸附层;③ 吸附热较大,相当于化学反应热,84~420 kJ/mol;④ 吸附质分子不能在吸附剂表面自由移动,吸附较稳定,难解吸。

3. 离子交换吸附

一种吸附质的离子由于静电引力聚集在吸附剂表面的带电点上,并置换出原先固定在这些带电点上的其他离子,由此产生的吸附称为离子交换吸附。详细介绍见本章第二节。

在实际的吸附过程中,上述几类吸附往往同时存在,难以明确区分。

(二)吸附平衡与吸附量

如果吸附过程是可逆的,当污水与吸附剂充分接触后,一方面吸附质被吸附剂吸附,另一方面,部分已被吸附的吸附质能脱离吸附剂表面回到液相中,前者称为吸附,后者称为解吸。当吸附速度和解吸速度相等时,吸附质在溶液中的浓度和在吸附剂表面上的浓度都不再发生改变,则吸附与解吸达到动态平衡。此时吸附质在液相中的浓度称为平衡浓度。

吸附剂吸附能力的大小可用吸附量来衡量。所谓吸附量是指吸附达到平衡时,单位质量的吸附剂所吸附的吸附质的质量,常用 q 表示,单位为 g/g。吸附量 q 可按下式计算:

$$q = \frac{V(c_0 - c_e)}{W} \qquad (4\text{-}1)$$

式中:V —— 污水体积,L;

W —— 吸附剂投加量,g;

c_0 —— 吸附质的初始浓度,g/L;

c_e —— 吸附质的平衡浓度,g/L。

显然,吸附量越大,单位吸附剂处理的水量越大,吸附周期越长,运转管理费用越少。吸附量是选择吸附剂和设计吸附设备的重要数据。

(三)等温吸附规律

在一定温度下,吸附量与溶液平衡浓度之间的关系,称为等温吸附规律,表达这一关系的曲线图称为吸附等温线,描述吸附等温线的数学表达式称为吸附等温式。污水处理中常用以下 3 种吸附等温式来描述等温吸附规律。

1. 费兰德利希（Freundlich）等温式

Freundlich 等温式是通过实验所得的经验公式：

$$q = Kc_e^{\frac{1}{n}} \tag{4-2}$$

式中：K —— Freundlich 吸附系数；
n —— 常数，通常大于 1。

将上式改写为对数式：

$$\lg q = \lg K + \frac{1}{n}\lg c_e \tag{4-3}$$

根据吸附实验数据，以 $\lg q$ 和 $\lg c_e$ 为坐标，即可绘出直线形式的吸附等温线，其截距为 $\lg K$，斜率为 $\frac{1}{n}$（称为吸附指数）。$\frac{1}{n}$ 越小，吸附性能越好，一般认为 $\frac{1}{n}$=0.1～0.5 时，容易吸附；$\frac{1}{n}$ 大于 2 时，则难吸附。利用 $\frac{1}{n}$ 和 K 这两个常数，可以比较不同吸附剂的特性。

对于中等浓度的溶液，应用 Freundlich 方程处理试验数据，简便而准确，因此应用较多。

2. 朗格缪尔（Langmuir）等温式

Langmuir 认为固体表面是由大量的吸附活性中心点构成的，吸附只发生在这些中心点上，每个活性中心只能吸附一个分子，吸附是单分子层，当表面吸附活性中心全被占满时，吸附达饱和，吸附量达到最大值。Langmuir 吸附等温式如下：

$$q = q^0 \frac{c_e}{a + c_e} \tag{4-4}$$

式中：q^0 —— 单分子层饱和吸附量，g/g；
a —— 与吸附能有关的常数。

Langmuir 吸附等温线如图 4-1 所示，当溶液浓度很小，即当 $c_e \ll a$ 时，式（4-4）可简化为 $q = \frac{q^0}{a} c_e$，即 q 与 c_e 成正比，等温线近似于直线；当 $c_e = a$ 时，有 $q = q^0/2$；当溶液浓度很大，即当 $c_e \gg a$ 时，式（4-4）可简化为 $q = q^0$，即平衡吸附量接近于定值（饱和吸附量），等温线趋向水平，此时的溶液平衡浓度近似为饱和浓度 c_s。

如将式（4-4）改写为直线式：

$$\frac{1}{q} = \frac{a}{q^0} \cdot \frac{1}{c_e} + \frac{1}{q^0} \tag{4-5}$$

根据吸附实验数据，以 $\dfrac{1}{c_e}$ 为横坐标、$\dfrac{1}{q}$ 为纵坐标作图可得到一条直线，由该直线的斜率和截距可求出常数 a 和 q^0。

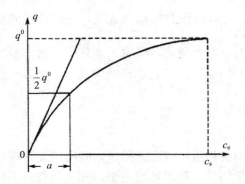

图 4-1　Langmuir 吸附等温线

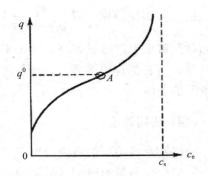

图 4-2　BET 吸附等温线

根据单分子层吸附理论导出的 Langmuir 等温吸附规律，尽管只能解释单分子层化学吸附的情况，但适用于各种浓度条件，而且式中各参数都有明确的物理意义，因而应用更广泛。

3．BET 等温式

Brunauer、Emmett 和 Teller 在 Langmuir 单分子层吸附理论的基础上提出了多分子层吸附理论，认为单分子吸附层可以成为吸附剂表面的活性中心，继续吸附第二层分子，第二层分子又可吸附第三层，……，从而形成多分子层吸附，并且不一定要第一层吸附满后才吸附第二层，总吸附量等于各层吸附量之和。根据该理论推导出如下 BET 等温式：

$$q = \dfrac{Bq^0 c_e}{(c_s - c_e)[1 + (B-1)(c_e/c_s)]} \tag{4-6}$$

式中：q^0 —— 单分子层饱和吸附量，g/g；

c_s —— 吸附质的饱和浓度，mg/L；

B —— 与表面作用能有关的常数。

按上式绘制的 BET 吸附等温线见图 4-2，等温线为一条 S 形曲线，曲线拐点 A 以前的那部分与 Langmuir 等温线相同，表明此部分即相当于 Langmuir 单分子层吸附平衡区段，此时以第一层吸附为主，$c_e \ll c_s$，且令 $B=c_s/a$ 时，则 BET 等温式可简化为 Langmuir 等温式。因此，可以认为 BET 等温式可适应更广泛的吸附现象。

为了计算方便，可将上式改为如下直线式：

$$\frac{c_e}{q(c_s-c_e)} = \frac{1}{q^0 B} + \frac{B-1}{q^0 B} \cdot \frac{c_e}{c_s} \qquad (4\text{-}7)$$

由吸附实验数据，以 $\dfrac{c_e}{q(c_s-c_e)}$ 和 $\dfrac{c_e}{c_s}$ 为坐标作图得到一直线，根据直线的斜率和截距可求出常数 q^0 和 B。当 c_s 未知时，需要预估不同的 c_s 值作图数次才能得到直线，当 c_s 估计值偏低，为一条向上凹的曲线；当 c_s 估计值偏高时，则为一条向下凹的曲线。

（四）吸附速度

吸附剂对吸附质的吸附效果，以吸附量和吸附速度来衡量。吸附速度是指单位时间内单位质量吸附剂所吸附的吸附质的量，吸附速度越快，则达到吸附平衡所需的时间越短，吸附设备容积也越小。

吸附速度取决于吸附剂对吸附质的吸附过程。多孔吸附剂对溶液中吸附质的吸附过程基本上可分为3个连续阶段：① 颗粒外部扩散（又称膜扩散）阶段，吸附质从溶液中扩散到吸附剂表面；② 孔隙扩散阶段，吸附质在吸附剂孔隙中继续向吸附点扩散；③ 吸附反应阶段，吸附质被吸附在吸附剂孔隙内的表面上。通常吸附反应速度非常快，总的吸附速度主要由膜扩散或孔隙扩散速度决定，在一般情况下，吸附过程开始时往往由膜扩散速度控制，而在吸附终了时，孔隙扩散起决定作用。

颗粒外部膜扩散速度与溶液浓度、吸附剂外表面积（即膜表面积）的大小成正比，还与溶液搅动程度有关。孔隙扩散速度与吸附剂孔隙的大小及结构、吸附质颗粒大小及结构等因素有关。吸附剂颗粒越小，孔隙扩散速度越快，因此，采用粉状吸附剂比粒状吸附剂有利。另外，吸附剂内孔径大可使孔隙扩散速度加大，但会降低吸附量。

（五）影响吸附的因素

1. 吸附剂性质

吸附剂的种类不同，吸附效果也不同。一般是极性分子（或离子）型的吸附剂容易吸附极性分子（或离子）型的吸附质，非极性分子型的吸附剂容易吸附非极性分子型的吸附质。

由于吸附作用发生在吸附剂的表面，因此吸附剂的比表面积越大，吸附能力越强，吸附容量也越大。此外，吸附剂的颗粒大小、孔隙构造及分布、表面化学特性等对吸附也有较大影响。

2. 吸附质性质

对于一定的吸附剂，吸附质性质不同，吸附效果也不一样。通常吸附质在污水中的溶解度越低，越容易被吸附；吸附质的浓度增加，吸附量也随之增加，但浓度增加到一定程度后，吸附量增加缓慢；如果吸附质是有机物，其分子尺寸越小，吸附进行得越快。

3. 操作条件

（1）pH 值

溶液 pH 值对吸附质在污水中的存在形态（分子、离子、络合物等）和溶解度均有影响，因而对吸附效果也有影响。

（2）温度

吸附反应通常是放热过程，因此温度越低对吸附越有利。但在污水处理中，通常在常温下进行吸附操作，一般温度变化不大，因而温度对吸附过程影响小。

（3）接触时间

吸附质与吸附剂要有足够的接触时间，才能达到吸附平衡，以充分利用吸附剂的吸附能力。最佳接触时间宜通过实验确定。

（4）共存物质

共存物质对主要吸附质的影响比较复杂，有的会相互诱发吸附，有的能独立地被吸附，有的会起干扰作用。当多种吸附质共存时，吸附剂对某一种吸附质的吸附能力通常要比只含这种吸附质时的吸附能力低。此外，悬浮物会堵塞吸附剂的孔隙，油类物质会聚集于吸附剂表面形成油膜，它们均对吸附有很大的不利影响。因此在吸附操作之前，必须将不利于吸附的物质除去。

二、吸附剂及其再生

（一）吸附剂

吸附剂的种类很多，包括活性炭、活化煤、白土、硅藻土、活性氧化铝、焦炭、树脂吸附剂、炉渣、木屑、煤灰、腐殖酸等，污水处理中应用较多的有活性炭、树脂吸附剂和腐殖酸系吸附剂 3 类。

1. 活性炭

活性炭是用含碳为主的物质（如木材、煤）作原料，经高温炭化和活化而制成的疏水性吸附剂，其主要成分除碳外，还含有少量的氧、氢、硫等元素以及水分和灰分，外观呈暗黑色，有粒状和粉状两种。粉状的吸附能力强、制备容易、成本低，但再生困难、不易重复使用。粒状的吸附能力比粉状的低些，生产成本较高，但再生后可重复使用，并且使用时劳动条件良好，操作管理方便，因此污水处理中大多采用粒状活性炭。

活性炭比表面积大，通常高达 $800 \sim 2\,000\ \text{m}^2/\text{g}$，这是活性炭吸附能力强、吸附容量大的主要原因。但是，比表面积相同的活性炭，对同一物质的吸附容量并不一定相同，因为吸附容量不仅与比表面积有关，还与孔隙结构和分布情况有关。活性炭的孔隙分微孔（孔径 2 nm 以下）、过渡孔（孔径 $2\sim 100$ nm）和大孔（孔径 100 nm 以上）3 种，其中微孔比表面积占总比表面积的 95% 以上，对吸附量影响最大。活性炭的吸附中心点有两类：一类是物理吸附活性点，其数量很多，没有极性，是构成活性炭吸附能力的主体部分；另一类是化学吸附活性点，主要是在制备过程中形成的一些具有专属反应性能的含氧官能团，如羧基（—COOH）、羟基（—OH）、羰基（—CO）等，它们对活性炭的吸附特性有一定的影响。

活性炭是目前污水处理中普遍采用的吸附剂，具有良好的吸附性能和稳定的化学性质，可以耐强酸、强碱，能经受水浸、高温和高压作用，不易破碎。

2．树脂吸附剂

树脂吸附剂又称吸附树脂，是一种新型有机吸附剂。它具有立体网状结构，呈多孔海绵状，加热不熔化，可在 150℃下使用，不溶于酸、碱及一般溶剂，比表面积可达 $800\ \text{m}^2/\text{g}$。根据其结构特性，吸附树脂可分为非极性、弱极性、中极性和强极性 4 类。常见产品有日本 HP 系列、美国 Amberlite XAD 系列、国产 TXF 型吸附树脂（炭质吸附树脂），其比表面积为 $35\sim 350\ \text{m}^2/\text{g}$，是含氯有机化合物的特效吸附剂。

树脂吸附剂的结构易人为控制，因而它具有适应性强、应用范围广、吸附选择性强、稳定性高等优点，并且再生简单，多数为溶剂再生。在应用上它介于活性炭等吸附剂与离子交换树脂之间，而兼具它们的优点。树脂吸附剂最适合于吸附处理污水中微溶于水、极易溶于甲醇和丙酮等有机溶剂、分子量略大的有机物，常用于脱酚、除油、脱色等处理单元。

3．腐殖酸类吸附剂

腐殖酸是一组芳香结构的、性质与酸性物质相似的复杂混合物，约由 10 个分子大小的微结构单元组成，每个微结构单元由核、联结核的桥键以及核上的活性基团组成。据测定，活性基团有酚羟基、羧基、醇羟基、甲氧基、羰基、醌基、胺基、磺酸基等，这些基团决定了腐殖酸的阳离子吸附性能。

用作吸附剂的腐殖酸类物质有两大类：一类是天然的富含腐殖酸的风化煤、泥煤、褐煤等，它们可直接或者经简单处理后用作吸附剂；另一类是把富含腐殖酸的物质用适当的黏合剂制备成腐殖酸系树脂，造粒成型后使用。

腐殖酸类物质能吸附工业污水中的许多金属离子，例如汞、锌、铅、铜、镉等，吸附率可达 90%～99%。吸附重金属离子后的腐殖酸类物质，容易解吸再生，重复使用，常用的解吸剂有 H_2SO_4、HCl、NaCl、$CaCl_2$ 等。

（二）吸附剂再生

吸附剂吸附饱和后，必须进行再生，才能重复使用。再生是吸附的逆过程，即在吸附剂结构不变化或者变化极小的情况下，用某种方法将吸附质从吸附剂微孔中除去，恢复它的吸附能力。通过再生和重复使用，可以降低处理成本，减少废渣排放，同时回收吸附质。

吸附剂的再生方法主要有加热法、药剂法、化学氧化法和生物法等，参见表 4-1。在选择再生方法时，主要考虑吸附质的理化性质、回收价值、吸附机理等 3 方面因素。

表 4-1　吸附剂的再生过程

再生过程		处理温度	主要条件
加热再生	低温加热再生	100～200℃	水蒸气、惰性气体
	高温加热再生	750～950℃	水蒸气、燃烧气体、CO_2
药剂再生	无机药剂	常温～80℃	H_2SO_4、HCl、NaOH 等
	有机药剂（萃取）		有机溶剂（苯、丙酮、甲醇等）
化学氧化再生	湿式氧化再生	180～220℃	O_2，空气，氧化剂；加压
	电解氧化再生	常温	O_2
生物再生		常温	好氧微生物，厌氧微生物

三、吸附工艺及操作

吸附工艺过程为：① 污水与固体吸附剂进行充分接触，使污水中的吸附质被吸附在吸附剂上；② 分离吸附了吸附质的吸附剂和污水；③ 失效吸附剂的再生或更换新的吸附剂。因此，在吸附工艺流程中，除吸附操作本身外，一般都须具有脱附及再生操作，在此仅介绍吸附操作。吸附操作分为静态吸附（间歇式）和动态吸附（连续式）两种。

（一）静态吸附

静态吸附是在污水不流动的条件下进行的吸附操作，其装置是一带有搅拌的吸附池（槽），工作时把污水和吸附剂加入池内，不断进行搅拌，达到吸附平衡后，再通过静置沉淀或过滤分离污水和吸附剂。如果经一次吸附后，出水水质达不到要求时，往往采取多次静态吸附操作。由于多次吸附操作麻烦，故此方式多用于实验研究或小型污水处理站。此外，因操作间歇进行，所以生产上一般要用两个或两个以上的吸附池交替工作。

(二) 动态吸附

动态吸附是在污水流动条件下进行的吸附操作，即污水不断地流进吸附床，与吸附剂接触，当污染物浓度降至处理要求时，排出吸附柱。它是污水处理中常用的吸附操作方式。

按照吸附剂的充填方式，动态吸附分为固定床、移动床和流化床3种。

1. 固定床

固定床是污水吸附处理中最常用的一种方式。当污水连续流过吸附剂层时，吸附质便不断地被吸附，若吸附剂数量足够，出水中吸附质的浓度即可降低至接近于零，但随着运行时间的延长，出水中吸附质的浓度会逐渐增加，当增加到某一数值时，应停止通水，将吸附剂进行再生。吸附和再生可在同一设备内交替进行，也可将失效的吸附剂卸出，送到再生设备进行再生。因为这种动态吸附操作中吸附剂在设备中是固定不动的，所以叫固定床。

根据水流方向的不同，固定床吸附设备分为降流式和升流式两种。降流式固定床（图4-3）的水流由上而下穿过吸附剂层，过滤速度在4~20 m/h，接触时间一般不大于30~60 min。降流式出水水质较好，但经过吸附剂层的水头损失较大，特别是处理悬浮物浓度较高的污水时，为了防止悬浮物堵塞吸附剂层，需定期进行反冲洗。此外，滤层容易滋长细菌，恶化水质；升流式固定床吸附塔的水流由下而上穿过吸附剂层，其水头损失小，运行时间较长，允许污水悬浮物浓度稍高，对污水预处理要求较低，而且可通过适当提高水流流速，使填充层稍有膨胀（上下层不能互混）来进行自清，但滤速较小，对污水入口处（底层）吸附层的冲洗难于降流式，且操作失误时易使吸附剂流失。

固定床吸附塔的工作过程如图4-4所示，吸附质浓度为C_0的污水自上方连续进入吸附塔后，首先与第一层吸附剂接触，降低了吸附质的浓度；降低了浓度的污水接着进入第二层吸附剂，其浓度进一步降低；污水依次流下，当流到某一深度时，该层出水中吸附质浓度$C=0$，在此深度以下的吸附剂暂未起作用。随着运行时间的增加，上部吸附剂层中的吸附质浓度将逐渐增大，直到饱和，从而失去继续吸附的能力。实际发挥吸附作用的吸附剂层高度δ称为吸附带，在正常运行情况下，δ值是一个常数。随着运行时间的推移，吸附带逐步下移，上部饱和区高度不断增加，下部新鲜吸附剂层高度则不断减小，当吸附带的前沿下移到整个吸附剂层底端时，出水浓度C不再为0，开始出现污染物质，此时称为吸附塔工作的穿透点。此后出水浓度迅速增加，当吸附带上端下移到吸附剂层底端时，全部吸附剂达饱和，出水浓度与进水浓度相等，此时称为吸附塔工作的耗竭点。以

出水量 V（或通水时间 t）为横坐标，出水浓度 C 为纵坐标作图，得到的曲线称为穿透曲线（图 4-4）。

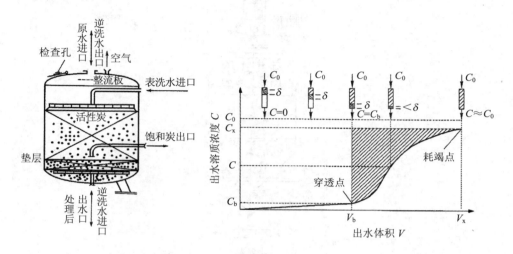

图 4-3　降流式固定床型吸附塔构造示意

图 4-4　固定床吸附塔的工作过程

吸附床的设计及运行方式的选择，在很大程度上取决于穿透曲线。由穿透曲线可以了解床层吸附负荷的分布，穿透点和耗竭点，穿透曲线愈陡，表明吸附速度愈快，吸附带愈短。

根据处理水量、原水水质和处理要求，固定床可分为单床和多床系统。一般单床使用较少，适于大规模处理，出水要求较低；多床分为并联与串联两种，适于处理流量较小，出水要求较高的场合。在实际操作中，吸附塔达到完全饱和及出水浓度达到与进水浓度相等都是不可能的。通常耗竭点出水浓度 C_x 取 $(0.9\sim 0.95)$ C_0，穿透点出水浓度 C_b 取 $(0.05\sim 0.1)C_0$ 或根据排放要求确定。当运行达到穿透点时，吸附塔应停止工作，进行吸附剂的更换或再生。由图 4-4 可知，对于单床吸附系统，处理水量只有 V_b；对于多床串联系统，处理水量可增到 V_x，通水倍数就由 V_b/M（M 为活性炭的重量）增加到 V_x/M（m^3/kg 活性炭）。利用穿透曲线可用图解积分法计算吸附质的总去除量、吸附达到穿透点及耗竭终点时的活性炭吸附容量等设计资料。

2．移动床

移动床吸附塔构造如图 4-5 所示。工作时，污水从吸附塔底部流入，与吸附剂呈逆流接触，处理后的水从塔顶排出。在操作过程中，定期将一部分接近饱和的吸附剂从塔底排出，送去再生，同时将等量的新鲜吸附剂由塔顶加入，因而这种吸附操作方式称为移动床。

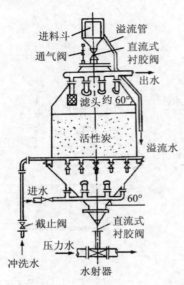

图 4-5　移动床吸附塔构造示意

移动床比固定床能更充分地利用吸附剂的吸附能力，因此吸附剂用量少，设备占地面积小。此外，由于污水从塔底进入，水中夹带的悬浮物随饱和活性炭排出，因而不需要反冲洗设备，对原水预处理要求较低，操作管理方便，而且出水水质好。目前较大规模的污水处理大多采用此方式。

3．流化床

吸附剂在流化床吸附塔内处于膨胀状态或流化状态，与被处理的污水逆流接触。由于吸附剂在水中处于膨胀状态，与水接触面积大，传质效果好，因此流化床具有吸附效率高，设备小，基建费用低，生产能力大，对污水预处理要求低，不需反冲洗等优点，适合于处理含悬浮物较多的污水。但运行操作要求严格，对吸附剂的机械强度要求高，从而限制了它的应用。

四、吸附法在污水处理中的应用

由于吸附法对进水的预处理要求高，吸附剂价格贵，因此在污水处理中，吸附法主要用于：① 污水深度处理，脱除污水中的微量污染物，包括脱色除臭，脱除重金属离子、难生物降解的有机物或用一般氧化法难以氧化的溶解性有机物、放射性物质等；② 从高浓度污水中吸附某些物质达到资源回收和治理目的。下面列举3个应用实例。

（一）脱除污水中的少量汞

活性炭能吸附汞和汞化合物，但其吸附能力有限，故只适于处理含汞量低的污水。

某厂吸附法深度脱汞流程如图 4-6 所示，活性炭吸附作为含汞污水的最终处理。原水汞含量较高，先用硫化钠沉淀法（同时加石灰和硫酸亚铁）处理，出水仍含汞约 1 mg/L，高峰时达 2～3 mg/L，达不到排放标准（≤0.05 mg/L），所以用活性炭吸附作进一步处理；因水量较小（10～20 m³/d），采取两个静态间歇吸附池，交替工作，每池容积 40 m³，内装 2.7 t 活性炭（相当于池水质量的 5%左右）；当吸附池中污水加满后，用压缩空气搅拌 30 min，然后静置沉淀 2 h，经取样测定含汞量符合排放标准后，放掉上清液，进行下一批处理。活性炭每年更换一次，采用加热再生法再生。

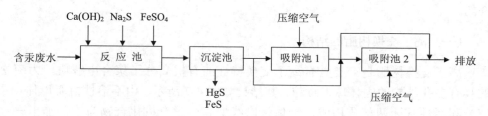

图 4-6　某厂吸附法深度脱汞流程

（二）炼油厂废水的深度处理

某炼油厂含油废水经隔油、气浮、生化、砂滤处理后，再用活性炭进行深度处理（处理量为 600 m³/h）。污水含酚量由 0.1 mg/L（生化处理后）降到 0.005 mg/L，氰浓度由 0.19 mg/L 降到 0.048 mg/L，COD 浓度由 85 mg/L 降到 18 mg/L，出水水质达到地表水标准。

（三）高浓度芳香胺类有机污水的治理与资源回收

某化工厂生产邻甲苯胺和对甲苯胺，它们都是重要的有机中间体，毒性很大，在其生产过程中产生大量废水，其 COD 浓度分别达到 37 000 mg/L 和 21 000 mg/L，色度高，且可生物降解性差。该废水经用胺基修饰复合功能吸附树脂处理后，COD 去除率达到 94%左右，并从废水中回收了大部分邻甲苯胺和对甲苯胺，平均每吨废水可回收邻甲苯胺产品 8～10 kg，对甲苯胺产品 4～6 kg，每年回收的产品价值达 180 万元，抵偿设备运行费用后还略有盈余。

第二节 离子交换法

离子交换法是一种借助于离子交换剂上的可交换离子和水中相同电性的离子进行交换反应而去除、分离或浓缩水中离子的方法,在给水处理中,用以制取软水或纯水;在污水处理中,主要用以回收贵重金属离子(如金、银、铜、隔、铬、锌等),也可用于放射性污水和有机污水的处理。

一、离子交换剂

离子交换剂可分为无机和有机两大类,前者包括天然沸石和人造沸石等,后者包括磺化煤和离子交换树脂,其中,离子交换树脂使用最广泛,故在此作重点介绍。

(一)离子交换树脂的结构

离子交换树脂是一类具有离子交换特性的有机高分子聚合电解质,为疏松的具有多孔结构的固体球形颗粒,其结构如图 4-7 所示,由不溶性树脂母体(骨架)和活性基团两部分构成,母体是以线型高分子有机化合物为主,加上一定数量的交联剂,通过横键架桥作用构成的高分子共聚物,具有空间网状结构,是形成离子交换树脂的结构主体;活性基团由活动离子(可交换离子)和固定在树脂母体上的固定离子组成,二者电性相反、电荷相等,依靠静电引力结合在一起。

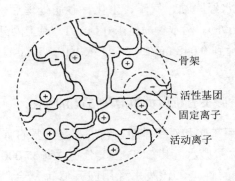

图 4-7 离子交换树脂结构示意

（二）离子交换树脂的种类

按活性基团的性质，离子交换树脂可分为含有酸性基团的阳离子交换树脂、含有碱性基团的阴离子交换树脂、含有胺羧基团等的螯合树脂、含有氧化-还原基团的氧化-还原树脂（或称电子交换树脂）、两性树脂以及萃淋树脂（或称溶剂浸渍树脂）等。按活性基团电离的强弱程度，阳离子交换树脂又分为强酸性和弱酸性阳离子交换树脂，阴离子交换树脂又分为强碱性和弱碱性阴离子交换树脂。

按树脂类型和孔结构的不同，离子交换树脂可分为凝胶型树脂、大孔型树脂、多孔凝胶型树脂、巨孔型（MR 型）树脂和高巨孔型（超 MR 型）树脂等。

按树脂交联度（交联剂占单体重量百分数）大小，离子交换树脂分为低交联度（2%～4%）、一般交联度（7%～8%）和高交联度（12%～20%）3 种。此外，习惯上还按出厂型式即活动离子名称，把交换树脂简称为 H 型、Na 型、OH 型、Cl 型树脂等。

（三）离子交换树脂的主要性能

1. 交换容量

交换容量是指单位重量干树脂或单位体积湿树脂所能交换的离子数量，用 E_W（mol/g 干树脂）或 E_V（mol/L 湿树脂）表示，因树脂总在湿态下使用，故常用 E_V 定量表示树脂的交换能力。E_V 与 E_W 可以按下式进行转换：

$$E_V = E_W \times (1 - 含水量) \times 湿视密度 \tag{4-8}$$

市售商品树脂所标的交换容量是总交换容量，即活性基团的总数。树脂在给定的工作条件下实际所发挥的交换能力称为工作交换容量。因受再生程度、进水中离子的种类和浓度、树脂层高度、水流速度、交换终点的控制指标等诸多因素的影响，一般工作交换容量只有总交换容量的 60%～70%。

2. 选择性

树脂对水中某种离子优先交换的性能称为选择性，它表征树脂对不同离子亲和力的差别。选择性与许多因素有关，在常温和稀溶液中，可归纳如下几条规律：

（1）离子价数越高，选择性越好。如：$Th^{4+} > La^{3+} > Ca^{2+} > Na^+$。

（2）原子序数越大，即离子水合半径越小，选择性越好。如：$Ba^{2+} > Sr^{2+} > Ca^{2+} > Mg^{2+}$。

（3）离子浓度越高，选择性越强。高浓度的低价离子甚至可以把高价离子置换下来，这就是离子交换树脂能够再生的依据。

(4) H^+离子和 OH^-离子的选择性，取决于它们与固定离子所形成的酸或碱的强度，强度越大，选择性越小。

(5) 金属在溶液中以络阴离子存在时，一般来说选择性会降低。

3. 溶胀性

离子交换树脂含有极性很强的交换基团，这使其具有溶胀和收缩的性能。树脂溶胀或收缩的程度以溶胀率（溶胀前后的体积差/溶胀前体积）表示，溶胀率与树脂品种、活动离子形式、交联度以及外溶液等有关。溶胀性直接影响树脂的操作条件和使用寿命。

4. 物理与化学稳定性

树脂的物理稳定性是指树脂受到机械作用时（包括在使用过程中的溶胀和收缩）的磨损程度，还包括温度变化对树脂影响的程度；树脂的化学稳定性包括耐酸碱能力、抗氧化还原能力等。

5. 粒度和密度

树脂粒度对交换速度、水流阻力和床层压力有很大影响；密度是设计离子交换柱、确定反冲洗强度的重要指标，也是影响树脂分层的主要因素，常用树脂在湿态下的湿真密度或湿视密度表示，湿真密度是树脂在水中充分溶胀后的质量与真体积（不包括颗粒孔隙体积）之比；湿视密度是树脂在水中充分溶胀后的质量与堆积体积之比。

综上所述，在选择和使用离子交换树脂以及进行离子交换柱设计时，必须考虑离子交换树脂的主要性能。

二、离子交换的基本理论

（一）离子交换平衡

离子交换平衡是离子交换的基本规律之一。利用质量作用定律解释离子交换平衡规律，既简单又具有实际应用价值。以 A 型阳树脂（以 RA 表示）交换溶液中的 B 离子的反应为例，离子交换反应式为：

$$Z_B RA + Z_A B \rightleftharpoons Z_A RB + Z_B A \tag{4-9}$$

若电解质溶液为稀溶液，各种离子的活度系数接近于 1；又假定离子交换树脂中离子活度系数的比值为一常数，则交换反应的平衡关系可用下式表示：

$$K = \frac{[A]^{Z_B}[RB]^{Z_A}}{[B]^{Z_A}[RA]^{Z_B}} \tag{4-10}$$

式中右边各项均以离子浓度表示,由于对活度系数作了上述假定,所以 K 值不应视作常数,因此把它称为平衡系数。但在稀溶液条件下,K 可近似为常数。

式(4-10)表明,K 值越大,交换量越大,即溶液中 B 离子的去除率越高。根据 K 值的大小,可以判断交换树脂对某种离子交换选择性的强弱,故又把 K 值称为离子交换平衡选择系数。

离子交换反应的平衡关系还可用平衡曲线表示。设反应开始时,树脂中的可交换离子全部为 A,[A]等于树脂总交换容量 q_0,[RB]=0,水中[B]=c_0(初始浓度),[A]=0;当交换反应达到平衡时,水中[B]减少到 c_B,树脂上交换了 q_B 的 B,即[RB]=q_B,则树脂上的[RA]=q_0-q_B,水中的[A]=c_0-c_B。由式(4-10)可得以下形式的平衡关系式:

$$K = \left(\frac{q_0}{c_0}\right)^{Z_B - Z_A} = \frac{\left(1 - \dfrac{c_B}{c_0}\right)^{Z_B}}{(c_B/c_0)^{Z_A}} \cdot \frac{(q_B/q_0)^{Z_A}}{(1 - q_B/q_0)^{Z_B}} \qquad (4\text{-}11)$$

式中:q_0、c_0、Z_A、Z_B 已知,只要测定溶液中的[A]、[B],即可由上式求得 K。

式(4-11)适用于各离子之间的交换,当 $Z_A = Z_B = 1$ 时,上式简化为:

$$\frac{q_B/q_0}{1 - q_B/q_0} = K \cdot \frac{c_B/c_0}{1 - c_B/c_0} \qquad (4\text{-}12)$$

式中:q_B/q_0 —— 树脂的失效度;

c_B/c_0 —— 溶液中离子残留率。

若以 c_B/c_0 为横坐标,q_B/q_0 为纵坐标作图,可得某一 K 值下的等价离子交换理论等温平衡线(图 4-8)。

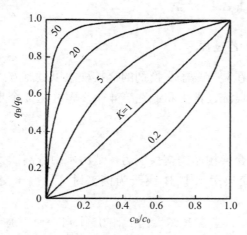

图 4-8 等价离子交换的理论等温平衡线

由图 4-8 可见，当 q_B/q_0 相同时，K 值越大，c_B/c_0 越小，即水中目的离子浓度越低，交换效果越好。当 $K>1$ 时，平衡线上的 $q_B/q_0>c_B/c_0$，曲线呈凸形，反应式（4-9）的平衡趋向右方，树脂对 B 有选择性，而且曲线越凸，选择性越强，此为有利平衡；当 $K<1$ 时，平衡线上的 $q_B/q_0<c_B/c_0$，曲线呈凹形，反应式（4-9）的平衡趋向左边，不利于 B 的交换，称为不利平衡。因此，从平衡曲线的形状可以定性地判断交换树脂对某种离子的选择性。

尽管实际等温平衡线与上述理论等温平衡线有差别，但可以利用平衡图来判断交换反应进行的方向和大致程度，以及估算去除一定量离子所需的树脂量。

（二）离子交换速度

离子交换速度取决于离子交换过程。通常离子交换过程可分为 4 个连续的步骤：①目的离子从溶液中扩散到树脂颗粒表面，并穿过颗粒表面液膜（液膜扩散）；②离子在树脂颗粒内部孔隙中扩散到交换点（孔隙扩散）；③离子在交换点进行交换反应；④被交换下来的离子沿相反方向迁移到溶液中去。其中离子交换反应可以认为是瞬间完成的，其余步骤都属于离子的扩散过程，因此离子交换速度实际上是由扩散过程所控制的。在污水处理的正常流速下，交换速度主要取决于液膜扩散和孔隙扩散，两者中哪种为速度控制因素，需要根据具体情况进行分析。一般而言，溶液中交换离子浓度低时，膜扩散为控制因素；浓度高时，则孔隙扩散为控制因素。通常增大溶液的湍动程度或流速，会使膜扩散加速而促进交换过程；减小树脂粒度和颗粒的粒径会使交换速度增加。此外，降低交换树脂交联度、提高交换体系温度等，也可以提高交换速度。

三、离子交换工艺与设备

（一）离子交换工艺过程

离子交换操作是在装有离子交换剂的交换柱中以过滤方式进行的，整个工艺过程一般包括交换、反洗、再生和清洗等 4 个步骤。这 4 个步骤依次进行，形成不断循环的工作周期。

1. 交换

交换是利用离子交换树脂的交换能力，从污水中分离欲去除的离子的操作过程。以树脂（RA）交换污水中 B 离子为例来讨论，离子交换柱的工作过程见图 4-9。

如图 4-9（a）所示，当含 B 浓度为 C_0 的废水自上而下通过 RA 树脂层时，顶层树脂中 A 首先和 B 交换，达到交换平衡时，这层树脂被 B 饱和而失效。此后进水中的 B 不再和失效树脂交换，交换作用移至下一树脂层。在交换层内，每个树脂颗粒均交换部分 B，因上层树脂接触的 B 浓度高，故树脂的交换量大于下层树脂。经过交换层，B 浓度自 C_e 降至接近于 0。C_e 是与饱和树脂中 B 浓度呈平衡的液相 B 浓度，可视同 C_0。因流出交换层的水流中不含 B，故交换层以下的床层未发挥作用，是新鲜树脂。这样，交换柱在工作过程中，整个树脂层就形成了上部饱和层（失效层）、中部交换层、下部新料层 3 个部分，而真正工作的只有交换层的树脂。此时，交换层中的液相 B 浓度曲线如图 4-9（b）所示。继续运行时，失效层逐渐扩大，交换层向下移动，新料层逐渐缩小。当交换层下缘到达树脂层底部时，液相 B 浓度曲线下端也下移到树脂层底部，见图 4-9（c），出水中开始有 B 漏出，此时称为树脂层穿透。再继续运行，出水中 B 浓度迅速增加，直至与进水 C_0 相同，此时，全柱树脂饱和。

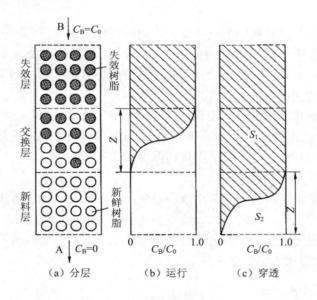

图 4-9 离子交换柱工作过程

在实际污水处理中，一般交换柱到穿透点时就停止工作，需进行树脂再生。但为了充分利用树脂的交换能力，可采用"串联柱全饱和工艺"，即当交换柱达到穿透点时，仍继续工作，只是把该柱的出水引入另一个已再生后投入工作的交换柱，以便保证出水水质符合要求。

在图 4-9（c）中，曲线上部阴影面积 S_1 表示利用了的交换容量，即工作交换容量，曲线下部面积 S_2 表示尚未利用的交换容量，则树脂利用率 η 为：

$$\eta = \frac{S_1}{S_1 + S_2} \times 100\% \tag{4-13}$$

交换柱的树脂利用率主要决定于交换层厚度和整个树脂层的高宽尺寸比例。显然，当交换柱尺寸一定时，交换层厚度越小，树脂利用率越高。交换层厚度随工作条件而变化，主要取决于水流速度。当水流速度不超过交换速度（对一定的树脂基本上为常数）时，交换层厚度小，树脂利用率高；当水流速度大于交换速度时，交换层厚度大，树脂利用率低。合适的水流速度通常由试验确定，一般为 10~30 m/h。

2. 反洗

反洗是逆交换水流方向通入冲洗水，以松动树脂层，使再生液与交换剂颗粒能充分接触，同时清除杂物和破碎的树脂。冲洗水可用自来水或废再生液。

3. 再生

再生的目的是恢复树脂的交换能力，同时回收有用物质。再生是交换的逆过程，根据离子交换平衡式：RA+B $\rightleftharpoons$ RB+A，如果显著增加 A 离子浓度，在浓差推动下，大量 A 离子向树脂内扩散，而树脂内的 B 离子则向溶液扩散，反应向左进行，从而达到树脂再生的目的。

再生操作是将再生剂以一定流速（4~8 m/h）通过反洗后的树脂层，再生一定时间（不少于 30 min），直到再生液中 B 浓度低于某个规定值后为止。再生效果及费用与再生剂种类、再生剂用量和再生方式等有关。

4. 清洗

清洗的目的是洗涤残留的再生液和再生产物。通常清洗的水流方向和交换时一样，故又称为正洗。清洗的水流速度应先小后大，用水量为树脂体积的 4~13 倍。清洗后期应特别注意掌握清洗终点的 pH 值（尤其是弱性树脂转型之后的清洗），避免重新消耗树脂的交换容量。

（二）离子交换设备

离子交换设备与吸附设备相似，按操作方式的不同，可分为固定床和连续床两大类，而连续床又分为移动床和流动床两种。

1. 固定床

固定床离子交换柱是最常用的离子交换设备，其上部和下部设有配水和集水装置，中部装填 1.0~1.5 m 厚的交换树脂。工作时，树脂床层固定不动，水流由上而下流动。

根据树脂层的组成，固定床分为单层床、双层床和混合床 3 种。单层床中只装一种树脂，可以单独使用，也可以串联使用。双层床是在同一个柱中装两种同性不同型的树脂，由于比重不同而分为两层。混合床是把阴、阳两种树脂混合装成一床使用。

固定床设备紧凑，操作简单，出水水质好，但再生费用较大、生产效率不高。

2. 移动床

移动床离子交换设备包括交换柱和再生柱两个主要部分。工作时，定期从交换柱排出部分失效树脂，送到再生柱再生，同时补充等量的新鲜树脂参与工作。因在补充树脂时有短暂的停水，所以移动床实际上是一种半连续式的交换设备，整个交换树脂在间断移动中完成交换和再生。其优点是效率较高、树脂用量较少，且设备小、投资省；缺点是对进水变化的适应性较差，对自动化程度要求高。

3. 流动床

流动床交换设备是交换树脂在装置内连续循环流动，失效树脂在流动过程中，经再生、清洗设备后恢复再生能力，连续定量补充到交换柱的出水端，以达到不间断生产。其优点是树脂用量少、连续运行、效率高，缺点是设备较复杂、树脂磨损大。

第三节 气浮法

气浮法是通过某种方法产生大量的微细气泡，使其与污水中密度接近于水的固体或液体污染物微粒黏附，形成密度小于水的气浮体，在浮力作用下，上浮至水面形成浮渣而实现固—液或液—液分离的污水处理技术。实现气浮分离必须具备3个基本条件：① 必须向污水中提供足够数量的微细气泡；② 必须使固态或液态污染物呈悬浮状态；③ 必须使气泡与悬浮颗粒物质产生黏附作用。

在污水处理中，气浮法主要应用于分离回收含油污水中的细悬浮油和乳化油、回收工业污水中的有用物质（如造纸厂污水中的纸浆纤维及填料等）、分离地面水中的细小悬浮物（包括藻类及微絮体）、分离回收以分子或离子形态存在的表面活性物质和金属离子、代替二沉池用于易产生污泥膨胀的生化处理工艺中、浓缩剩余活性污泥等。

一、气浮的基本原理

气浮是一个发生在气、液、固三相混合体系中的作用过程，在实际气浮处理中，往往还需要借助化学药剂，因此，下文将从污水中悬浮颗粒与气泡的黏附、化学药剂对气浮的影响两个方面来探讨气浮的基本原理。

(一) 颗粒与气泡的黏附条件

气泡能否与悬浮颗粒发生有效附着主要取决于颗粒的表面性质,如果颗粒易被水润湿,则称该颗粒为亲水性的;如果颗粒不易被水润湿,则为疏水性的。颗粒的润湿程度常用气-液-固三相间互相接触时所形成的接触角的大小来衡量。

在水、气、固(杂质颗粒或液滴)三相混合体系中,不同相之间的界面上都因受力不均衡而存在界面张力(σ),气泡一旦与颗粒接触,由于界面张力的存在而产生表面吸附作用。当三相达到平衡时,三相间的吸附界面构成的交界线成为润湿周边,通过润湿周边作水-气界面张力线(σ_{LG})和水-固界面张力线(σ_{LS}),二者的夹角(对着液相的)称为润湿接触角,用θ表示,如图4-10所示。污水中表面性质不同的颗粒,其润湿接触角大小也不同,通常$\theta>90°$的颗粒表面为疏水性表面,易于为气泡所黏附;$\theta<90°$的为亲水性表面,不易为气泡所黏附,从图4-11中颗粒与水接触面积的大小可以看出。

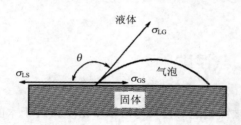

图4-10 润湿接触角示意

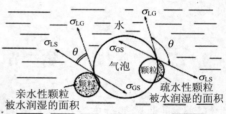

图4-11 亲水性和疏水性颗粒的接触角

在三相接触点上,三个界面张力总是处于平衡状态,即

$$\sigma_{LS} = \sigma_{LG}\cos(180°-\theta) + \sigma_{GS} \tag{4-14}$$

当气泡与颗粒共存于水中时,在其附着前,单位界面面积上的界面能之和为$E_1=\sigma_{LS}\times1+\sigma_{LG}\times1$,附着后,单位附着面积上的界面能相应减小为$E_2=\sigma_{GS}\times1$,其界面能降低值$\Delta E$为:

$$\Delta E = E_1 - E_2 = \sigma_{LS} + \sigma_{LG} - \sigma_{GS} \tag{4-15}$$

将式(4-14)代入式(4-15),整理得

$$\Delta E = \sigma_{LG}(1-\cos\theta) \tag{4-16}$$

由式(4-16)可知:① 当$\theta\rightarrow0°$,$\cos\theta\rightarrow1$,$(1-\cos\theta)\rightarrow0$,则$\Delta E\rightarrow0$,这种颗粒不易与气泡黏附,不能用气浮法去除;② 当$\theta\rightarrow180°$,$\cos\theta\rightarrow-1$,$(1-\cos\theta)\rightarrow$

2，则$\Delta E \to 2\sigma_{LG}$，这种颗粒与气泡黏附紧密，易于用气浮法去除；③ 对σ_{LG}值很小的体系，虽然有利于形成气泡，但ΔE很小，不利于气泡与颗粒的黏附。

（二）化学药剂对气浮的影响

根据在气浮中的作用不同，化学药剂可分为浮选剂、混凝剂和起泡剂等。

（1）浮选剂

浮选剂大多为表面活性剂，由极性-非极性分子组成。表面活性剂的分子符号一般用⚬表示，圆头端表示极性基，易溶于水，为亲水基；尾端表示非极性基，难溶于水，为疏水基。在气浮过程中，所投加（或水中存在）的浮选剂极性基能选择性地被亲水性物质所吸附，而非极性端则被迫朝向水（图4-12），结果在粒子周围形成亲水基向粒子而疏水基向水的定向排列，从而使亲水性粒子的表面性质由亲水性转变为疏水性，并能够与气泡黏附。黏附的强弱则取决于非极性基中碳链的长短。

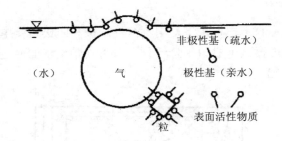

图4-12 亲水性物质与浮选剂作用后与气泡黏附情况

（2）混凝剂

各种无机或有机高分子混凝剂，不仅可以改变污水中悬浮颗粒的亲水性能，而且还能使污水中的细小颗粒絮凝成较大的絮体以吸附、截留气泡，加速颗粒上浮。例如乳化油水体系，在进行气浮处理时，通常先投加混凝剂，压缩油珠的双电层，降低其电动电位，从而脱稳、破乳，脱稳后的油珠聚集为大絮体，与气泡黏附上浮。

（3）起泡剂

起泡剂亦属由极性-非极性分子组成的表面活性剂，能显著降低水的表面张力，提高气泡膜的弹性和强度，使微气泡不易破裂和合并变大，从而使污水中的空气形成大量稳定的微气泡。起泡剂作用在气-液界面上，在降低气-液界面自由能的同时也降低了颗粒与气泡黏附的动力，对气浮不利，因此，起泡剂用量不可过多。

(三)气泡与颗粒的黏附形式

微气泡与悬浮颗粒的黏附形式有多种,按二者碰撞动能的大小和粒子疏水性部位的不同,气泡可以黏附于粒子外围,形成外围黏附;也可以挤开孔隙内的自由水而黏附于絮体内部,形成粒间裹夹。若气浮发生在投加了混凝剂并处于胶体脱稳凝聚阶段的初级反应水中,则微气泡先与微絮粒黏附,然后在上浮过程中再共同长大,相互聚集为带气絮凝体,形成粒间裹夹和中间气泡架桥黏附兼而有之的"共聚黏附"。

二、气浮法的类型

按微细气泡产生的方式不同,气浮法主要分为电解气浮法、分散空气气浮法(简称散气气浮法)和溶解空气气浮法(简称溶气气浮法)3类。

(一)电解气浮法

电解气浮法是在直流电作用下,用不溶性阳极和阴极直接电解污水,在电极周围产生的氢和氧的微气泡黏附于悬浮物上,将其带至水面而达到分离的一种方法,其装置见图4-13。

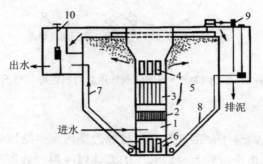

图4-13 竖流式电解气浮装置示意
1.入流室;2.整流栅;3.电极组;4.出流孔;5.分离室;
6.集水孔;7.出水管;8.排沉泥管;9.刮渣机;10.水位调节器

电解法产生的气泡微细,密度小,直径10~60 μm(远小于散气法和溶气法),浮升过程中不会引起水流紊动,浮载能力大,特别适合于脆弱絮凝体的分离。电解气浮法除具有固液分离的作用,还有降低BOD、氧化、脱色和杀菌的作用。

电解气浮法具有去除污染物范围广、对污水负荷变化适应能力强、生成泥渣量少、工艺简单、设备小、不产生噪声等优点,但存在电耗大、电极易结垢等问题，较难适用于大型生产。目前主要用于去除污水中的细分散悬浮固体和乳化油，处理规模 10～20 m³/h。

（二）散气气浮法

散气气浮法利用散气装置使空气以微气泡形式均匀分布于污水中而进行气浮处理的一类方法。按散气装置的不同，散气气浮法可分为微孔曝气气浮法和剪切气泡气浮法两种。

1. 微孔曝气气浮法

微孔曝气气浮法是通过具有微细孔隙的扩散装置或微孔管，利用压缩空气的爆破力和微孔的剪切力使空气以微小气泡的形式进入水中，从而进行气浮的方法，其常用装置见图 4-14。

该方法简单易行，但空气扩散装置的微孔容易堵塞，产生的气泡较大（直径 1～10 mm）且难以控制，气浮效率不高，因此这种方法近年已很少使用。

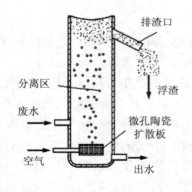

图 4-14 扩散板曝气气浮装置示意

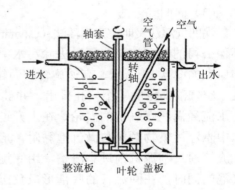

图 4-15 叶轮气浮装置示意

2. 剪切气泡气浮法

（1）叶轮气浮法

将空气引入一个高速旋转的叶轮附近，通过叶轮的高速剪切运动，将空气吸入并切割粉碎成细小气泡（直径 1 mm 左右）进行气浮，其装置见图 4-15。

叶轮气浮法的特点是设备不易堵塞，操作管理比较简单，适用于处理水量不大，而悬浮物含量高的污水，如洗煤污水、含油脂或羊毛的污水，去除效率可达 80%左右。

（2）射流气浮法

射流气浮法是通过射流器向污水中充入空气，进行气浮的方法。射流器构造见图4-16。高压水经喷嘴射出时在吸入室产生负压，使空气从吸气管吸入并与水混合。气水混合物在通过喉管时将水中的气泡剪切、粉碎成微气泡，并在进入扩散管段后，其动能转化为势能，进一步压缩气泡，增大空气在水中的溶解度，最后进入气浮池完成气浮过程。该方法设备简单，但受设备工作特性的限制，吸气量不大，一般不超过进水量的10%。

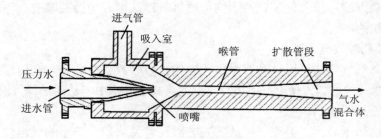

图 4-16　射流器构造示意

（3）涡凹气浮法

涡凹气浮法又叫空穴气浮法（Cavitation Air Floatation，CAF），是美国Hydrocal环保公司的专利产品，用以去除污水中的油脂、胶状物以及固体悬浮物。其工作原理如图4-17所示，高速旋转的涡轮使涡轮轴心产生负压，从进气孔吸入空气，空气沿涡轮的4个气孔排出，并被涡轮叶片打碎，从而形成大量微小气泡；污水流经涡凹曝气机的涡轮，在上升过程中与曝气机产生的微气泡充分混合；水中悬浮污染物颗粒与微气泡黏附，形成密度小于水的气浮体上浮到水面成为浮渣，通过刮泥机刮进集渣槽，用螺旋输送器排出系统。涡凹曝气机在产生微气泡的同时，在回流管的底部形成负压区，使污水从池底部回流管回流到接触区，然后又返回分离区，这种循环作用大大减少了固体沉淀的可能性，同时确保了在没有进水流量的情况下，气浮仍可继续进行。在整个气浮过程中，污水和循环水不需要通过任何强制的孔或喷嘴，因此不会产生堵塞，循环不需要泵等设备。

涡凹气浮是一种性能优良的新型机械碎气气浮技术，具有投资小、效率高、占地少、操作简单，运行费用低、安装方便、无噪声、应用范围广等突出优点。因此，被广泛用于造纸污水、含油污水、制革污水、洗衣污水、食品工业污水、印染污水和市政污水等处理工程。

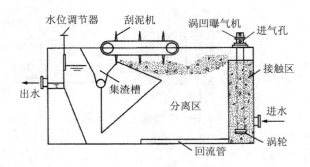

图 4-17　涡凹气浮系统示意

（三）溶气气浮法

溶气气浮法是使空气在一定压力下溶于污水并达到饱和，然后骤然降低压力，这时溶解的空气便以微小气泡形式从水中析出以进行气浮的方法。根据气泡从水中析出时所处压力的不同，溶气气浮可分为溶气真空气浮和加压溶气气浮两种类型。

1．溶气真空气浮

溶气真空气浮是空气在常压或加压条件下溶入水中，在负压条件下析出并进行气浮的方法。该方法动力消耗少，气泡形成和气泡与絮粒的黏附较稳定，但溶气量有限，且处理设备需密封，运行维护困难，因此实际应用不多。

2．加压溶气气浮

加压溶气气浮是空气在加压条件下溶于水中，然后将压力骤减至常压而使过饱和的空气以微细气泡的形式释放出来并进行气浮的方法。它具有空气溶解度大，产生的气泡粒径小（20～100 μm）且均匀、上浮稳定、对液体扰动微小，流程和设备都比较简单，维护管理方便，气浮效果好等优点。因此，加压溶气气浮法在国内外使用最广泛。

根据加压溶气水来源，加压溶气气浮有全部溶气、部分溶气和回流溶气气浮3种基本流程，3种流程都由加压泵、溶气罐、释放器和气浮池等基本设备组成。

（1）全部溶气气浮流程

如图 4-18 所示，全部溶气气浮流程将全部入流污水进行加压溶气，再经减压释放装置进入气浮池进行固液分离。其特点是：溶气量大，增加了悬浮颗粒与气泡的接触机会；因不另加溶气水，所以气浮池容积小，基建投资少；动力消耗较大，设备投资较大；含油污水乳化程度加剧，影响处理效果。

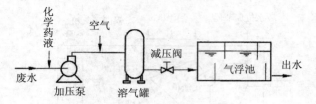

图 4-18　全部溶气气浮流程

（2）部分溶气气浮流程

如图 4-19 所示，部分溶气气浮流程将部分入流污水进行加压溶气，其余污水直接送入气浮池。其特点是：压力泵和溶气罐容积比全溶气流程小，故动力消耗低，设备投资小；压力泵所造成的乳化油量较全部溶气法低；气浮池大小与全部溶气法相同，但比回流溶气法小；部分污水加压溶气所能提供的空气量较少，若想提供同样的空气量，必须加大溶气罐压力。

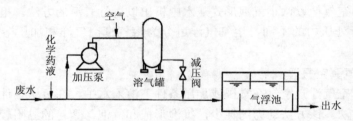

图 4-19　部分溶气气浮流程

此外，上述两种流程都存在溶气罐和溶气释放器容易堵塞的问题。

（3）回流溶气气浮流程

如图 4-20 所示，回流溶气气浮流程将部分气浮池出水回流进行加压溶气，污水直接送入气浮池，为目前最常见的气浮处理流程。其特点是：加压水量少，动力消耗小；气浮过程中不会促进乳化；溶气罐和溶气释放器不易堵塞；气浮池的容积较前两种流程大。

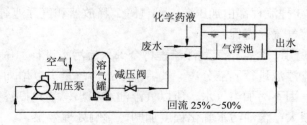

图 4-20　回流溶气气浮流程

三、加压溶气气浮系统组成及设计

(一)系统组成

加压溶气气浮系统由压力溶气系统、溶气释放系统和气浮池3个主要部分组成。

1. 压力溶气系统

该系统包括加压水泵、压力溶气罐、空气供给设备（空压机或射流器）及其他附属设备。压力溶气罐是影响溶气效果的关键设备，其作用是使水与空气充分接触，促进空气的溶解。常用溶气罐有多种，其中以罐内填充填料的溶气罐效率最高，故一般采用该种溶气罐。填料溶气罐的效率受填料特性、填料层高度、罐内液位高、布水方式和温度等因素的影响。

2. 溶气释放系统

该系统由溶气释放装置和溶气水管路组成。溶气释放装置的功能是将压力溶气水减压后，迅速使溶气水中的气体以微气泡（要求直径为 20～100 μm）的形式释放出来。常用的溶气释放装置有减压阀和专用释放器两类。

减压阀可利用现成的截止阀，其缺点是：多个阀门相互间的开启度不一致，其最佳开启度难以调节控制，因而每个阀门的出流量各异，且释放出的气泡大小不一致；阀门安装在气浮池外，减压后经过一段管道才送入气浮池，若此段管道较长，则气泡合并现象严重，从而影响气浮效果；在压力溶气水昼夜冲击下，阀芯与阀杆螺栓易松动，使运行不稳定。

专用释放器是根据溶气释放规律制造的，是一类高效的释放装置，例如：英国的 WRC 喷嘴、针形阀等，国内的 TS 型、TJ 型和 TV 型释放器等。

3. 气浮池

气浮池是气浮过程的主要设备，其功能是提供一定的容积和池表面积，使微气泡与水中悬浮颗粒充分混合、接触、黏附，并使带气颗粒与水分离。为了防止进水对池中气浮体的上浮产生干扰，气浮池设有两个功能区，即接触室（区）和分离室（区），其基本形式有平流式和竖流式两种，分别类似于平流式沉淀池和竖流式沉淀池，以平流式最常用。此外，还有类似斜板隔油池的斜板气浮池，在基本形式上发展起来的各种组合式一体化气浮池。

图 4-21 所示为反应池与气浮池合建的平流式气浮池。污水先进入反应室与混凝剂等完全混合后，经挡板底部进入气浮接触室以延长絮体与气泡的接触时间，然后由接触室上部进入分离室进行固—液分离后，从池底集水槽排出，池面浮渣由刮渣机刮入集渣槽后排出。其优点是池身浅、造价低、构造简单、管理方便，

缺点是与后续处理构筑物在高程上配合较困难，分离区容积利用率不高。

竖流式气浮池如图 4-22 所示，其优点是接触室在池中央，水流向四周扩散，水力条件比平流式好，便于与后续构筑物配合；缺点是与反应池较难衔接，容积利用率低。

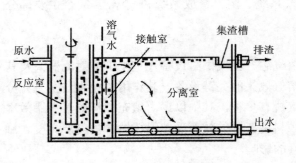

图 4-21　平流式气浮池

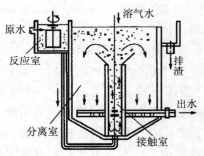

图 4-22　竖流式气浮池

（二）供气方式

加压溶气气浮有 3 种供气方式，即空压机供气、射流进气和泵前插管进气。

空压机供气是目前常用的一种供气方法。该方式溶解的空气由空压机供给，可以与压力水分别进入溶气罐。其优点是气量、气压稳定，并有较大的调节余地；缺点是噪声大，投资较大，操作比较复杂。

射流进气（原理参考图 4-16）是利用在加压水泵压水管上安装的射流器抽吸空气，供给溶气罐。该供气方式设备简单，操作维修方便，气水混合溶解充分，但射流器本身能量损失大，一般约 30%，当所需溶气水压力为 0.3 MPa 时，则水泵出口处压力约为 0.5 MPa。为了克服能耗高的缺点，开发出内循环式射流加压溶气方式，它采用了空气内循环和水流内循环，将能耗降低到了空压机供气方式的能耗水平。

泵前插管进气是利用水泵叶轮旋转时在吸水管内形成的负压作用，在吸水管上设置一个膨胀的插管管头（图 4-23），在管头轴线上沿水流方向插入 1~3 支 90° 的进气管，将空气从进气管吸入，并在水泵叶轮高速搅动下形成气水混合体后送入溶气罐。其特点是简便易行、能耗低，但气水比受限制，一般为 5%~8%，最高不能超过 10%，而且水泵易发生气蚀。

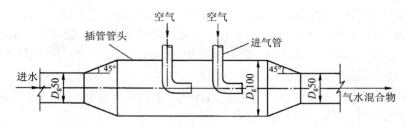

图 4-23 泵前插管进气管头结构

以上 3 种供气方式的选择应视具体情况而定，一般在采用填料溶气罐时，以空压机供气为好；当受水质限制而采用空罐时，宜采用射流进气；当有高性能的溶气释放器能保证较高的溶气利用率，且处理水量较小时，则以泵前插管进气较为简便、经济。

（三）设计计算

压力溶气气浮系统的设计计算内容主要包括气浮所需空气量、加压溶气水量、溶气罐尺寸和气浮池主要尺寸等。

1. 溶气量和溶气水量的估算

在加压溶气系统设计中，常用的基本参数是气固比（G/S），即空气析出总量 G 与原水中悬浮固体总量 S 的比值，可用下式表示：

$$\frac{G}{S} = \frac{qC_s(fp-1)\times 10^3}{QS_0} \qquad (4\text{-}17)$$

式中：Q —— 入流污水流量，m³/h；

q —— 加压溶气水量，m³/h，如全部进水加压，则 $q=Q$；

C_s —— 一个大气压下空气在水中的溶解度，mL/L，其值与温度有关，见表 4-2；

f —— 溶气水中的空气饱和系数，与溶气罐结构、溶气压力和时间有关，一般为 0.5~0.8；

p —— 溶气罐中的绝对压力，kPa；

S_0 —— 入流污水的 SS 浓度，mg/L。

表 4-2 空气在水中的溶解度和溶解度系数

温度/℃	0	10	20	30	40
C_s/（mL/L）	29.2	22.8	18.7	15.7	14.2
K_T/[L/（kPa·m³）]	0.038	0.029	0.024	0.021	0.018

气固比的选用涉及原水水质、出水要求、设备、动力等因素，对于所处理的污水最好通过气浮试验来确定气固比。当无试验资料时，一般可按 0.005~0.06 选取，原水悬浮物含量低时取下限，如选用 0.005~0.006，高时则取上限，如气浮用于剩余污泥浓缩时一般用 0.03~0.04。

当确定了 G/S 和溶气压力 p 后，可由式（4-17）计算溶气水量 q，并按下式计算所需要的空气量 Q_g（L/h）：

$$Q_g = \frac{qK_Tp}{\eta} \tag{4-18}$$

式中：K_T —— 空气在水中的溶解度系数，L/（kPa·m³），见表 4-2；

η —— 溶气效率，%，为实际释气量与理论溶气量的百分比。

2. 溶气罐

溶气罐直径 D（m）可按下式计算：

$$D = \sqrt{\frac{4q}{\pi I}} \tag{4-19}$$

式中 I 为溶气罐的水力负荷，对填料罐一般取 100~200 m³/（m²·h）。

溶气罐高度 Z（m）的计算为：

$$Z = 2Z_1 + Z_2 + Z_3 + Z_4 \tag{4-20}$$

式中：Z_1 —— 罐顶、底封头高度（根据罐直径而定），m；

Z_2 —— 布水区高度，一般取 0.2~0.3 m；

Z_3 —— 贮水区高度，一般取 1.0 m；

Z_4 —— 填料层高度，m，当采用阶梯环填料时，可取 1.0~1.3 m。

3. 气浮池

接触室表面积 A_c（m²）按下式计算：

$$A_c = \frac{Q+q}{v_c} \tag{4-21}$$

式中：q —— 回流加压溶气水量（m³/h），非回流加压溶气时 $q=0$；

v_c —— 接触室内水流上升平均流速（mm/s），一般取 10~20 mm/s。接触室的容积一般应按停留时间大于 60 s 进行复核。

分离室表面积 A_s（m²）按下式计算：

$$A_s = \frac{Q+q}{v_s} \tag{4-22}$$

式中：v_s —— 分离室内水流向下平均流速（mm/s），一般取 1.5~2 mm/s。

对矩形池子分离室，长宽比一般取（1~2）:1。

气浮池净容积 V（m^3）按下式计算：

$$V = (A_c + A_s)h_2 \tag{4-23}$$

式中：h_2 —— 有效水深（m），其值可以按公式 $h_2 = v_s \cdot t$ 计算得到，t 为水力停留时间（s），一般为 15～30 min；也可直接取值为 2.0～3.0 m，以水力停留时间 t 进行校核。

气浮池总高度 H（m）按下式计算：

$$H = h_1 + h_2 + h_3 \tag{4-24}$$

式中：h_1 —— 保护高度（m），取 0.4～0.5 m；
　　　h_3 —— 池底安装集水管所需高度（m），一般取 0.4 m。

第四节　膜分离法

以选择透过性膜为分离介质，当膜两侧存在某种推动力（如压力差、浓度差、电位差、温度差等）时，原料侧组分选择性地透过膜而达到分离、浓缩或提纯目的的一类方法，统称为膜分离法。其中，溶质组分透过膜的过程称为渗析；溶剂组分透过膜的过程称为渗透。膜可以是固态、液态或气态的，目前大多使用固膜。

膜分离法是 20 世纪 60 年代后迅速崛起的一种新型高效分离技术，现已发展成为一种重要的分离方法，在水和污水处理、化工、轻工、医药等领域得到了广泛的应用。与传统分离技术（如蒸馏、吸附、吸收、萃取等）相比，膜分离法具有以下特点：

（1）效率高。传统分离技术的分离极限是微米，而膜分离技术可达纳米，甚至更小。

（2）能耗低。膜分离过程不发生相变，一般不需要加热。

（3）不消耗化学药剂，不产生二次污染。

（4）适用范围广。膜分离技术不仅适用于有机物、无机物、病毒和细菌的分离，而且还特别适用于一些特殊溶液体系的分离，如溶液中大分子与无机盐的分离，一些共沸物或近沸点物系的分离，热敏性物料（如果汁、酶、药物）的分离、分级和浓缩等。

（5）流程简单，设备紧凑，占地面积小。

（6）装置简单，操作维护方便，易于实现自动化控制，可以频繁启动或停止。

膜分离法的种类很多，如反渗透、纳滤、超滤、微滤、扩散渗析、电渗析、气体分离、渗透蒸发、控制释放、液膜、膜蒸馏、膜反应器等。本节主要介绍污水处理中常用的 4 种膜分离法，即电渗析、扩散渗析、反渗透和超滤。

一、电渗析

（一）基本原理

电渗析（Electrodialysis，ED）是在直流电场的作用下，以电位差为推动力，利用阴、阳离子交换膜对溶液中阴、阳离子的选择透过性（即阳膜只允许阳离子通过，阴膜只允许阴离子通过），把电解质从溶液中分离出来的一种膜分离方法。

电渗析器的工作原理如图 4-24 所示，在阴极和阳极之间交替地平行排列着一系列阴离子交换膜 A 和阳离子交换膜 C，形成许多由膜隔开的小室，当原水进入这些小室时，在直流电场的作用下，溶液中的离子做定向迁移，阳离子向阴极迁移，阴离子向阳极迁移，但由于离子交换膜的选择透过性，结果使一些小室离子浓度降低而成为淡水室，与淡水室相邻的小室则因富集了大量的离子而成为浓水室，从淡水室和浓水室分别得到淡水和浓水，原水中的离子得到了分离和浓缩，从而使水得到净化。

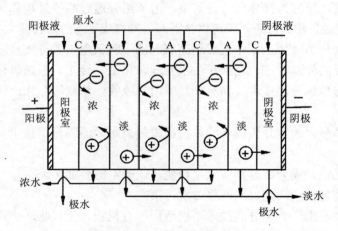

图 4-24 电渗析脱盐原理示意

（二）离子交换膜及其选择透过机理

1．离子交换膜的分类

离子交换膜是电渗析器的关键部分，是由高分子材料制成的薄膜，其组成与离子交换树脂相似，含有活性基团和能使离子透过的细孔。按膜中活性基团的不同，离子交换膜可分为阳离子交换膜（简称阳膜）、阴离子交换膜（简称阴膜）和复合膜 3 种。

阳膜是指在水中能离解出阳离子的离子交换膜，能选择性地透过阳离子，而不让阴离子透过，其膜结构中含有酸性活性基团。根据酸性基团离解能力的强弱，阳膜可分为：强酸性阳膜，如磺酸型（—SO_3H）；中强酸性阳膜，如膦酸型（—OPO_3H_2）、磷酸型（—PO_3H_2）；弱酸性阳膜，如羧酸型（—COOH）、苯酚型（—C_6H_4OH）。

阴膜是指能离解出阴离子的离子交换膜，能选择性透过阴离子，而不让阳离子透过，其膜结构中含碱性活性基团。根据碱性基团离解能力的强弱，阴膜可分为：强碱性阴膜，如季铵型[—$N(CH_3)_3OH$]；弱碱性阴膜，如叔胺型（—$NH(CH_3)_2OH$）、仲胺型（—NH_2CH_3OH）、伯胺型（—NH_3OH）。

复合膜也称为双极膜，由一张阳膜和一张阴膜复合而成，两层膜之间可隔一层网布（如尼龙布等），也可直接粘贴在一起。工作时，阳膜朝向阴极，阴膜面朝向阳极，由于膜外离子无法进入膜内，致使膜间的水分子被电离，H^+离子透过阳膜，趋向阴极；OH^-离子透过阴膜，趋向阳极，以此完成传输电流的任务。

2. 离子交换膜的性能要求

离子交换膜是电渗析技术的核心，在选择使用时有如下要求：① 选择透过性高，在 95%以上；② 导电性好，其导电能力应大于溶液的导电能力；③ 交换容量大；④ 溶胀率和含水率适量；⑤ 化学稳定性好；⑥ 机械强度大。

3. 离子交换膜的选择透过机理

离子交换膜之所以具有选择透过性，主要是由于膜上孔隙和膜上活性基团的作用。

膜上孔隙存在于膜的高分子链之间，用以容纳离子的进出和通过。从膜正面看，是直径为几十到几百埃（Å）的微孔；从膜侧面看，是一根根曲曲弯弯的通道。由于通道是迂回曲折的，所以其长度要比膜的厚度大得多，水中离子在这些通道中做电迁移运动，由膜的一侧进入另一侧。

膜上活性基团连接在膜的高分子链上，在水溶液中，活性基团会发生离解，离解所产生的离子（或称反离子，如阳膜上解离出来的H^+）进入溶液。于是，在膜上留下了带有一定电荷的固定基团。阳膜上留下的是带负电荷的固定基团，构成了强烈的负电场，在外加直流电场的作用下，根据异性相吸的原理，溶液中带正电荷的阳离子就可被它吸引、传递而通过微孔进入膜的另一侧，而带负电荷的阴离子则受到排斥。相反，阴膜微孔中留下的是带正电荷的固定基团，溶液中带负电荷的阴离子可以被它吸引传递透过，而阳离子则受到排斥（图 4-25）。这就是离子交换膜具有选择透过性的主要原因。

由上述可知,离子交换膜的作用并不是起离子交换的作用,而是起离子选择透过的作用,所以更确切地说,应称之为"离子选择性透过膜"。

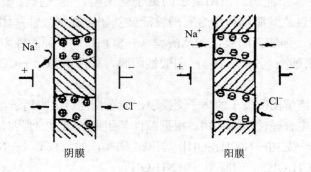

图 4-25 离子交换膜功能示意

(三)电渗析器

1. 构造

电渗析器由膜堆、极区和夹紧装置 3 部分组成。膜堆位于电渗析器的中部,其结构单元包括阳膜、隔板、阴膜,一个结构单元也叫一个膜对,若干膜对组成膜堆,隔板上开有配水孔、布水槽、流水道、集水槽和集水孔,隔板的作用是使两层膜间形成水室,构成流水通道,并起配水和集水的作用;极区位于膜堆两侧,包括电极、极水框和保护室,其作用是供给电渗析器直流电,将原水导入膜堆的配水孔,将淡水和浓水排出电渗析器,并通入和排出极水;夹紧装置由盖板和螺杆组成,其作用是将极区和膜堆组成不漏水的电渗析器整体,可采用压板和螺栓拉紧,也可采用液压压紧。

2. 组装

电渗析器的组装方式有多种,其基本方式见图 4-26。常用术语"级"和"段"来区别各种组装形式,所谓"级"是指电渗器中电极对的数目,一对正、负电极之间的膜堆称为一级;"段"是指水流方向,具有同一水流方向的并联膜堆称为一段,每改变一次水流方向即增加一段。所谓"一级一段",是指在一对电极之间装置一个水流同向的膜堆,"二级一段"是指在两对电极之间装置两个膜堆,前一级水流和后一级水流并联,依此类推。级与段数增多,总流程加长,可取得较高的脱盐率。

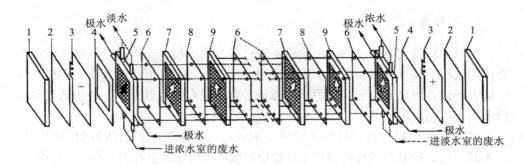

图 4-26 电渗器的基本组装方式

1. 压紧板；2. 垫板；3. 电极；4. 垫圈；5. 极框；6. 阳膜；7. 淡水隔板框；8. 阴膜；9. 浓水隔板框

（四）电渗析在污水处理中的应用

电渗析最先用于海水淡化制取饮用水和工业用水，海水浓缩制取食盐，以及与其他单元技术组合制取高纯水。在污水处理中，根据工艺特点，电渗析操作有两种类型：一种是由阳膜和阴膜交替排列而成的普通电渗析工艺，主要用来从污水中分离污染物离子，或者把污水中的污染物离子和非电解质污染物分离开来，再用其他方法处理；另一种是由复合膜与阳膜构成的特殊电渗析工艺，利用复合膜中的极化反应和极室中的电极反应以产生 H^+ 和 OH^- 离子，从污水中制取酸和碱。目前，电渗析已应用于：

（1）造纸工业污水处理，利用电渗析法处理造纸工业的亚硫酸纸浆废液和洗浆污水及碱法造纸黑液，从中回收化学药品。

（2）从芒硝废液中制取硫酸和氢氧化钠。

（3）从酸洗废液中制取硫酸和沉淀重金属离子。

（4）电镀污水和废液处理，含 Cd^{2+}、Cu^{2+}、Ni^{2+}、Zn^{2+}、Cr^{6+} 等重金属离子和氰化物的电镀污水都适宜用电渗析法处理。

（5）从放射性污水中分离放射性元素，然后将其浓缩液掩埋。

二、扩散渗析

扩散渗析（Diffusion Dialysis，DD）是最早被发现和研究的膜分离过程，因早期使用的半透膜（如动物膀胱、羊皮纸等）为惰性膜，分离效率差，应用范围受限制，但自从离子交换膜产生后，扩散渗析便步入了工业实用阶段，其应用范围也从高分子物质的提纯扩展到电解质的分离。

(一) 原理

扩散渗析是使高浓度溶液中的溶质透过半透膜或离子交换膜向低浓度溶液中迁移的过程,其推动力为膜两侧的浓度差。前者与超滤相似,后者除无电极外与电渗析相似。因此,离子交换膜扩散渗析器除了没有电极以外,其他构造与电渗析器基本相同。

以多室渗析器回收钢材酸洗废液中的硫酸为例来说明扩散渗析的原理。如图 4-27 所示,回收酸的渗析器中全部使用阴膜,由膜分隔出若干个小室,其中 1、3、5、7 为原液室,2、4、6 为回收室。向原液室自下而上引入原液(主要成分为 H_2SO_4 和 $FeSO_4$),向回收室自上而下引入水,由于原液室中 Fe^{2+}、H^+、SO_4^{2-} 离子的浓度较高,三者都有向两侧回收室水中扩散的趋势,但阴膜只允许 SO_4^{2-} 通过,而 Fe^{2+}、H^+ 则被阻挡在原液室;又由于回收室中 OH^- 离子浓度比原液室的高,因此 OH^- 从回收室通过阴膜进入原液室,与 H^+ 离子结合成水,OH^- 渗析的当量数与 SO_4^{2-} 渗析的当量数相等,以保持溶液的电中性。随着过程的进行,原液室的 H_2SO_4 逐渐减少,$FeSO_4$ 被留在残液中,而回收室的 H_2SO_4 浓度逐渐增大,当达到渗析平衡时过程停止。从回收室下端排出的为回收的硫酸,而从原液室上端排出的为残液,主要成分为 $FeSO_4$,从而达到酸盐分离回收酸的目的。

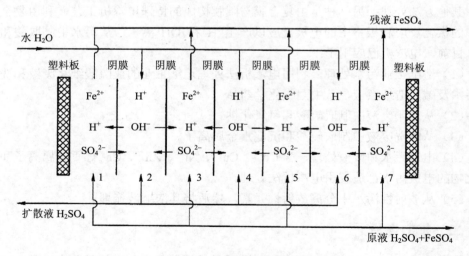

图 4-27 扩散渗析原理示意

(二) 特点及应用

扩散渗析法的优点是能耗低、设备简单、操作方便;缺点是渗析速度慢、分离效率低。目前该方法在污水处理中主要用于从废酸液或废碱液中回收酸或碱。

三、反渗透

(一) 原理

如图 4-28 所示,用一张半透膜将纯水和某种盐溶液隔开,由于该膜只让溶剂通过,而不让溶质通过,纯水侧的水分子就会自动地透过半透膜进入到盐水侧去,这种现象称为渗透[图 4-28(a)]。随着渗透过程的进行,纯水一侧的液面不断下降,盐水一侧的液面则不断上升,当液面不再变化时,渗透便达到了平衡状态,即渗透平衡[图 4-28(b)]。此时,两侧液面的高度差称为该种溶液的渗透压 π,其值取决于一定溶液中溶质的分子数,与溶质的性质无关。若在盐水侧的液面上施加一个大于 π 的压力 p,水将与原来的渗透方向相反,开始从盐水侧透过半透膜流向纯水侧,这种现象就称为反渗透(Reverse Osmosis,RO)[图 4-28(c)]。由此可见,实现反渗透过程必须具备两个条件:一是有一种高选择性和高渗透性(一般指透水性)的半透膜;二是操作压力高于溶液的渗透压。

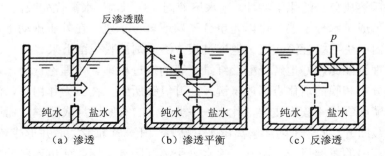

图 4-28 反渗透原理示意

(二) 反渗透膜及其透过机理

反渗透膜是一类非荷电的亲水性膜,种类很多。按成膜材料分为无机和有机两类,目前应用和研究较多的是有机膜中的醋酸纤维素膜(简称 CA 膜)和芳香族聚酰胺膜;按膜形状分为板状、管状、中空纤维状膜;按使用范围分为高压、低压和超低压反渗透膜。表 4-3 是几种具有代表性的反渗透膜的透水和脱盐性能。

表 4-3　几种反渗透膜的透水和脱盐性能

品种	测试条件	透水量/[m³/（m²·d）]	脱盐率/%
$CA_{2.5}$ 膜	1%NaCl，5.07 MPa	0.80	99.0
CA_3 复合膜	海水，10.13 MPa	1.00	99.8
CA_3 中空纤维膜	海水，6.08 MPa	0.40	99.8
CA 混合膜	1%NaCl，10.13 MPa	0.44	99.7
芳香族聚酰胺膜	1%NaCl，10.13 MPa	0.64	99.5

反渗透膜的透过机理至今尚无定论，目前主要有溶解-扩散机理、优先吸附-毛细管流理论和氢键理论等。

溶解-扩散机理，假定膜是无缺陷的"完整的膜"，溶剂与溶质透膜的机理是由于溶剂与溶质在膜中的溶解，然后在化学位差推动下，从膜的一侧向另一侧扩散，直至透过膜。溶质和溶剂在膜中的扩散服从 Fick 定律。物质的渗透能力取决于扩散系数和其在膜中的溶解度。

优先吸附-毛细管流机理认为膜是一种微细多孔结构的物质，具有选择吸附水分子而排斥溶质分子的化学特性。当水溶液同膜接触时，水被优先吸附在膜表面，在界面上形成一水分子层，可以是单分子层或多分子层。在外压推动下，界面水层在膜孔内产生毛细管流，连续地透过膜，溶质则被膜截留下来。

氢键理论能比较好地解释醋酸纤维素膜的透过机理。该理论认为，水透过膜是由于水分子和膜的活化点形成氢键及断开氢键所致，在压力作用下，溶液中的水分子和醋酸纤维素膜表皮层活化点——羰基上的氧原子形成氢键，而原活化点上的氢键被断开，水分子随之解离出来并转移到下一个活化点，并形成新的氢键，通过这一连串的氢键形成与断开，使水分子离开膜表皮层，而进入膜的多孔层，由于多孔层含有大量毛细管水，水分子能畅通流出膜外。

（三）反渗透装置

反渗透装置主要有板框式、管式、螺旋卷式和中空纤维式 4 种，其中卷式和中空纤维式占据了绝大部分市场份额。

板框式反渗透装置使用平板膜，其结构与常用的板框压滤机类似，将多孔导流板、平板膜、承压板交替重叠，再用长螺栓固定后装入密封耐压容器内而成，见图 4-29。

管式反渗透装置使用管状膜，把膜装在微孔承压管内侧或外侧，制成内压管式膜元件或外压管式膜元件，再将一定数量的管式膜元件以一定方式连成一体即为管式反渗透装置，见图 4-30。

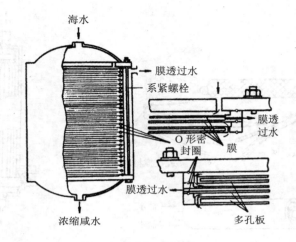

图 4-29 板框式反渗透装置

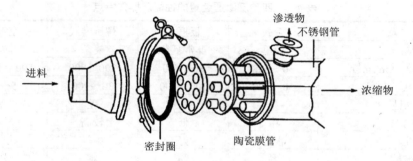

图 4-30 管式反渗透装置

　　螺旋卷式反渗透装置也使用平板膜，在两层膜中间夹一层多孔柔性格网，并将其三边密封，再在下面铺一层供污水通过的多孔透水格网，然后将开放边粘贴在多孔集水管上，绕管卷成螺旋卷筒即成一个卷式膜组件。再把几个组件串联起来，装入圆筒形耐压容器中，即为螺旋卷式反渗透装置，见图 4-31。

　　中空纤维式是将数十万乃至上百万根经制膜液空心纺丝而成的中空纤维膜管（外径 50～100 μm，内径 25～42 μm）捆成膜束，一端封死，另一端固定在管板上，再装入圆筒型耐压容器内而制成，见图 4-32。

　　以上四种反渗透装置的性能及操作特点见表 4-4。

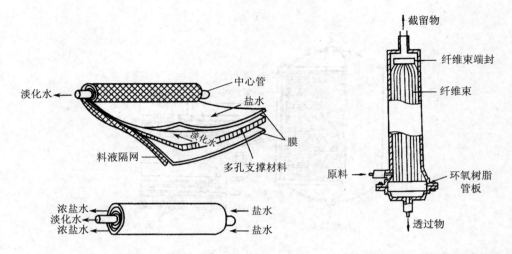

图 4-31 螺旋卷式反渗透装置　　图 4-32 中空纤维式反渗透装置

表 4-4　四种反渗透装置的性能及操作特点

项目	管式	板框式	螺旋卷式	中空纤维式
组件结构	简单	非常复杂	复杂	简单
装填密度/(m^2/m^3)	30~328	30~500	200~800	500~30 000
造价/(美元/m^2)	50~200	100~300	30~100	5~20
水流紊动性	好	中等	差	差
膜更换成本	中	低	较高	较高
抗污染性	很好	好	中等	很差
膜清洗难易	易	易	难	较易
对水质要求	低	较低	较高	高
原水预处理成本	低	低	高	高
工程放大	易	难	中等	中等

（四）反渗透在污水处理中的应用

随着反渗透膜材料的发展和高效膜组件的出现，反渗透除了用于海水和苦咸水的脱盐、锅炉给水和纯水的制备、有用物质的分离和浓缩等方面，在污水处理领域也显示出越来越重要的作用。目前，反渗透已被用于处理各种电镀污水、造纸污水、制药工业污水、食品工业污水、照相洗印污水、填埋场垃圾渗滤液、放射性污水、印染污水、酸性尾矿污水及城市污水的深度处理等，以下是两个应用实例。

1．电镀污水处理

采用反渗透处理电镀漂洗污水能实现闭路循环。经过预处理的逆流漂洗废液经反渗透器处理后，浓缩液返回电镀槽重新使用，透过液则补充至最后的漂洗槽使用，通常可以达到 20 倍的浓缩效果和回用 95% 的水。用于反渗透膜的设备成本，可以在 1~3 年内全部收回。

2．照相工业污水处理

照相洗印厂、电影制片厂排出的污水中含有许多有用物质，可通过反渗透法加以回收。如含硫代硫酸钠约 5 g/L 的底片冲洗液，经反渗透处理，透过液中仅含 24 mg/L，浓缩液中达 33.2 g/L，可以回用。采用 CA 膜，操作压力为 2.8 MPa，水回收率为 90%，总盐去除率为 94%。

四、超滤

（一）基本原理

超滤又称超过滤，用于截留污水中的大分子物质和微粒（分子量>500），其截留机理为：① 在膜表面及微孔内被吸附（一次吸附）；② 溶质在膜孔中停留而被去除（阻塞）；③ 表面膜孔的机械截留（物理筛分）。一般认为物理筛分起主导作用，因此，膜孔的大小和形状对分离过程起主要作用，而膜的化学性能对膜的分离特性影响不大，可用多孔膜模型表示超滤的传质过程。

超滤器的工作原理如图 4-33 所示。在一定压力作用下，当含有高分子溶质（A）和低分子溶质（B）的混合溶液流过膜表面时，溶剂和小于膜孔的低分子溶质（B）（如无机盐）透过膜，成为渗透液被收集；大于膜孔的高分子溶质（A）（有机胶体）则被膜截留而作为浓缩液被回收。

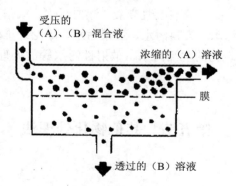

图 4-33　超滤器工作原理示意

（二）超滤膜及膜组件

超滤膜大多是由有机聚合物经相转化法制得的，所用有机材质有磺化聚砜、聚砜、聚偏氟乙烯、纤维素类、聚苯烯腈、聚醚砜、聚酰胺等，最常用的是醋酸纤维素膜和聚砜膜。超滤膜的基本性能指标是渗透通量和截留率，可通过实验测定获得。此外，要求膜的耐压性、耐清洗性和耐温性等均较好。

超滤膜组件和反渗透膜组件一样，可分为板式、管式、螺旋卷式和中空纤维式4种，并且通常由生产厂家将这些组件装成配套设备供应市场。

（三）基本工艺流程

超滤的基本工艺流程有三种：重过滤操作、间歇操作和连续操作流程。

重过滤常用于小分子和大分子的分离，当料液中含不同大小分子溶质的混合物时，如果不断加入纯溶剂（水）以补充滤出液的体积，这样低分子组分就逐渐被清洗出去，从而实现大小分子的分离。

间歇操作常用于小规模生产，从保证膜透过通量来看，这种方式效率最高，因为膜始终可保证在最佳浓度范围内进行操作。在低浓度时，可得到很高的膜透过通量。

连续操作常用于大规模生产。由于需要分离物料的生产量常比控制浓差极化所需的最小流量还小，因此运行时采用部分循环方式，而且循环量常比料液量大得多。

（四）在污水处理中的应用

超滤在污水处理中可用于电泳涂漆污水（可回收电泳漆和节省去离子水）、含油污水（如油田含油污水、金属加工用乳化废液、含油清洗污水等）、摄影显影液污水、造纸工业污水（如亚硫酸纸浆废液、漂白污水、纸张上色污水等）、纺织工业污水（如羊毛清洗污水、染料污水、退浆污水、涤纶纤维油剂污水等）、光学玻璃研磨排水、高层建筑物的生活污水、放射性污水等的处理以及从食品工业污水中回收蛋白质、淀粉等。

第五节　其他物化处理法

一、萃取法

萃取法是向污水中加入一种与水互不混溶，但能良好溶解要去除污染物（目标物）的有机溶剂，使目标物转入有机溶剂中，然后分离污水和有机溶剂，从而使污水得到净化并回收有用物料的方法。其中，萃取所加入的有机溶剂称萃取剂，被萃取出来的目标物称为萃取物，萃取后的有机溶剂称萃取相，萃取后的液相称为萃余相。

（一）萃取原理

1. 萃取平衡

萃取是基于溶质在两种不互溶的溶剂（通常其一是水）中具有不同的分配能力，使溶质从一种溶剂转移到另一种溶剂中，从而实现分离。因此，萃取过程是物质由一液相转到另一液相的传质过程，其极限是相际平衡。相平衡关系是萃取过程的基础，决定过程的传质方向、推动力和极限，常用以下几个以萃取平衡为基础的表征参数。

（1）分配系数与分配比

在一定温度下，当三元混合液的两个液相（水相和有机相）达到平衡时，溶质 A 在有机相（萃取相）和水相（萃余相）中的浓度之比称为分配系数，以 k_A 表示，即

$$k_A = \frac{溶质A在萃取相中的浓度}{溶质A在萃余相中的浓度} = \frac{[A]_{(o)}}{[A]_{(a)}} \tag{4-25}$$

式中$[A]_{(o)}$、$[A]_{(a)}$分别为溶质 A 在萃取相和萃余相中的浓度。显然，k_A 值越大，萃取分离的效果越好。不同物系有不同的 k_A 值，同一物系的 k_A 值随温度与溶质 A 的组成而异。只有在温度一定，溶液中 A 浓度低，且 A 在两相中存在状态相同的情况下，k_A 值才可视为常数。

在实际萃取过程中，溶质 A 在两相中可能以 A_1、A_2、$\cdots$、A_n 多种形式存在，它们在萃取相和萃余相中的浓度分别为$[A_1]_{(o)}$、$[A_2]_{(o)}$、$\cdots$、$[A_n]_{(o)}$和$[A_1]_{(a)}$、$[A_2]_{(a)}$$\cdots$、$[A_n]_{(a)}$，萃取相和萃余相中不同形式 A 的浓度之和（总浓度）之比称为分配比，以 D 表示，即

$$D = \frac{[A_1]_{(o)} + [A_2]_{(o)} + \cdots + [A_n]_{(o)}}{[A_1]_{(a)} + [A_2]_{(a)} + \cdots + [A_n]_{(a)}} = \frac{[A]_{总(o)}}{[A]_{总(a)}} \tag{4-26}$$

分配比 D 表征了溶质在两相中的实际平衡分配关系，显然，D 越大，表示 A 在萃取相中的浓度越大，即 A 越容易被萃取。因此，D 是衡量萃取过程分离好坏的一个重要参数，可依据 D 的大小来选取萃取剂。

(2) 分离系数

主要反映两种物质 A 和 B 的分离程度。对于一定的萃取体系,若对物质 A 和 B 的分配比分别为 D_A 和 D_B,则分离系数 β 可用下式表示:

$$\beta = D_A/D_B \tag{4-27}$$

显然,β 越大,分离效果越好。β 是采用萃取法进行物质分离提纯的一个重要参数。

(3) 萃取率

萃取率是萃取效率的简称,能直观地反映溶质 A 被萃取的程度,定义为溶质 A 在萃取相中总量与在两相中总量的百分比,以 E 表示,即

$$E = \frac{[A]_{总(o)} V_{(o)}}{[A]_{总(o)} V_{(o)} + [A]_{总(a)} V_{(a)}} \times 100\% \tag{4-28}$$

式中:$V_{(o)}$,$V_{(a)}$ —— 分别为萃取相体积和萃余相体积。

若令 $R = V_{(o)}/V_{(a)}$(R 称为相比),结合式(4-26),则有

$$E = \frac{RD}{1+RD} \times 100\% \tag{4-29}$$

由上式可知,E 的大小取决于 R 和 D。为使萃取达到较大的萃取率,当 R 一定时,应选 D 值较大的萃取体系;当体系选定后(即 D 一定),应选择较大的 R 值。

2. 萃取速度

萃取是物质从一相转移到另一相的传质过程,传质的快慢决定了萃取的速度。两相之间物质的转移速率 G(kg/h)可用下式表示:

$$G = KF\Delta C \tag{4-30}$$

式中:F —— 两相的接触面积,m^2;

ΔC —— 传质推动力,即污水中污染物质的实际浓度与平衡浓度之差,kg/m^2;

K —— 传质系数,m/h,它与两相的性质、浓度、温度、pH 等有关。

由上式可知,提高萃取速度的途径有以下几条:

(1) 增大传质推动力。采用逆流操作,整个萃取系统可以维持较大的推动力,既能提高萃取相中的溶质浓度,又能降低萃余相中的溶质浓度。

(2) 增大两相接触面积。通常使萃取剂以小液滴形式分散到污水中去,分散相越小,传质表面积越大。但要防止溶剂分散过度而出现乳化现象,给后续的分离带来困难。

（3）增大传质系数。在萃取设备中，通过分散相的液滴反复破碎和聚集，或强化液相的湍动程度，使传质系数增大。

(二) 萃取工艺过程及设备

1. 萃取工艺过程

萃取工艺过程包括混合、分离和回收3个主要工序，如图4-34所示。混合是把萃取剂与污水进行充分接触，使溶质从污水中转移到萃取剂中去；分离是使萃取相与萃余相分层分离；回收是对两相分别进行脱除萃取剂处理，从而回收萃取剂和溶质。

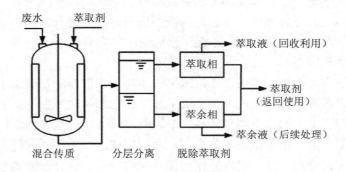

图 4-34 萃取工艺过程示意

根据萃取剂（或称有机相）与污水（或称水相）接触方式的不同，萃取操作可分为间歇式和连续式两种；根据两相接触次数的不同，萃取流程可分为单级萃取和多级萃取两种，后者又可分为"错流"、"并流"、"逆流"等3种方式，其中最常用的是多级逆流萃取流程，它采用的是连续式操作。

多级逆流萃取过程是将多次萃取操作串联起来，实现污水与萃取剂的逆流操作。在萃取过程中，污水和萃取剂分别从第一级和最后一级加入，萃取相和萃余相逆向流动，逐级接触传质，最终萃取相由进水端排出，萃余相从萃取剂加入端排出。这种流程具有传质推动力大、分离程度高、萃取剂用量少等优点，因此被广泛使用。

2. 萃取设备

萃取设备可分为3大类：罐式（萃取器）、塔式（萃取塔）和离心式（离心萃取机），萃取器通常采用间歇操作，多用于固-液萃取，而萃取塔和离心萃取机为连续操作。

萃取塔是最常用的多级逆流萃取设备，在塔内，重液从顶部流入，从底部流出，而轻液则从底部流入，从顶部流出。在塔身中轻重两液相充分混合、接触，完成萃取。在塔顶有充分的空间和断面，让轻液流中的重液相分离出来；同样，在塔底也有充分的空间和断面，让重液流中的轻液相分离出来。萃取塔的类型有多种，如筛板萃取塔、脉冲筛板萃取塔、转盘萃取塔、填料萃取塔等，污水处理中常用脉冲筛板萃取塔和转盘萃取塔。

（1）脉冲筛板萃取塔

脉冲筛板萃取塔是一种筛板上下脉动的筛板塔，其基本构造见图 4-35，由上下两个扩大段（两相分层分离区）和中间的萃取段 3 段组成。萃取段内装有一根纵向轴，轴上装有若干块筛板，这是传质的主要部位。纵轴由塔顶电机的偏心轮装置带动做上下脉冲，从而使轴上的筛板跟着上下脉动，形成两液相之间的湍流条件，强化传质。在分离区，重、轻两液相依靠密度差进行分离。这种萃取塔结构较简单、效率较高、能耗较低，在污水脱酚时常采用。

（2）转盘萃取塔

转盘萃取塔也由 3 段组成，其构造见图 4-36。萃取段的塔壁上水平装设一组等距离的固定环形挡板，构成多个萃取单元，在相邻两块环板的中间位置，均有一块固定在中心轴上的水平圆形转盘。萃取时，重液（污水）由萃取段的上部流入，轻液（萃取剂）由萃取段下部进入，两相逆向流动于环板间隙间。当转盘随中心轴旋转时，液流内产生很高的速度梯度和剪应力，使分散液滴被剪切变形和破碎，随之又碰撞聚集，从而强化了传质过程。

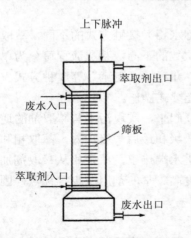

图 4-35　脉冲筛板萃取塔

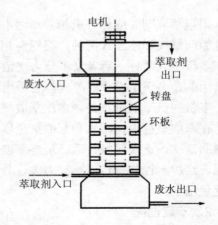

图 4-36　转盘萃取塔

（三）萃取法在污水处理中的应用

萃取法具有能耗低、分离效率高、适用范围广、可回收有用物料等特点，在污水处理中，主要用来去除和回收污水中的一些溶解性污染物质，如酚、胺、醋酸和重金属等。

1. 处理含酚污水实例

某焦化厂用萃取法脱酚的工艺流程如图 4-37 所示。该厂污水流量为 16.3 m³/h，含酚平均浓度为 1 400 mg/L，采用二甲苯作为萃取剂，二甲苯用量与污水量之比为 1∶1；经脉冲筛板萃取塔萃取后，出水含酚浓度为 100～150 mg/L，脱酚效率为 90%～96%；含酚二甲苯从萃取塔顶送到碱洗塔（内装 20%的氢氧化钠溶液）再生，再生后的二甲苯循环使用。从碱洗塔放出的酚盐含酚 30%左右，可作为回收酚的原料。

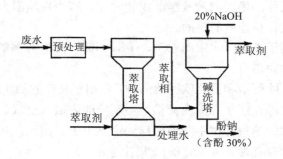

图 4-37 脉冲筛板萃取塔脱酚工艺流程

2. 处理含重金属污水实例

某铜矿矿石场污水含铜 230～1 500 mg/L，含铁 4 500～5 400 mg/L，含砷 10.3～300 mg/L，pH=0.1～3。以 N-510 作络合萃取剂、磺化煤油作稀释剂，在涡流搅拌池中对该污水进行六级逆流萃取，铜总萃取率在 90%以上；含铜萃取相用 1.5 mol/L 的 H_2SO_4 进行反萃取，再生后萃取剂重复使用，反萃所得 $CuSO_4$ 溶液用来电解沉积制取金属铜，废电解液回用于反萃工序；萃余相用氨水（NH_3/Fe=0.5）除铁，得固体黄铵铁矾，经煅烧（800℃）后得到产品铁红，可作涂料使用，除铁后的污水经中和处理后排放。

二、吹脱与汽提法

吹脱和汽提法是向污水中通入气体（载气），使之相互充分接触，使污水中的溶解气体和易挥发的溶质通过气液界面，转入气相，从而达到脱除污染物质的目的。常用空气或水蒸气作载气，习惯上把用空气作载气的称为吹脱法，把用水蒸气作载气的称为汽提法，二者都属于气-液相转移分离法。

吹脱和汽提法主要用来去除污水中有毒有害的溶解气体及易挥发的溶质，被分离出来的这些气态污染物质，可根据其浓度高低，采用直接排放、送入炉内燃烧或回收利用等途径处理，以防止产生二次污染。

（一）吹脱法的原理与设备

吹脱法的基本原理是气-液相平衡和传质速度理论。在气-液两相系统中，溶质气体在气相中的分压与该气体在液相中的浓度成正比，当该组分的气相分压低于其溶液中该组分浓度对应的气相平衡分压时，就会发生溶质组分从液相向气相的传质；传质速度取决于组分平衡分压和气相分压的差值。气液相平衡关系和传质速度随物系、温度和两相接触状况而异，对给定的物系，通过提高水温，使用新鲜空气或负压操作，增大气液接触面积和时间，减少传质阻力，可达到降低水中溶质浓度、增大传质速度的目的。

吹脱法主要用于去除污水中的 CO_2、H_2S、HCN、CS_2 等溶解性气体。吹脱设备包括吹脱池和吹脱塔。

吹脱池有自然吹脱池和强化吹脱池两种，常用强化吹脱池（简称吹脱池）。吹脱池一般为矩形水池，污水在池内流动，不断向池内鼓入空气，使污水与空气充分接触，溶解于水中的气体便不断地转移到空气中去。因此，吹脱池效率低，且易污染大气，对含有有毒有害气体的污水不适用。

为了提高吹脱效率，回收有用气体，防止二次污染，常采用吹脱塔，如填料塔、板式塔等。填料塔的主要特征是在塔内装置一定高度的填料层，污水从塔顶喷下，沿填料表面呈薄膜状向下流动，空气由塔底鼓入，呈连续相自下而上同污水逆流接触，塔内气相和水相的气体浓度沿塔高连续变化；板式塔的主要特征是在塔内装置一定数量的塔板，污水水平流过塔板，经降液管流入下一层塔板，空气以鼓泡或喷射方式穿过板上水层，相互接触传质，塔内气相和水相的气体浓度沿塔高呈阶梯变化。

（二）汽提法的原理及设备

汽提法的基本原理与吹脱法基本相同，其作用实质是将水蒸气与污水直接接触，使污水中的挥发性溶解物质按一定比例扩散到气相中去，从而达到从污水中分离污染物的目的。不同的是，吹脱法是用空气不断吹走和降低污水中的挥发性溶解物质，而汽提法则是利用溶解物质在两相中的浓度不平衡，通过产生并强化传质过程来进行溶质与污水的分离。汽提法分离污染物的机理视污染物的性质而异，一般可归纳为以下两种：

（1）简单蒸馏。对于与水互溶的挥发性污染物质，利用其在气液平衡条件下，在气相中的浓度大于在液相中的浓度这一特性，通过蒸气直接加热，使其在沸点（水与挥发物两沸点之间的某一温度）下按一定比例富集于气相。

（2）蒸气蒸馏。对于与水不互溶或微溶于水的挥发性污染物质，利用混合液沸点低于两组分沸点这一特性，可将高沸点挥发物在较低温度下加以分离除去。例如，污水中的松节油、苯胺、酚、硝基苯等，在低于 100℃的条件下，使用蒸气蒸馏法可有效脱除。

汽提操作通常在封闭且保温的塔式设备（汽提塔）内进行。汽提塔主要有填料塔和板式塔两类，板式塔的传质效率比填料塔更高，应用更为广泛。根据塔板结构的不同，板式塔又分为泡罩塔、浮阀塔、筛板塔、舌形塔和浮动喷射塔等，常用泡罩塔、浮阀塔和筛板塔，其中，筛板塔结构简单，制造方便，成本低（造价约为泡罩塔的 60%，为浮阀塔的 80%左右），压降小，处理量比泡罩塔大 20%左右，效率高 15%左右，但筛孔易阻塞，进水需进行预处理。

（三）汽提法在污水处理中的应用

汽提法主要用来脱除污水中的挥发酚、甲醛、苯胺、硫化氢和氨等挥发性溶解物质。例如，汽提法用于从含酚污水中回收挥发酚，采用两段塔逆流回收流程。塔体分上下两段，上段叫汽提段，通过逆流接触方式用蒸气脱除污水中的酚，下段叫再生段，同样通过逆流接触，用碱液从蒸气中吸收酚。为了维持塔内的热量平衡，污水应先预热到 100℃，然后由汽提塔顶部淋下，在汽提段内与上升的蒸气逆流接触，在填料层中或塔板上进行传质，净化后的污水通过集水槽排走；含酚蒸气用鼓风机送到再生段，相继与循环碱液和新碱液（10% NaOH）接触，经化学吸收生成酚钠盐回收其中的酚，净化后的蒸气进入汽提段循环使用。这种方法工艺简单，适用于高浓度（含酚 1 g/L 以上）含酚污水的处理。

三、蒸发与结晶法

蒸发与结晶法都是靠热量转移来实现污水处理和回收有用物质的，其中，蒸发是通过加热污水（有时还兼以施压），使水分子大量汽化逸出，污水中的溶质被浓缩以便进一步回收利用，水蒸气冷凝后可获得纯水的过程；而结晶则是通过蒸发浓缩或降温，使污水中具有结晶性能的污染物达到过饱和状态，从而将多余的溶质结晶出来的过程。

(一) 蒸发法

1. 蒸发原理及操作方式

蒸发是通过加热污水使水发生汽化而实现污水处理的。在此过程中，水的汽化方式有两种：一种是在沸点温度以下进行的表面汽化，称为蒸发汽化；另一种是在沸点温度时发生的内部汽化，称为沸腾汽化。为了获得尽可能大的生产效率，工业上均采用沸腾汽化。

蒸发常用饱和水蒸气对污水进行间接加热，整个蒸发处理过程一直伴随着换热过程，同时污水中的水在蒸发过程中汽化生成水蒸气，为了与加热所用蒸气相区别，常把加热用蒸气叫一次蒸气，污水在蒸发器内沸腾蒸发所产生的蒸气叫二次蒸气。为了减少一次蒸气的用量，降低操作费用，常将二次蒸气作为热源加以使用。

根据二次蒸气是否利用，蒸发操作可分为单效蒸发和多效蒸发两种。前者二次蒸气不再利用，被冷凝后直接排放，主要用于小批量、间歇生产的情况；后者是将几个蒸发器按一定方式组合起来，将前一个蒸发器产生的二次蒸气引到后一个蒸发器中作为热源使用，其中每一个蒸发器称为一效，凡通入加热蒸气的蒸发器称为第一效，用第一效的二次蒸气作为加热剂的蒸发器称为第二效，依此类推，多效蒸发主要用于大规模连续生产。

根据操作压力不同，蒸发操作可分为常压蒸发、加压蒸发和减压蒸发3种。常压蒸发是蒸发器的分离室与大气相通，或采用敞口设备，二次蒸气直接排放到大气中的操作方式；加压蒸发是蒸发操作在大于大气压的条件下进行的，这种操作可以提高二次蒸气的温度，从而提高了热能的利用率；减压蒸发是蒸发操作在低于大气压的条件下进行的，能耗比较低，因此在实际生产中应用较多。

2. 蒸发设备

污水处理中用到的蒸发设备主要有列管式、薄膜式和浸没式蒸发器3种。

列管式蒸发器由加热室和蒸发室构成。加热室内有一组加热管，管内为污水，管外为加热蒸气，工作时，经加热沸腾的水-汽混合液上升到蒸发室后便进行水汽分离。蒸气经分液器截留液滴后，从蒸发室顶部引出；而污水再回到加热管，在蒸发器内循环流动，不断沸腾蒸发，待达到要求后，从底部排出。根据污水循环流动时作用水头的不同，分为自然循环式和强制循环式两种。自然循环竖管式蒸发器通过在加热室中央设置一根粗大的循环管来实现污水的循环流动，其特点是结构简单、传热面积较大、清洗维修较简便，但循环速度小、生产率低，适用于处理黏度较大和易结垢的污水；强制循环式蒸发器用泵将蒸发室液体抽送回加热室，使污水形成强制循环流动，这种蒸发器因管内强制流速大，对水垢有一定的冲刷作用，故适用于蒸发结垢性污水，但能耗大。

薄膜式蒸发器常采用耐腐蚀、传热快的薄壁金属管或薄板制作，有长管式、旋流式和旋片式 3 种。其特点是污水仅通过加热管一次，不作循环，污水在加热管壁上形成一层很薄的水膜，蒸发速度快，传热效率高，适用于热敏性物料处理，以及黏度较大、容易产生泡沫的污水处理。

浸没燃烧式蒸发器是热气与污水直接接触的蒸发器，以高温烟气为热源，其构造见图 4-38，燃料（煤气或油）在燃料室中燃烧产生的高温烟气（约 1 200℃）从浸没于污水中的喷嘴喷出，加热和搅拌污水，二次蒸气和燃烧尾气由器顶废气出口排出，浓缩液由器底用空气喷射泵抽出。这种蒸发器结构简单，传热效率高，适用于蒸发强腐蚀性和易结垢的废液，但不适用于热敏性物料和不能被烟气污染的物料的蒸发。

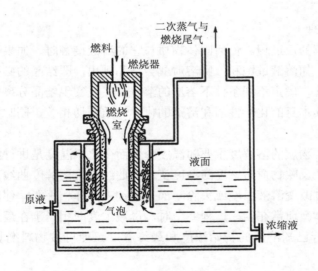

图 4-38　浸没燃烧蒸发器示意

3．蒸发法在污水处理中的应用

（1）浓缩高浓度有机污水

高浓度有机污水，如味精生产污水、造纸黑液、酿酒业蒸馏残液等可用蒸发法浓缩，然后将浓缩液加以综合利用或焚化处理。例如，高浓度味精污水经蒸发法浓缩后，可制成动物和水生养殖的营养饲料，也可经喷雾干燥后制成有机复合肥料。

（2）浓缩放射性污水

污水中绝大多数放射性污染物质是不挥发的，可用蒸发法浓缩，然后将浓缩液密封存放，让其自然衰变。一般经两次蒸发，污水体积可减小为原来的 1/500～1/200。这样大大减少了贮罐容积，从而降低基建费用。

（3）浓缩废酸、废碱

酸洗废液可用浸没燃烧法进行浓缩和回收。例如，某钢铁厂的废酸液中 H_2SO_4 浓度为 100～200 g/L，$FeSO_4$ 浓度为 220～250 g/L，经浸没燃烧蒸发浓缩后，母液 H_2SO_4 浓度增至 600 g/L，而 $FeSO_4$ 浓度减至 60 g/L。

纺织、造纸和化工等工业部门排出的高浓度废碱液经蒸发浓缩后，可回用于生产。例如，上海某印染厂采用顺流串联三效蒸发工艺浓缩丝光机废碱液，这种废碱液含碱 40～60 g/L，经三效蒸发浓缩所得浓缩液中的含碱量为 300 g/L，杂质很少，可直接回用于生产。

（二）结晶法

1. 结晶原理

结晶是溶解的反过程。任何固体物质与它的溶液接触时，如果溶液未饱和，固体就会溶解，如溶液过饱和，则溶质就会结晶析出，即结晶的必要条件是溶液达过饱和。因此，确定不同条件下溶质的溶解度，是实现结晶分离的前提。而溶质的溶解度与其本身的化学性质和溶剂的化学性质密切相关，同时又随着温度的变化而变化。

水溶液中，物质的溶解度主要随温度变化而变化，温度是进行结晶分离的主要控制条件。把反映物质溶解度随温度变化的曲线称为溶解度曲线，根据溶解度曲线，可以通过改变溶液温度或去除一部分溶剂来破坏相平衡，使溶液呈过饱和状态，析出晶体。通常在结晶过程终了时，母液浓度即相当于在最终温度下该物质的溶解度，若已知溶液的初始浓度和最终温度，便可按物料衡算原理求出结晶量。

溶质从过饱和溶液中结晶析出的过程包括两个连续的阶段：晶核形成和晶体成长，即先是形成极细微的单元晶体（称为晶核），然后这些晶核再成长为一定形状的晶体。形成晶核的原因有两个：一是溶液达到过饱和之后自发形成的，称为"一次成核"；二是受到搅动、尘埃、电磁波辐射等外界因素的诱发而成的，称为"二次成核"。晶体长大的过程实质上是溶液中的过剩溶质向晶核上黏附，而使晶体格子扩大的过程。

结晶过程中形成的晶粒大小主要受以下几个方面因素的影响：① 溶液的过饱和度。过饱和程度愈高，愈易形成众多的晶核，晶粒较小；② 溶液的冷却（蒸发）速度。冷却速度愈快，愈易形成晶核，从而晶粒就小而多；③ 溶液的搅拌速度。缓慢搅拌有利于形成较大的晶粒，而剧烈搅拌则有利于获得细小的晶粒；④ 晶种。

工业生产中常通过投加晶种来控制晶核数量，以得到较大而均匀的结晶产品。因此，在结晶工艺操作中，为了得到较大的晶粒，应防止出现过高的过饱和状态和过快的冷却速度，并掌握适当的搅拌速度及投加适量的晶种。

2. 结晶方法及设备

结晶方法主要有两种：① 蒸发结晶法，对于溶解度随温度降低而变化不大的物质，如 NaCl、KBr 等，常采用去除一部分溶剂的结晶法，即溶液的过饱和状态是通过溶剂在沸点时的蒸发或在低于沸点时的汽化而获得；② 冷却结晶法，对于溶解度随温度降低而显著降低的物质，如 KNO_3、$K_4Fe(CN)_6 \cdot 3H_2O$ 等，常采用不去除溶剂的结晶法，即溶液的过饱和状态是通过降温冷却获得。此外，按操作情况，结晶还可分间歇式和连续式、搅拌式和不搅拌式。

结晶设备随采用的结晶方法不同而异，第一种结晶方法采用的结晶器有蒸发式、真空蒸发式和汽化式 3 种，比如由一敞槽构成的结晶槽就是一种最简单的汽化式结晶器，蒸发结晶器与普通的蒸发器的构造及操作完全一样；第二种结晶方法采用的结晶器主要有水冷却式和盐水冷却式，如连续式敞口搅拌结晶器、循环式结晶器等。

3. 结晶法在污水处理中的应用

结晶法在污水处理中主要用于回收污水中的有用物料，以下是两个应用实例。

（1）从化工废液中回收大苏打

某化工厂废液中含氯化钠、硫酸钠和硫代硫酸钠（大苏打），利用这 3 种物质的溶解度随温度变化的规律不同，可将废液蒸发浓缩，使 NaCl 和 Na_2SO_4 先达过饱和而结晶析出，并趁热将其分离出来。然后冷却废液，降低硫代硫酸钠的溶解度，在缓慢搅拌下使其结晶析出。

（2）从钢材酸洗废液中回收硫酸亚铁

金属进行热加工时，表面会形成一层氧化铁皮，它对金属的强度及后加工（如轧制和电镀等）都有不良影响，必须加以清除，因此常用稀硫酸将其溶解，由此产生的废酸液通常称为酸洗废液，这种废液的 H_2SO_4 质量百分比浓度为 10%左右、$FeSO_4$ 质量百分比浓度为 17%左右。一般采用结晶浓缩法回收废酸和硫酸亚铁，例如采用蒸气喷射真空结晶法，可生产出 $FeSO_4 \cdot H_2O$ 晶体，含 H_2SO_4 的母液可回用于钢材酸洗过程。

四、磁分离法

磁分离法是借助外加磁场的磁力作用，将水中的磁性悬浮物吸出而与水分离的处理方法，具有处理能力大、效率高和设备紧凑等优点。

（一）磁分离原理

物质在外加磁场 H 的作用下会被磁化而产生附加磁场 H′，其中 H′ 与 H 方向相同的物质称为顺磁性物质，H′ 与 H 方向相反的物质称为反磁性物质。顺磁性物质中的铁、钴、镍等及其合金的 H′ 要比 H 大得多，且 H′ 不随 H 的消失而消失，这类物质又被称为铁磁性物质。各种物质磁化的难易程度可用磁化率 K_m 来衡量，磁化率是物质的磁化强度与引起物质磁化的外磁场强度的比值。对于铁磁性物质，其 K_m 值大，它们不但易被磁化，而且能使原有磁场显著增强，因而在磁分离器中常作为磁化物质使用。如果污水中的悬浮物是铁磁性物质，最适于用磁分离法去除。其余顺磁性物质的 K_m 值小，在外磁场强度较弱时不能被明显磁化，只能采用高梯度磁分离法才能除去。反磁性物质的 K_m 小于零，在外磁场作用下，逆磁场磁化，使磁场减弱，因此不能直接用磁分离法去除。

水中磁性颗粒在外磁场中受到磁力和机械力（包括水流阻力、重力、摩擦力、惯性力和范德华力等，但以水流阻力为主）的作用。磁分离法就是有效地利用磁力，克服与其抗衡的机械力（磁过滤、磁盘法）或利用磁力和重力，使颗粒凝聚后沉降分离（磁凝聚）。

（二）磁分离装置

磁分离装置主要有磁凝聚装置、磁盘分离机、高梯度磁过滤机和超导磁分离机等。

1. 磁凝聚装置

磁凝聚装置由磁体和磁路构成，磁体可以是永久磁铁或电磁线圈，因此可分为永磁凝聚装置和电磁凝聚装置两种。永磁凝聚装置每一侧的磁块同极性排列，以构成均匀的磁场；电磁凝聚装置是用导线绕制成线圈，通直流电，产生磁场。工作时，污水通过磁场，水中磁性颗粒物被磁化，形成如同具有南北极的小磁体。由于磁场梯度为零，因此颗粒所受合力为零，不被磁体捕集，但颗粒间却相互吸引，聚集成大颗粒；当污水通过磁场后，由于磁性颗粒有一定的矫顽力，因此能继续产生凝聚作用。为了防止磁体表面大量沉积，堵塞通路，污水通过磁场的流速应大于 1 m/s，在磁场中仅需停留 1 s 左右。磁凝聚常用来作为提高沉淀池或磁盘工作效率的一种预处理方法。

2. 磁盘分离机

磁盘分离机的结构如图 4-39 所示，在磁盘不锈钢底板的两面，按极性交错、单层密排的方式黏结数百至上千块永久磁块，然后再用铝板或不锈钢板覆面，磁块的层数根据盘面两场强的不同要求，常为 2～4 层。磁盘转动时，盘面下部浸入水中，磁性颗粒被吸到盘面上，当这部分盘面转出水面后，上面的泥渣由刮刀刮下，落入 V 形槽中送走。

在磁盘的磁场强度、磁力梯度一定的条件下，只有依靠增大颗粒粒径来提高颗粒的去除效率，因此，在实际污水处理中，常将磁盘与磁凝聚或药剂絮凝联合使用。

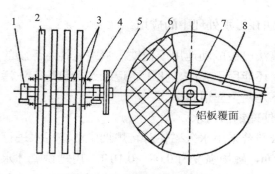

图 4-39　磁盘分离机构造示意
1．轴承座；2．磁盘；3．铝挡圈；4．紧固螺钉；
5．皮带轮；6．永磁块；7．刮泥刀；8．V 形输泥槽

3．高梯度磁过滤机

高梯度磁过滤机的结构如图 4-40 所示，其主要部件是激磁线圈和装填不锈钢毛的过滤框。在激磁线圈中通直流电，便在不锈钢毛周围形成很高的磁场梯度。过滤器的场强可按需要调节。冷却水由单独的净环系统供给，并有液流信号器进行缺水保护。反冲洗采用气、水混合脉冲式。运行程序用气动或电动阀门自控转换。

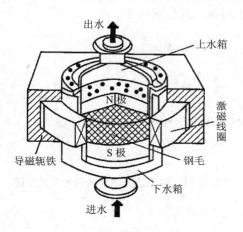

图 4-40　高梯度磁过滤机构造示意

4. 超导磁分离机

超导磁分离机的工作原理与普通电磁分离基本相同,只是其载流导线是用超导材料制成,导线中允许通过的电流密度要比普通导体高 2~3 个数量级,因此只需较小的体积就能产生 2 T 以上的磁场,大大节省了电能。目前已制成直径 4.3 m、日处理水量 38.93 m^3 的超导磁分离机。

(三)磁分离法在污水处理中的应用

目前,磁分离法已被成功地用于钢铁污水中磁性悬浮物的分离,此外,经过适当辅助处理后,还能用于食品、化工、造纸、电镀等工业污水、城市污水和地面水的处理。以下是两个应用实例。

1. 磁凝聚法处理钢铁污水

国内某钢铁公司曾采用永久磁体对转炉烟尘洗涤污水进行磁凝聚处理,处理污水量为 1 800 m^3/h,磁场强度为 0.08~0.10 T,用锶铁氧体永久磁铁构成均匀磁场。污水经过处理,出水悬浮物可由 700 mg/L 降至 200 mg/L,处理效率 70%。实际运转时,为进一步提高处理效果,在预磁前,投加聚苯酰胺 0.3~1 mg/L,可使出水悬浮物降至 47 mg/L。

2. 磁盘法处理含油污水

机械厂、轧钢厂等所排出的含油污水,可用磁性粉末和磁盘分离相结合的方法处理,处理流程如图 4-41 所示。首先向污水中投加粒径 1~15 μm 的强磁性微粒,投加量为 30 g/L,使油吸附在微粒上;再在混合槽中投加少量高分子凝聚剂,同时采用磁凝聚措施,使微粒凝聚增大,最后用磁盘吸出分离;分离后的泥浆送到燃烧室加热,使油和水蒸发、燃烧,再生的磁性颗粒循环使用。出水含油带油的强磁性微粒量可由 3 000 mg/L 降到 3 mg/L。

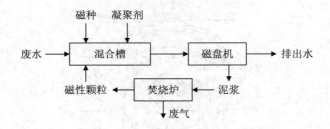

图 4-41　磁盘法处理含油污水工艺流程

思考题

1．试述吸附机理、吸附规律以及影响吸附效果的因素。

2．某染料厂每小时排出含色素 0.05 g/L 的印染污水 60 m³，拟采用活性炭吸附处理，将色素浓度降到 0.005 g/L 后作为回用水使用，需投加多少活性炭？由吸附实验得吸附等温式为 $q=3.9c_e^{0.5}$。

3．试述离子交换树脂的结构、类型和主要性能指标。

4．简述离子交换法处理污水的工艺过程和主要设备类型。

5．气浮分离的基本原理是什么？气浮法可以分为几类？每种类型各有何特点？

6．加压溶气气浮法有哪几种基本流程与溶气方式？各有什么特点？

7．待处理的污水体积为 360 m³/d，污泥浓度为 0.6%，要求气浮处理后获得的污泥浮渣浓度为 3%，求压力水回流量及空气量。

8．什么是膜分离法？膜分离法具有哪些特点？

9．试述扩散渗析从废碱液（设为 MOH 和 MX 的混合物）中回收碱的基本原理，并画出渗析器工作原理示意图。

10．电渗析脱盐的基本原理是什么？并简述电渗析器的结构和组装方式。

11．试比较超滤与反渗透的异同。

12．萃取工艺主要包括哪几个步骤？如何提高萃取过程的传质速率？

13．吹脱和汽提法污水处理的原理是什么？二者有何异同？

14．简述污水蒸发与结晶法处理的基本原理及适用情况。

15．试述磁分离法的基本原理、特点及磁分离装置的类型。

第五章　生物处理基础

自然界中广泛分布着个体微小、代谢营养类型多样、适应能力强的微生物，它们能代谢有机物获得能量并生长繁殖，同时使有机物转化为稳定的无机物。污水生物处理就是基于微生物的这一功能，通过人工优化有利于微生物生长、繁殖的环境条件，促进微生物的增殖并增强其代谢功能，从而达到污水净化的目的。目前，生物处理是污水处理系统中最重要的过程之一，已广泛应用于城市污水及工业有机废水的处理。

第一节　微生物基础

污水生物处理的实质是污水中可生物降解的污染物被微生物作为营养物所摄取、代谢和利用的过程，其主体是微生物。因此，了解微生物的代谢特性、生长环境和生长规律是进行污水生物处理过程设计或类型选择的基础。

一、微生物的新陈代谢

微生物的新陈代谢简称代谢，根据能量的释放和吸收，可分为分解代谢和合成代谢，见图 5-1。这两种代谢相互依赖，共同进行，分解代谢为合成代谢提供物质基础和能量来源，合成代谢又使生物体不断增加，两者的密切配合推动了微生物的生命活动。

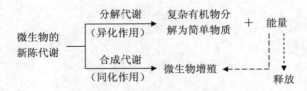

图 5-1　微生物的新陈代谢体系

（一）分解代谢

分解代谢是新陈代谢的基础，根据代谢过程对分子氧的需求，可分为好氧分解代谢和厌氧分解代谢。

好氧分解代谢通常称为好（有）氧呼吸，对有机物的氧化比较彻底，最终产物是含能量很低的 CO_2 和 H_2O，故释放能量多，代谢速度快，代谢产物积累少且稳定。但由于氧是难溶气体，好氧分解必须保持溶解氧、营养物和微生物三者之间的平衡，因此，好氧方式只适合有机物含量较低（一般 $BOD_5 < 500\ mg/L$）的污水处理。

厌氧分解代谢分为（厌氧）发酵和无氧呼吸，发酵是一种厌氧状态，无氧呼吸是一种缺氧状态。厌氧代谢对有机物氧化不彻底，能量释放少，代谢速度慢，但不需提供氧源，且能回收能源物质甲烷，因此，对于活性污泥和高浓度有机污水，通常采用厌氧方式处理。

总之，从污水处理的角度来讲，希望在较短时间内将污水中的有机物彻底无机化、无害化，多采用好氧处理。只有当有机物浓度较高时，才用厌氧处理并回收甲烷。

（二）合成代谢

合成代谢是微生物机体自身物质制造的过程。在该过程中，微生物体合成所需的能量和物质由分解代谢提供。因此，在污水好氧生物处理过程中，生物体合成速度快，微生物增殖快，需要排放大量由微生物增殖所形成的剩余污泥，而厌氧过程则因微生物增殖速度慢，产生的剩余污泥量少。

二、微生物的生长规律

微生物的生长实际上是微生物对周围环境中物理或化学等因素的综合反应，这种反应（生长规律）一般通过生长曲线来描述。在底物一次性投加、间歇培养条件下的纯种微生物的典型生长曲线如图 5-2 所示，当时间为零时，间歇式反应器中存在着过量的底物和营养物，而生物量极少，随着底物的消耗，逐渐发展成为以下 4 个明显的生长阶段。

（一）适应期（延缓期）

适应期是微生物菌群适应新环境所需要的时间。在此时期内，微生物数量基本不增加，生长速率接近零，但细胞体积增大，产生了适应新环境的酶系统。适应期的长短与菌种特性、接种量、菌龄及接种前后所处环境条件是否相同等因素有关。

在污水生物处理过程中，适应期一般出现在微生物培养驯化时或处理水质突然发生变化后，能适应的微生物能够生存，不能适应的则被淘汰，此时微生物的数量有可能减少。

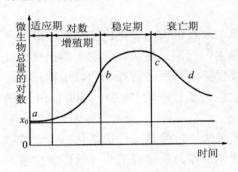

图 5-2 微生物生长曲线　　　　图 5-3 活性污泥中微生物生长与递变

（二）对数增殖（长）期

微生物经过适应期后，以最大速率增长，菌体数量呈几何级数增加，其对数值与培养时间成直线关系。增长速率的大小仅取决于微生物自身的生理机能。这个时期限制性底物被大量消耗，同时细胞内也积累了丰富的代谢物质，此时期的细胞是研究工作的理想对象。但对于污水生物处理而言，尽管此时期的微生物代谢机能活跃，有机物分解速度快，但凝聚沉降性能较差，难以获得较好的出水水质。

（三）稳定期（平衡期）

在微生物经过对数期大量繁殖后，培养液中的底物逐渐被消耗，再加上代谢产物的不断积累，从而造成了不利于微生物生长繁殖的食物条件和环境条件，致使微生物的增长速率下降，死亡速率上升，新增加的细胞数与死亡细胞数趋于平衡，从生长曲线看，在一定培养时间内，细菌生长对数值几乎不变。由于营养物质减少，微生物活动能力减弱，体内能量水平较低，易于聚集、絮凝成菌胶团，故吸附、沉降性能均较好，因此利用稳定期的微生物处理污水，可以获得较好的处理效果。

（四）衰亡期（内源代谢期）

在稳定期后，培养液中的底物几乎被耗尽，微生物只能利用菌体内贮存的物质或以死菌体作为养料，进行内源呼吸，维持生命。由内源代谢造成的菌体细胞死亡速率超过新细胞的增长速率，微生物数量急剧减少，生长曲线显著下降。此时由于能量水平低，微生物活动能力很差，絮体形成速率快，其吸附有机物的能力显著，沉降性能好，对污水处理比较有利。

在污水生物处理构筑物中，微生物是一个混合群体，不仅系统中每一种微生物都有自己的生长曲线，而且种群间还存在着递变规律（图5-3），微生物群体组成了具有一定食物链关系的微生物生态系统。研究表明，这种群体生长的情况从总体上看与纯种生长有着相似性。因此，上述的生长曲线仍可用于描述微生物群体的生长规律。但应注意，生长曲线只反映了微生物生长与底物浓度之间的关系，并且曲线形状还受供氧情况、温度、pH值、毒物浓度等环境条件的影响。在污水生物处理中，通过控制底物量（F）与微生物量（M）的比值 F/M（此值称为生物负荷率），使微生物处于不同的生长状况，从而控制微生物的活性和处理效果。一般控制 F/M 值在较低范围内，利用稳定期或衰亡初期微生物的生长活动去除污水中有机物，以取得较好的处理效果。

三、微生物的生长环境

在污水生物处理中，为了取得令人满意的污水处理效果，应设法创造有利于微生物生长、繁殖的良好环境条件，如营养、温度、pH值、溶解氧及有毒物质等。

（一）营养

营养物质是指微生物从周围环境中摄取的、用以维持自身生存所必需的各种物质，包括组成细胞的各种元素和产生能量的物质，主要为碳、氮、磷等，它们是微生物细胞化学成分的骨架，且相互之间应满足一定的比例关系。研究表明，对于污水好氧生物处理，BOD_5：N：P=100：5：1（碳源以 BOD_5 表示，N 以 NH_3-N 计，P 以 PO_4^{3-} 中的 P 计）；对于厌氧生物处理，COD：N：P=200：5：1，碳源以 COD 表示，且碳氮比例对厌氧处理更为重要。因此，在污水生物处理中，首先要分析测定污水中所含营养物质的多少及相互之间的配比，若比例失调，则需投加相应的营养源。

生活污水中所含的营养比较丰富齐全，生物处理时无需投加营养源，且可作为其他污水处理时的营养源。但对于含碳量低或者含氮、磷低的工业污水，需要另加营养源，如投加生活污水或米泔水、淀粉浆料等补充碳源，投加尿素、硫酸铵等补充氮源，投加磷酸钠、磷酸钾等补充磷源。

（二）温度

各类微生物所能生长的温度范围不同，为 5～80℃，此温度范围又可分为最低生长温度、最高生长温度和最适生长温度。根据微生物所适应的温度范围，将微生物分成低温性、常温性、中温性和高温性4类（表5-1）。

表 5-1 各类微生物的生长温度范围

类别	低温性微生物	常温性微生物	中温性微生物	高温性微生物
最低生长温度/℃	0	5	10	30
最适生长温度/℃	5～10	10～30	20～40	50～60
最高生长温度/℃	30	40	50	70～80

在污水生物处理中应注意控制水温。污水好氧生物处理以常温和中温性微生物为主，故一般控制进水水温为 20～35℃，可获得较好的处理效果；厌氧生物处理常利用中温或高温性微生物，中温厌氧消化控制温度为 33～38℃，而高温厌氧消化则为 52～57℃。

（三）pH 值

pH 值主要影响微生物体内生物酶的离解形式和底物的电离状况，进而影响到酶的催化作用，使微生物体内的生化反应发生改变。pH 值是影响酶活性的重要因素之一，不同的微生物有不同的 pH 值适应范围。在污水生物处理中，保持微生物生长的最适 pH 值范围十分重要，否则微生物不能正常生长，甚至死亡，使生化反应器无法正常运行。

由于污水生物处理中的微生物通常为混合群体，因此能在较宽的 pH 值范围内进行，但要取得较好的处理效果，则需控制在较窄的 pH 值范围内。对于好氧生物处理，一般控制 pH 值为 6.5～8.5，而厌氧生物处理对 pH 值要求较严格，一般控制在 6.7～7.4。因此，当污水 pH 值变化较大时，应设置调节池，使反应器中的 pH 值保持在合适的范围内。

（四）溶解氧

溶解氧是影响污水生物处理效果的一个重要因素。在好氧生物处理中，如果分子氧不足，微生物对有机物的代谢过程就会因为没有受氢体而不能进行，其正常生长规律就会受到影响，甚至被破坏。因此好氧生化反应器（如曝气池、生物转盘等）需要从外部供氧，且要求反应器中溶解氧浓度保持在 2～4 mg/L 为宜。在厌氧生物处理中，厌氧微生物对氧气很敏感，当有氧存在时，它们就无法生长，所以厌氧处理设备要求严格密封，隔绝空气。

（五）有毒物质

在工业废水中，有时存在对微生物具有抑制和毒害作用的化学物质，这类物质称为有毒物质,其毒害作用主要表现在使细胞的正常结构遭到破坏及菌体内的酶变质,并失去活性。有毒物质包括重金属离子类(如铅、镉、铬、铜、铁、锌等)、有机类(如酚、甲醛、甲醇、苯、氯苯等)和无机非金属类(如硫化物、氰化钾、氯化钠、硫酸根、硝酸根等)。在污水生物处理时,对有毒物质应严加控制,但毒物浓度的允许范围需要具体分析。

第二节　动力学基础

一、酶促反应动力学

生物酶催化下进行的生化反应称为酶促反应或酶反应。生物体内所有生化反应都是酶促反应,其反应速度受酶浓度、基质浓度、pH 值、温度、反应产物、活化剂和抑制剂等因素的影响。酶促反应动力学主要研究酶促反应速度与底物浓度之间的关系。

在不受其他因素影响时,酶促反应速度与底物浓度的关系如图 5-4 所示。当底物浓度较低时,反应速度与底物浓度成正比,呈一级反应(反应级数 $n=1$);随着底物浓度的增加,反应速度与底物浓度不再成正比关系,而呈现出混合级反应($0<n<1$);当底物浓度增加到一定值时,酶反应速度达到最大值,此时增加底物浓度对酶反应速度无影响,呈零级反应($n=0$),说明酶已全部被底物所饱和。所有的酶都有此饱和现象,但各自达到饱和时所需的底物浓度并不相同,甚至差异很大。

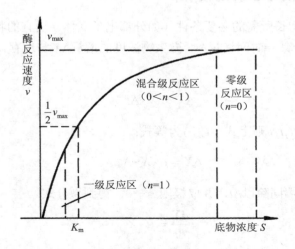

图 5-4　酶促反应速度与底物浓度的关系

对于图 5-4 中的现象，中间产物学说给予了比较合理的解释，该学说认为，酶促反应分两步进行，即酶与底物先形成中间络合物（中间产物），然后该络合物再进一步分解为产物和游离态酶。根据中间产物学说，米凯利斯（Michaelis）和门坦（Menten）采用纯酶进行了大量的动力学实验研究，于 1913 年提出了表示整个反应过程中底物浓度与酶促反应速度之间的关系式，称为米凯利斯-门坦方程式，简称米氏方程，即

$$v = v_{\max} \frac{S}{K_m + S} \tag{5-1}$$

式中：v，$v_{\max}$ —— 分别为酶反应速度和最大酶反应速度；

S —— 底物浓度；

K_m —— 米氏常数，即 $v = \frac{1}{2} v_{\max}$ 时的底物浓度，因此又称半速度常数。

由式（5-1）可知：① 当底物浓度 S 小，即 $S \ll K_m$ 时，$K_m + S \approx K_m$，有 $v = \frac{v_{\max}}{K_m} S$，对应图 5-4 中的一级反应区；② 随着 S 的进一步增大，v 按式（5-1）所示的 v 与 S 关系增加，对应图 5-4 中的混合级反应区；③ 当 S 增大到一定限度，即 $S \gg K_m$ 时，$K_m + S \approx S$，有 $v = v_{\max}$，对应图 5-4 中的零级反应区，此时增加底物浓度对酶反应速度无影响。

二、微生物增长动力学

（一）增长速度与比增长速度

如果微生物增长所需的必要条件（如外部电子受体，适宜的物理、化学环境等）都具备，对于某一时间增量Δt，微生物浓度的增量ΔX 与现存微生物浓度 X 成正比，即：

$$\Delta X \propto X \cdot \Delta t \tag{5-2}$$

引入比例系数μ，则上式可改写为等式：

$$\Delta X = \mu \cdot X \cdot \Delta t \tag{5-3}$$

式（5-3）两端同除以Δt，并取极限$\Delta t \to 0$，得到微分式

$$\frac{dX}{dt} = \mu \cdot X \tag{5-4}$$

式中，$\dfrac{dX}{dt}$ 为微生物的增长速度，即单位时间内单位体积反应器中微生物的增长量，单位为 mg/(L·s)。

式（5-4）两边同除以 X，则有

$$\mu = \frac{dX}{dt} \cdot \frac{1}{X} \qquad (5\text{-}5)$$

由式（5-5）可知，μ 表示单位微生物量的增长速率，称为比增长速度（或称比增长率），单位为 s^{-1}。

（二）莫诺特（Monod）方程

微生物增长速度和微生物本身浓度、底物浓度之间的关系是污水生物处理中的一个重要课题。1942 年，法国学者 Monod 在研究微生物生长的大量实验数据的基础上，得到了微生物比增长速度与底物浓度之间的关系式：

$$\mu = \mu_{max} \frac{S}{K_s + S} \qquad (5\text{-}6)$$

式中：μ_{max} —— 微生物最大比增长速度，s^{-1}；

S —— 限制微生物增长的底物（碳源、能源、氮和磷等）浓度，mg/L；

K_s —— 饱和常数，即 $\mu = \dfrac{1}{2}\mu_{max}$ 的底物浓度，也称为半速度常数，mg/L。

式（5-6）即 Monod 方程，其形式与米氏方程相同，式中的动力学参数 μ_{max} 和 K_s 可通过试验获得数据后，采用双倒数作图法求得。

三、底物降解动力学

微生物增长是底物降解的结果。对于某一特定的污水，微生物增长速率与底物降解速率之间存在一定的比例关系：

$$\frac{dX}{dt} = Y \cdot \frac{dS}{dt} \qquad (5\text{-}7)$$

式中：Y —— 微生物产率系数，即降解单位重量底物所合成的生物量；

$\dfrac{dS}{dt}$ —— 底物降解（利用）速率。

在式（5-7）的两边同时除以 X，则有

$$\mu = Y \cdot q \qquad (5\text{-}8)$$

式中：q —— 底物比降解（利用）速率，$q = \dfrac{1}{X} \cdot \dfrac{dS}{dt}$。

将式（5-6）代入式（5-8）中，并定义 $q_{max}=\dfrac{\mu_{max}}{Y}$ 为最大底物比降解速率，可得

$$q = q_{max}\dfrac{S}{K_s+S} \tag{5-9}$$

式（5-9）是 1970 年劳伦斯（Lawrence）和麦卡蒂（MeCarty）根据莫诺特方程提出的，称为劳-麦方程，反映了底物比降解速率与底物浓度之间的关系。当底物浓度 S 较高，即 $S\gg K_s$ 时，则 $K_s+S\approx S$，式（5-9）可简化为 $q=q_{max}$，即底物以最大比降解速率进行降解，不受底物浓度影响，呈零级反应，此时微生物处于对数增殖期，其酶系统全部被底物所饱和；当底物浓度 S 较低，即 $S\ll K_s$ 时，则 $K_s+S\approx K_s$，式（5-9）可简化为 $q=\dfrac{q_{max}}{K_s}S$，即底物比降解速率与底物浓度成正比，是一级反应，此时微生物处于稳定期或衰亡期，其酶系统未被饱和。

四、微生物净增长与底物降解的关系

以上讨论中的微生物增长量均为合成量，并未考虑因内源代谢而减少的量。而在污水生物处理中，通常控制微生物处于平衡期或内源代谢初期，在新细胞合成的同时，部分微生物也存在内源呼吸而导致微生物体产量减少，实际工程中采用的是考虑了内源代谢的微生物增长速率，即净增长速率。

微生物的净增长速率为微生物合成（增长）速率与内源代谢速率之差，即

$$\left(\dfrac{dX}{dt}\right)_g = \dfrac{dX}{dt} - \left(\dfrac{dX}{dt}\right)_e \tag{5-10}$$

式中：$\left(\dfrac{dX}{dt}\right)_g$ —— 微生物净增殖速率；

$\left(\dfrac{dX}{dt}\right)_e$ —— 微生物内源代谢速率，与现阶段微生物浓度 X 成正比，即

$$\left(\dfrac{dX}{dt}\right)_e = K_d X \tag{5-11}$$

式中：K_d —— 单位重量微生物内源呼吸时的自身氧化速率，d^{-1}，也称衰减系数。

将式（5-7）和式（5-11）代入式（5-10），得

$$\left(\dfrac{dX}{dt}\right)_g = Y\dfrac{dS}{dt} - K_d X \tag{5-12}$$

式（5-12）两边同时除以 X，可得

$$\mu' = Y \cdot q - K_d \tag{5-13}$$

式中：μ'——微生物比净增长速率，$\mu' = \frac{1}{X}\left(\frac{dX}{dt}\right)_g$。

由式（5-13）可知，当微生物处于高比增长速率时，有 $\mu' \gg K_d$，则 $Y \cdot q \gg K_d$，即 $q \gg K_d/Y$，说明底物降解速率远远大于内源呼吸速率，此时微生物处于对数生长期，内源呼吸可以忽略；当微生物比增长率降低时，$Y \cdot q$ 相应降低并逐渐接近 K_d，q 也减小并逐渐接近 K_d/Y，表明此时被微生物利用的底物大部分是用来维持生命活动，而不是用于微生物增长。

式（5-13）表示了微生物在比增长率较低的情况下微生物自身氧化对增长率的影响。在实际工程中，这种影响常用一个实测产率系数 Y_{obs}（或称为表观产率系数）来表示，即

$$\mu' = Y_{obs} q \tag{5-14}$$

式（5-13）和式（5-14）均表达了生物反应器内，微生物的净增长与底物降解之间的基本关系。所不同的是，式（5-13）要求从微生物的理论产量中减去维持生命所自身氧化的量，而式（5-14）描述的是考虑了总的能量需要量之后的实际观测产量。

式（5-6）、式（5-9）、式（5-13）及式（5-14）是污水生物处理工程中常用的基本动力学方程式，式中的 K_s、μ_{max}、Y、K_d、Y_{obs} 等动力学参数可通过实验求得。在实践中，根据所研究的特定处理系统，通过建立微生物量和底物量的平衡关系，可以建立不同类型生物处理设备的数学模型，用于生物处理工程的设计和运行管理。

第三节 污水生物处理

一、污水生物处理的对象及类型

污水生物处理的对象有：① 污水中呈溶解状态和胶体状态的有机污染物，其含量常用 BOD 或 COD 来表示。去除 BOD 或 COD 是污水生物处理的最初目标，也是主要目标；② 污水中呈溶解状态的氮和磷。由于污水生物处理厂出水仍然存在因含有 NH_3-N 而导致水体黑臭、DO 降低的现象，再加上因 N、P 营养元素的大量排放而导致的水体富营养化问题，因此，仅以 BOD、SS 为去除对象显然不

够，N、P 也成为污水处理的对象。

根据参与代谢活动的微生物对溶解氧的需求不同，污水生物处理分为好氧、缺氧和厌氧 3 种类型。好氧生物处理是在水中有溶解氧（分子氧）存在的条件下进行的生物处理过程；缺氧生物处理是在水中无分子氧存在，但存在化合态氧（如硝酸盐等）的条件下进行的生物处理过程；厌氧生物处理是在水中既无分子氧又无化合态氧存在的条件下进行的生物处理过程。一般而言，城市污水处理主要采用好氧生物处理，厌氧生物处理主要用于高浓度有机废水或剩余污泥的处理。近年来，随着氮、磷等营养物质去除要求的提高，缺氧和厌氧生物处理也用于城镇污水处理，且与好氧生物处理相结合，其中缺氧和好氧结合主要用于生物脱氮，厌氧和好氧结合则主要用于生物除磷。

按生物处理构筑物中微生物的生长方式，生物处理分为悬浮生长法（活性污泥法）和附着生长法（生物膜法）。悬浮生长法通过适当的混合方式使微生物在构筑物中保持悬浮状态，形成活性污泥，与污水中的有机物充分接触，完成对有机物的降解。该情况类似于微生物在水体中的生长状况，因此，悬浮生长法是水体自净的人工强化；附着生长法中的微生物附着在某种载体上生长，并形成生物膜，污水流经生物膜时，微生物与污水中的有机物接触，完成对污水的净化，该情况类似于微生物在土壤中的生长状态，因此，附着生长法是土壤自净的人工强化。目前各种污水生物处理技术均围绕这两类方法而展开。

图 5-5 归纳了常用生物处理方法的类型，其中人工条件下的污水生物处理速率比自然条件下的快，承担了当前主要的污水处理任务；人工生物处理法中，活性污泥法以其高效、快捷而被广泛应用，大型城市污水处理厂基本上都是采用活性污泥法。

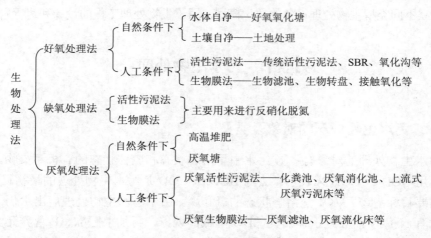

图 5-5 污水生物处理方法分类

二、污水生物处理的基本原理

(一) 好氧生物处理

好氧生物处理时，污水中有机物的转化过程如图 5-6 表示。有机物被微生物吸收后，一部分被氧化分解成简单的无机物（有机物中的 C 和 O 被转变成 CO_2，H 与 O_2 化合成 H_2O，N 被氧化成 NH_3 或 NO_2^- 和 NO_3^-，P 被氧化成 PO_4^{3-}、S 被氧化成 SO_4^{2-} 等），同时释放出能量，作为微生物自身生命活动的能源；另一部分则作为微生物生长繁殖所需的构造物质，合成新的生物体。由此可见，经过微生物的好氧代谢，污水中高能位的有机污染物最终以低能位的无机物稳定下来，达到无害化要求，以便返回自然环境或进一步处置。

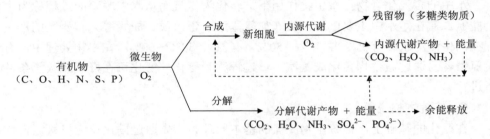

图 5-6　好氧生物处理过程中有机物转化示意

在好氧生物处理过程中，有机物用于分解与合成代谢的比例因污水中有机物性质的不同而不同。对于生活污水或与之相类似的工业废水，被微生物所摄取的有机物，约 1/3 被分解、稳定化，约 2/3 被转化为新的细胞物质，即进行微生物自身增长繁殖，成为生物处理中活性污泥或生物膜的增长部分，通常称为剩余活性污泥或剩余生物膜，统称剩余生物污泥，经固液分离后被排出处理系统。

(二) 厌氧生物处理

如图 5-7 所示，在厌氧生物处理过程中，污水中的有机物可转化为：① 可回收利用的甲烷气体；② CO_2、H_2O、NH_3、H_2S 等无机物，并为细胞合成提供能量；③ 新的细胞物质。其中，仅少量有机物用于新细胞物质的合成，因此，相对于好氧生物处理，厌氧生物处理的剩余污泥量少而且稳定。

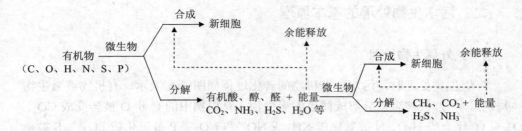

图 5-7 厌氧生物处理过程中有机物转化示意

(三)缺氧-好氧生物脱氮

水中的含氮化合物在微生物作用下被转化为氮气而从水中脱除的过程称为生物脱氮。氮在污水中主要以有机氮(如氨基酸、蛋白质、尿素等)和氨氮的形式存在,生活污水中有机氮占 40%～50%,氨氮占 50%～60%。在生物处理中,有机氮很容易通过微生物转化成氨氮,该过程称为氨化,氨化可在好氧或厌氧条件下进行。

1. 传统生物脱氮

在氨化的基础上,传统生物脱氮的基本原理为:先通过硝化反应将氨氮转化为亚硝态氮、硝态氮,再通过反硝化反应将亚硝态氮、硝态氮还原成氮气从水中逸出,从而达到脱氮的目的。因此,传统生物脱氮包括硝化和反硝化两个过程。

(1) 硝化过程

在有溶解氧的条件下,好氧微生物将氨氮氧化成硝态氮的过程称为硝化,首先由亚硝酸盐细菌将氨氮转化为亚硝态氮(也称为亚硝化作用),然后由硝酸盐细菌将亚硝态氮进一步转化为硝态氮。亚硝酸盐菌和硝酸盐菌合称硝化菌,属专性好氧自养菌。硝化过程的反应式如下:

$$NH_4^+ + 1.5O_2 \xrightarrow{亚硝酸盐菌} NO_2^- + H_2O + 2H^+$$

$$NO_2^- + 0.5O_2 \xrightarrow{硝酸盐菌} NO_3^-$$

总反应式:$NH_4^+ + 2O_2 \xrightarrow{硝化菌} NO_3^- + H_2O + 2H^+$

由上述反应可知,硝化过程需要消耗水中的溶解氧,1 g 氨氮完全硝化需氧 4.57 g(其中亚硝化反应需氧 3.43 g,硝化反应需氧 1.14 g),此即硝化需氧量。同时,硝化过程中释放出 H^+,将消耗水中的碱度,1 g 氨氮完全硝化消耗 7.1 g 碱度(以 $CaCO_3$ 计)。因此,为了保持硝化过程适宜的 pH 值,污水中应有足够的碱度。

(2) 反硝化过程

在缺氧条件下，反硝化菌将 NO_2^- 和 NO_3^- 还原为 N_2 的过程，称为反硝化。反硝化菌大多为兼性菌，在有氧环境下利用分子氧进行有氧呼吸，而在无氧环境下，则利用 NO_3^- 或 NO_2^- 中的氧作电子受体，有机物作碳源及电子供体进行无氧呼吸，即反硝化。当以甲醇为碳源时，反硝化过程的反应式如下：

$$6NO_3^- + 5CH_3OH \xrightarrow{\text{反硝化菌}} 3N_2 + 5CO_2 + 7H_2O + 6OH^-$$

$$2NO_2^- + CH_3OH \xrightarrow{\text{反硝化菌}} N_2 + CO_2 + H_2O + 2OH^-$$

由上述反应可知，在反硝化过程中，不仅能使 NO_2^- 和 NO_3^- 被还原，而且还可使有机物氧化分解，并产生 OH^-。每还原 1 g 硝态氮需提供有机物（以 BOD_5 计）2.86 g，同时产生 3.57 g 碱度（以 $CaCO_3$ 计）。

当环境中缺乏有机物时，微生物可通过消耗自身的原生质进行所谓的内源反硝化：

$$4NO_3^- + C_5H_7O_2N \longrightarrow 2N_2 + 5CO_2 + NH_3 + 4OH^-$$

由上式可见，内源反硝化的结果是细胞物质减少，即反硝化菌减少，并会有氨气生成，因此，污水处理中不希望以此种反应为主，而应提供足够的电子供体（碳源）。

此外，在生物处理过程中，污水中的一部分氮（氨氮或有机氮）被同化为微生物细胞的组成成分，以剩余活性污泥的形式从污水中去除，此过程称为同化作用。当进水氨氮浓度较低时，同化作用可能成为脱氮的主要途径。

2. 新型生物脱氮

基于硝化-反硝化原理的传统生物脱氮工艺能耗高，还需要有足够的有机碳源作为反硝化时的电子供体，对于高浓度氨氮污水，上述问题更为突出，因此国内外学者一直在寻找高效低耗的生物脱氮工艺，以下是代表性的研究成果。

（1）短程硝化-反硝化脱氮

由传统硝化-反硝化脱氮原理可知：硝化过程包括由两类细菌独立催化完成的两个不同反应，这两个反应应该可以分开；对于反硝化菌，NO_2^- 和 NO_3^- 均可作为最终受氢体。短程硝化-反硝化法就是控制硝化终止于亚硝化阶段，随后以 NO_2^- 作为受氢体进行反硝化，反应式如下：

$$NH_4^+ + 1.5O_2 \xrightarrow{\text{亚硝酸盐菌}} NO_2^- + H_2O + 2H^+$$

$$2NO_2^- + 6[H] + 2H^+ \xrightarrow{\text{反硝化菌}} N_2 + 4H_2O$$

研究表明，短程硝化-反硝化生物脱氮可减少硝化供氧量 25%左右，节省反硝化所需碳源约 40%，减少污泥生成量约 50%，还可以减少碱消耗量和缩短反应时间。

(2) 厌氧氨氧化脱氮

厌氧氨氧化（Anaerobic Ammonium Oxidation，ANAMMOX）是 20 世纪末荷兰 Delft 大学开发的一种新型脱氮工艺，其基本原理是在厌氧条件下，以 NO_2^- 或 NO_3^- 为电子受体，将 NH_3-N 氧化成 N_2，或者说利用 NH_3-N 作为电子供体，将 NO_2^- 或 NO_3^- 还原成 N_2。参与厌氧氨氧化的细菌是一种自养菌，在厌氧氨氧化过程中无需有机碳源存在。厌氧氨氧化反应式及反应自由能如下：

$$NH_4^+ + NO_2^- \longrightarrow N_2 + 2H_2O \quad \Delta G = -358 \text{ kJ/mol } (NH_4^+)$$

$$5NH_4^+ + 3NO_3^- \longrightarrow 4N_2 + 9H_2O + 2H^+ \quad \Delta G = -297 \text{ kJ/mol } (NH_4^+)$$

上述反应的 $\Delta G < 0$，根据热力学理论可知反应能自发进行，可以提供能量供微生物生长。

(3) 亚硝酸型完全自养脱氮

亚硝酸型完全自养脱氮（Completely Autotrophic Nitrogen-removal Over Nitrite，简称 CANON 工艺）的基本原理是先将氨氮部分氧化成亚硝态氮，控制 NH_4^+ 与 NO_2^- 比例为 1∶1，然后通过厌氧氨氧化作为反硝化实现脱氮的目的，其反应式如下：

$$NH_4^+ + 1.5O_2 \longrightarrow NO_2^- + H_2O + 2H^+$$

$$NH_4^+ + NO_2^- \longrightarrow N_2 + 2H_2O$$

全过程为自养的好氧亚硝化反应结合自养的厌氧氨氧化反应，无需有机碳源，对氧的消耗比传统硝化-反硝化减少 62.5%，同时减少碱消耗量和污泥生成量。

(4) 自养反硝化脱氮

自养反硝化脱氮是自养反硝化菌以还原性的无机物（如 S^{2-}、H_2 等）为电子供体，以 NO_3^- 或 NO_2^- 为电子受体进行的反硝化过程，其反应式如下：

$$5S + 6NO_3^- + 8H_2O \longrightarrow 3N_2 + 5H_2SO_4 + 6OH^-$$

$$5H_2 + 2NO_3^- \longrightarrow N_2 + 4H_2O + 2OH^-$$

(四) 厌氧-好氧生物除磷

污水中磷的存在形态取决于污水的类型，最常见的是磷酸盐（$H_2PO_4^-$、HPO_4^{2-}、PO_4^{3-}）、聚磷酸盐和有机磷。常规二级生物处理出水中，90% 左右的磷以磷酸盐的形式存在。

污水生物除磷（Biological Phosphorus Removal，BPR）是基于这样一种现象：一类特殊的微生物——聚磷菌（Phosphorus Accumulation Organisms，PAOs）在厌氧状态下释放磷，而在好氧状态下可以过量地、超出其生理需要地从环境中摄取磷。如图5-8所示，在厌氧段，兼性细菌将溶解性有机物通过水解发酵作用转化成乙酸等低分子挥发性脂肪酸（VFA），聚磷菌大量吸收这些脂肪酸，并将其合成细胞内碳源储存物聚β羟基丁酸盐（PHB），所需能量来源于菌体内聚磷的分解，这一过程导致磷酸盐的释放；在好氧段，聚磷菌过量摄取水体中的磷酸盐，并转化为聚磷酸盐储存在菌体内，所需能量来自胞内PHB的好氧分解。由于好氧吸磷量远大于厌氧放磷量，因此通过剩余污泥的排放可达到除磷的目的。

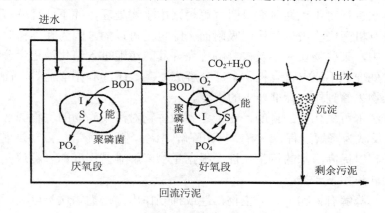

图 5-8　生物除磷的基本原理

注：I——以PHB等有机颗粒形式贮存在细胞内的食料；S——贮存在菌体内的聚磷酸盐。

由聚磷菌超量吸磷而形成的富磷活性污泥，其含磷量为5%～10%，有时甚至高达30%，而一般活性污泥含磷量不足3%。实际生物除磷系统中活性污泥的含磷量取决于活性污泥中聚磷菌的份额，份额越高，除磷能力越强，污泥含磷量越大。此外，在厌氧状态下放磷越多，合成的PHB越多，则在好氧状态下合成的聚磷量也越多，除磷效果也就越好。

上述脱氮和除磷是由不同的微生物独立完成的。研究发现，通过反硝化除磷兼性菌的作用，能将反硝化脱氮与生物除磷有机地合二为一，即在无分子氧但有硝态氮的条件下，反硝化除磷菌以硝态氮为电子受体，以简单有机物和自身碳源储存物聚β羟基丁酸盐（PHB）为电子供体，通过氧化电子供体产生能量，产生与传统聚磷菌在好氧条件下相同的生物吸磷过程，合成APT、核酸和多聚磷酸盐，在生物吸磷的同时，硝态氮被还原成氮气。显然，被反硝化除磷菌合并后的反硝化除磷过程能够节省碳源和分子氧，同时细胞合成量也较少。

第四节 污水的可生化性

污水的可生化性（即可生物处理性）是判断污水能否采用生物处理法处理的主要依据，也是影响污水生物处理效率的关键性能。

一、可生化性的含义

污水可生化性是指污水中所含的污染物通过微生物的生命活动所能去除的程度。对污水进行可生化性研究只研究可否采用生物处理，并不研究分解成什么产物，即使有机污染物被生物污泥吸附而去除也是可以的。因为在停留时间较短的处理设备中，某些物质来不及被分解，允许其随污泥进入消化池逐步分解。事实上，生物处理并不要求将有机物全部分解成 CO_2、H_2O 和硝酸盐等，而只要求将水中污染物去除到排放标准要求的程度。

研究污水可生化性的目的，在于考察微生物对污染底物的生物降解能力和降解速率（反映为降解过程、降解产物和降解速率），从而确定是否需要采取必要的预处理过程以提高污水的可生化性。根据生物降解难易程度和降解速度，可将有机污染物分为如下 4 类：

（1）易降解有机物，且无生物毒性或抑制作用。这类物质是可立即被微生物作为碳源和能源利用的有机物，如简单的糖、氨基酸、脂肪酸等。

（2）可降解有机物，但有生物毒性或抑制作用。如对二苯甲酸、聚乙烯醇、烷基苯磺酸钠等，这类有机污染物可逐步被微生物分解利用，但需要对微生物进行驯化。驯化期间基本不发生生物降解，驯化完成后，有机物可作为微生物唯一的碳源和能源而被降解。驯化期长短与有机物的性质、浓度有关，它反映了污染物生物降解的难易程度。

（3）难降解有机物，但无生物毒性或抑制作用。这类有机物生物降解速度十分缓慢或基本不被降解，如天然高分子有机污染物木质素、纤维素等和人工合成有机污染物如有机氯化物（如六六六）、多氯联苯、喹啉等。

（4）难降解有机物，且有生物毒性或抑制作用。这类有机物对微生物毒性强，不但不可被微生物降解，而且会抑制微生物的生命活动，因此，一方面可采用物化手段进行预处理，以降低其在污水中的浓度，从而削弱其对微生物的毒性；另一方面可采用厌氧水解酸化预处理，由抗冲击能力较强的水解发酵菌群将污染物质的复杂分子结构打破、转变为简单的小分子结构，提高其可生化性，以利于后续生物处理过程。

二、可生化性的评价方法

(一) 水质指标法

水质指标法是以表示污水中有机物含量的综合水质指标来评价污水的可生化性。

1. BOD_5/COD 值法

BOD_5 和 COD 是最常用的表示污水有机污染的综合指标,其中 BOD_5 代表了污水中可生物降解的那部分有机物,而 COD 则近似代表了污水中的全部有机物,再加上它们的测定方法比较简便,因此,广泛采用 BOD_5/COD 值来评价污水的可生化性。在一般情况下,BOD_5/COD 值越大,说明污水可生物处理性越好。综合国内外的研究结果,可参照表 5-2 中所列数据来评价污水的可生化性。

表 5-2 BOD_5/COD 值法污水可生化性评价参考数据

BOD_5/COD	>0.45	0.3~0.45	0.2~0.3	<0.2
可生化性	易生物降解	可生物降解	生物降解性较差	难生物降解
好氧生物处理可行性	较好	一般	较差	不宜

用 BOD_5/COD 值来评价污水的可生化性,简单易行,但比较粗糙,欲做出准确的判断,还应辅以生物处理的模型试验。

2. BOD_5/TOD 值法

对于同一污水或同种化合物,一般 COD 值≤TOD 值,且不同化合物的 COD/TOD 值差别很大,如吡啶的为 2%、甲苯的为 45%、甲醇的为 100%,因此,以 TOD 代表污水中的总有机物含量要比 COD 准确,即用 BOD_5/TOD 值来评价污水的可生化性能得到更好的相关性。

采用 BOD_5/TOD 值评价污水的可生化性时,可参考表 5-3。

表 5-3 BOD_5/TOD 值法污水可生化性评价参考数据

BOD_5/TOD	>0.4	0.2~0.4	<0.2
污水可生化性	易生化	可生化	难生化

(二) 耗氧速率法

好氧微生物在氧化分解有机污染物时需消耗水中的溶解氧,且在微生物生化活性、温度、pH 值等条件一定的情况下,耗氧速率将随可生物降解有机物浓度的提高而提高,因此,可用耗氧速率法来评价污水的可生化性。耗氧速率可用瓦勃呼吸仪和溶解氧仪测定,将所测得的耗氧速率(或耗氧量)与对应的时间作图,得到耗氧曲线,再根据耗氧曲线进行评价。其中,投加底物的耗氧曲线称为底物耗氧曲线;处于内源呼吸期的污泥耗氧曲线称为内源呼吸曲线。

耗氧曲线的特征与污水中有机污染物的性质有关,图 5-9 为几种典型的耗氧曲线。a 为内源呼吸线,当微生物处于内源呼吸期时,其耗氧量仅与微生物量有关,在较长一段时间内耗氧速度是恒定的,故内源呼吸线为一直线。若污水中有机污染物的耗氧曲线与内源呼吸线重合时,说明有机污染物不能被微生物所分解,但对微生物也无抑制作用。b 为基质是可降解有机污染物的微生物呼吸耗氧曲线,此曲线始终在内源呼吸线上方。开始时,因反应器内有机物浓度高,微生物代谢速度快,耗氧速度也大,随着有机物浓度减小,耗氧速度下降,最后微生物群体进入内源代谢期,耗氧曲线与内源呼吸线平行。c 为基质是对微生物有抑制作用的有机污染物的微生物呼吸耗氧曲线。该曲线始终位于内源呼吸线的下方,且离内源呼吸线越远,即离横轴越近,说明有机污染物对微生物的抑制作用或毒性越强。

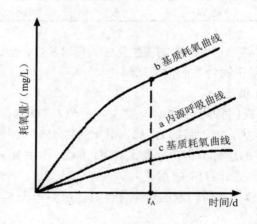

图 5-9 微生物呼吸耗氧曲线

在图 5-9 中,与 b 类耗氧曲线相对应的是可生物处理的污水,在某一时间内,b 与 a 之间的间距越大,说明污水中的有机污染物越易生物降解。曲线 b 上微生物进入内源呼吸时的时间 t_A,可认为是微生物氧化分解污水中可生物降解有机物所需的时间。在 t_A 时间内,有机物的耗氧量与内源呼吸耗氧量之差,就是氧化分解有机污染物所需的氧量。根据图示结果及 COD 测定值、混合液悬浮固体 MLSS

（或混合液挥发性悬浮固体 MLVSS）测定值，可以计算出污水中有机物的氧化百分率，计算式如下：

$$E = \frac{(O_1 - O_2) \times \text{MLSS}}{\text{COD}} \times 100\%$$ （5-15）

式中：E —— 有机物氧化分解百分率，%；

O_1 —— 有机物耗氧量，mg/L；

O_2 —— 内源呼吸耗氧量，mg/L；

MLSS —— 混合液悬浮固体浓度，mg/L。

显然，t_A 越小，$(O_1 - O_2)$ 越大，E 就越大，则污水的可生化性就越好。

由于影响有机污染物耗氧速率的因素很多，所以用耗氧速率法评价有机物的可生化性时，需要对活性污泥的来源、浓度、驯化及有机物浓度、反应温度等条件作严格规定。

（三）摇床试验

摇床试验又称为振荡培养法，即在培养瓶中加入驯化活性污泥、待测物质及无机营养盐溶液，在摇床上振摇，培养瓶中的混合液在振荡过程中不断更新液面，使大气中的氧不断溶解于混合液中，以供微生物代谢有机物，经过一定时间间隔后，对混合液进行过滤或离心分离，然后测定清液的 COD 或 BOD 浓度，以考察待测物质的去除效果。摇床上可同时放置多个培养瓶，因此摇床试验可一次进行多种条件试验，有利于选择最佳操作条件。

（四）模型试验

模型试验是指采用生物处理的模型装置考察污水的可生化性。模型装置通常可分为间歇流和连续流反应器两种。

间歇流反应器模型见图 5-10，试验是在间歇投配驯化活性污泥和待测物质及无机营养盐溶液的条件下连续曝气充氧完成，在选定的时间间隔内取样分析 COD 或 BOD 等水质指标，从而确定待测物质或污水的去除率及去除速率。

连续流反应器是指连续进水、出水，连续回流污泥和排除剩余污泥的反应器，其形式多种多样。采用这种反应器研究污水可生化性时，要求在一定时间内进水水质稳定。通过测定进、出水的 COD 等指标来确定污水中有机物的去除速率及去除率。这种试验是对连续流污水或污水处理厂的模拟，试验时可阶段性地逐渐增加待测物质的浓度，这对于确定待测物质的生物处理极限浓度很有意义。如果对某种污水缺乏应有的处理经验，这种试验可为设计研究人员合理选择处理工艺参数提供有效帮助。

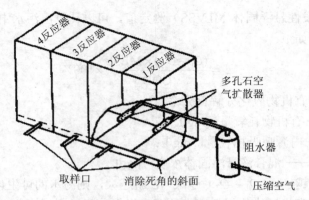

图 5-10 间歇流反应器模型

采用模型试验确定污水或有机物的可生化性，其优点是成熟、可靠，且可同时进行生化处理条件的探索，求出污水的合理稀释度、污水处理时间及其他设计与运行参数；缺点是耗费的人力、物力较大，需时较长。

除上述各方法外，还有动力学常数法、脱氢酶活性法、有机物分子结构评价法等。

三、可生化性评价应注意的问题

（一）生物处理方法

上述各方法是用以评价好氧生物处理时有机物的可生化性的，而好氧微生物难以降解的有机物，对于厌氧微生物而言，不一定是难降解的。即使同属好氧活性污泥法的不同工艺，由于处理条件不同，也会表现出对同一有机物的不同降解性，如普通活性污泥系统不能降解的某些有机物，而在延时曝气法系统中却能得到一定程度的降解。

（二）有机污染物浓度

一些有机物在低浓度时毒性较小，可以被微生物降解，但在浓度较高时，则表现出对微生物的强烈毒性，如常见的酚、氰、苯等物质，酚浓度在1%时是一种良好的杀菌剂，但浓度在 300 mg/L 以下时，却可被经过驯化的微生物降解。

（三）共存污染物的影响

污水中常含有多种污染物，这些污染物在污水中可能出现复合、聚合等现象，从而增大其抗降解性；有毒物质之间的混合往往会增大毒性作用，因此，对水质成分复杂的污水不能简单地以某种化合物的存在来判断污水生化处理的难易程度。

(四) 微生物的种属和浓度

所接种微生物的种属是极为重要的影响因素，不同的微生物具有不同的酶诱导特性，在底物的诱导下，一些微生物能产生相应的诱导酶，而有些微生物则不能，从而对底物的降解能力就不同。目前，国内外的生物处理系统大多采用混合菌种，通过污水的驯化进行自然的诱导和筛选，驯化程度的好坏，对底物降解效率有很大影响，如处理含酚废水，在驯化良好时，酚的可接受浓度可由每升几十毫克提高到 500～600 mg/L。此外，可以采用诱变育种、原生质融合、基因工程等微生物育种手段，培育出特效菌种和变异菌种，用以处理有毒污水，使有毒物质的降解效率大大提高。

进行可生化性试验时，还必须考虑微生物的浓度。如果浓度过低，培养时间就会很长；反之，如果浓度过高，由于微生物的吸附能力强，会因吸附作用使溶液中的有机物浓度降低，难以正确计算有机物的降解率。因此，微生物浓度尽可能与实际浓度相同。

(五) 环境条件

pH 值、水温、溶解氧、重金属离子等环境因素对微生物的生长繁殖及污染物的存在形式有影响，因此，这些环境因素也间接地影响污水中有机污染物的可降解程度。

思考题

1. 影响微生物生长的环境因素有哪些？在污水生物处理中如何控制这些因素？
2. 厌氧、缺氧、好氧生物处理过程在工程应用和基本理论方面有何不同？
3. 简述有机物厌氧与好氧生物处理在方法原理、优缺点和适用条件方面的区别。
4. 结合米氏方程和莫诺特方程，讨论零级、一级反应和混合反应的发生条件和特点。
5. 假定内源代谢系数 K_d 可忽略不计，试推导间歇反应器中底物及微生物浓度与时间的函数关系式；已知动力学常数值为：μ_{max}=2.0 h^{-1}，K_s=80 mg/L，Y=0.4，如果底物和微生物的起始浓度分别为 100 mg/L 和 200 mg/L，求 1 h 后剩余底物量；如果 K_d=0.04 d^{-1}，计算忽略内源代谢后所造成的误差。
6. 简述城镇污水生物脱氮过程的基本步骤。
7. 简述生物除磷的原理。
8. 什么是污水可生化性？如何评价？怎样提高污水的可生化性？

第六章 活性污泥法

活性污泥法实质上是天然水体自净作用的人工强化，能从污水中去除溶解态和胶体态的可生物降解的有机物，以及能被活性污泥吸附的悬浮固体和其他物质，具有对水质水量的适应性广、运行方式灵活多样、可控制性好等特点，已成为生物处理方法的主体。

第一节 基本原理

一、活性污泥

活性污泥是由细菌、真菌、原生动物、后生动物等微生物群体与污水中的悬浮物质、胶体物质混杂在一起所形成的，具有很强的吸附分解有机物能力和良好沉降性能的絮绒状污泥颗粒，因具有生物化学活性，所以被称为活性污泥。

（一）活性污泥的性状

从外观上看，活性污泥是像矾花一样的絮绒颗粒，又称为生物絮凝体，絮凝体直径一般为 0.02~0.2 mm，在静置时可立即凝聚成较大的绒粒而下沉。活性污泥的颜色因污水水质不同而不同，一般为黄色或茶褐色，供氧不足或出现厌氧状态时呈黑色，供氧过多营养不足时呈灰白色，略显酸性，稍具土壤的气味并夹带一些霉臭味。活性污泥含水率很高，一般都在 99% 以上，其比重因含水率不同而不同，曝气池混合液相对密度为 1.002~1.003，而回流污泥相对密度为 1.004~1.006。活性污泥的比表面积一般为 20~100 cm^2/mL。

（二）活性污泥的组成

活性污泥中的固体物质含量不到 1%，由有机物和无机物两部分组成，其组成比例因处理污水性质的不同而不同。有机组成部分主要为栖息在活性污泥中的微生物群体，还包括入流污水中的某些惰性的难被细菌摄取利用的所谓"难降解有机物"、微生物自身氧化的残留物。活性污泥微生物群体是一个以好氧细菌为主的混合群体，其他微生物包括酵母菌、放线菌、霉菌以及原生动物、后生动物等，正常活性污泥的细菌含量一般在 $10^7 \sim 10^8$ 个/mL，原生动物为 100 个/mL 左右。在活性污泥微生物中，原生动物以细菌为食，而后生动物以原生动物、细菌为食，它们之间形成一条食物链，组成了一个生态平衡的生物群体。活性污泥细菌常以菌胶团的形式存在，呈游离状态的较少，这使细菌具有抵御外界不利因素的性能。游离细菌不易沉淀，但可被原生动物捕食，从而使沉淀池的出水更清澈。活性污泥的无机组成部分，全部是由原污水挟入的，微生物体内存在的无机盐类，由于数量极少，可忽略不计。

总之，活性污泥由下列 4 部分物质组成：① 具有代谢功能活性的微生物群体（M_a）；② 微生物（主要是细菌）自身氧化残留物（M_e）；③ 由污水挟入的难生物降解有机物（M_i）；④ 由污水挟入的无机物质（M_{ii}）。其中活性微生物群体是活性污泥的主要组成部分。

二、基本流程

活性污泥法是以污水中的有机污染物为营养物，在有溶解氧条件下，连续地培养活性污泥，利用其吸附凝聚和氧化分解功能净化污水中有机污染物的一类生物处理方法。以曝气池和二沉池为主体组成的整体称作活性污泥系统，完整的活性污泥系统还包括实现回流、曝气、污泥处置功能所需的辅助设施。图 6-1 是活性污泥处理系统的基本流程，该流程也称为传统（普通）活性污泥法流程。

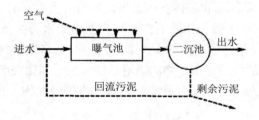

图 6-1 活性污泥法基本流程

由图 6-1 可知，经过适当预处理的污水与回流污泥一起进入曝气池形成混合液，在曝气池中，回流污泥微生物、污水中的有机物以及经曝气设备注入曝气池的氧气三者充分混合、接触，微生物以污水中可生物降解的有机物为营养物进行新陈代谢，同时污水中的溶解氧被消耗，污水的 BOD_5 浓度得以降低，随后混合液流入二沉池进行固、液分离，流出二沉池的就是净化后的水。二沉池底部经沉淀浓缩后的污泥大部分经污泥回流系统回到曝气池，其余的则以剩余污泥的形式排出，进入另设的污泥处理系统进行进一步的处置，以消除二次污染。曝气池作为生化反应器，通过回流活性污泥及排出剩余污泥，保持着一定量的微生物，接纳允许进入反应器的有机污染物量；二沉池作为活性污泥法的一个重要组成部分，进行活性污泥和水的分离，通过回流方式与曝气池紧密相连，提供曝气池所需的活性污泥微生物，形成一个有机整体共同运行。

三、活性污泥净化反应过程

活性污泥净化反应过程比较复杂，既有活性污泥本身对有机污染物的吸附、絮凝等物理、化学或物化过程，也有活性污泥内微生物对有机污染物的生物转化、吸收等生物或生化过程，大致可以分为以下两个阶段。

（一）初期吸附去除阶段

在污水与活性污泥接触、混合后的较短时间（5~10 min）内，污水中的有机污染物，尤其是呈悬浮态和胶体态的有机物，表现出较高的去除率，这种初期高速去除现象是物理吸附和生物吸附综合作用的结果。在此过程中，混合液中有机底物迅速减少，BOD 迅速降低，见图 6-2 中吸附区的曲线。这是由于活性污泥的表面积大，并且在表面上富集着大量的微生物，外部覆盖着多糖类的黏质层，当污水中悬浮、胶体态的有机底物与活性污泥絮体接触时，便被迅速凝聚和吸附去除。这种现象就是"初期吸附去除"作用。

初期吸附过程进行得很快，一般在 30 min 内便能完成，污水 BOD 的吸附去除率可达 70%，对于含悬浮态和胶体态有机物较多的污水，BOD 可下降 80%~90%。初期吸附速度主要取决于微生物的活性和反应器内的水力扩散程度与水力动力学规律，前者决定活性污泥微生物的吸附、凝聚效能，后者则决定活性污泥絮体与有机底物的接触程度。活性污泥微生物的吸附活性取决于其比表面积和所处的微生物增殖期，一般而言，处于"饥饿"状态的内源呼吸期微生物，其吸附活性最强。

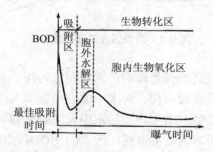

图 6-2 悬浮和胶体态有机物的去除过程

（二）代谢稳定阶段

被吸附在活性污泥微生物细胞表面的有机污染物，在透膜酶的作用下，溶解态和小分子有机物直接透过细胞壁进入细胞体内，而胶体态和悬浮态的大分子有机物如淀粉、蛋白质等则先在胞外酶——水解酶的作用下，被水解为溶解态小分子后再进入细胞体内，此时水解产生的部分溶解性简单有机物会扩散到混合液中，造成混合液 BOD 值的升高，如图 6-2 中胞外水解区的曲线所示。

进入细胞体内的有机污染物，在各种胞内酶（如脱氢酶、氧化酶等）的催化作用下，被氧化分解为中间产物，有些中间产物被合成为新的细胞物质，另一些则被氧化为稳定的无机产物，如 CO_2 和 H_2O 等，并释放能量供合成细胞所需，这个过程即物质的氧化分解过程，也称为稳定过程。在此过程中，不稳定的高分子有机物质通过生化反应被转化为简单稳定的低分子无机物质，混合液 BOD 逐渐降低，如图 6-2 中胞内生物氧化区曲线所示。稳定过程所需的时间取决于有机物的转化程度，要比吸附过程长得多。

第二节　活性污泥法参数

一、表征活性污泥性能的参数

表征活性污泥性能的参数主要有两类，即表示活性污泥微生物量的参数和表示活性污泥沉降性能的参数。

（一）表示活性污泥微生物量的参数

活性微生物是活性污泥处理系统的核心，在曝气池混合液内保持一定数量的活性微生物是保证活性污泥处理系统正常运行的必要条件，而活性微生物高度集中在活性污泥上，因此，常用混合液中的活性污泥浓度表示活性污泥的微生物量。

（1）混合液悬浮固体浓度

混合液悬浮固体（Mixed Liquor Suspended Solids，MLSS）浓度是指曝气池内单位体积混合液中所含有的活性污泥干固体的总质量，单位为 g/L 或 mg/L，工程上常用 kg/m^3，也称混合液污泥浓度，一般用 X 表示。

根据活性污泥的组成可知，MLSS= $M_a+M_e+M_i+M_{ii}$，除了活性物质 M_a 外，还包含非活性有机物质 M_e、M_i 以及无机物质 M_{ii}，因此，该参数不能精确地表示出活性微生物的量，表示的是活性微生物量的相对值，但由于测定方法比较简便易行，因而应用较为普遍。

（2）混合液挥发性悬浮固体浓度

混合液挥发性悬浮固体（Mixed Liquor Volatile Suspended Solids，MLVSS）浓度是指曝气池内单位体积混合液中所含有的活性污泥有机性干固体的质量，单位为 g/L 或 mg/L，工程上常用 X_v 表示。

根据活性污泥的组成可知，MLVSS=M_a+M_e+M_i，由于不包括无机物质 M_{ii}，该参数在精确度上比 MLSS 更好，但仍包含 M_e 和 M_i 等惰性有机物质，因此它表示的还是活性微生物量的相对值。

对某一污水而言，MLVSS 与 MLSS 的比值（常用 f 表示）相对稳定，对于生活污水，f 值一般为 0.7～0.8，以生活污水为主的城市污水也可采用此值。

（二）表示活性污泥沉降性能的参数

根据活性污泥在沉降-浓缩方面的特性，建立了如下两项以活性污泥静置沉淀 30 min 为基础的参数以表示其沉降-浓缩性能。

1. 污泥沉降比

污泥沉降比（Settling Velocity，SV）是指曝气池混合液在量筒内静置沉淀 30 min 后，沉淀污泥与原混合液的体积比，以百分数表示，即

$$SV = \frac{混合液经 30 \min 静沉后的污泥体积}{混合液体积} \times 100\% \tag{6-1}$$

由于正常的活性污泥在静沉 30 min 后可接近它的最大密度，因此污泥沉降比能够反映曝气池运行过程的活性污泥量，可用以控制、调节剩余污泥的排放量，还能反映出污泥膨胀等异常情况。SV 测定简单，便于说明问题，它是评价活性污泥特性的重要指标，也是活性污泥处理系统重要的运行参数。污泥沉降比受污水性质、污泥浓度、污泥絮体颗粒大小及污泥絮体性状等因素影响。一般城市污水处理系统曝气池活性污泥的 SV 值为 15%～30%。

2. 污泥容积指数

污泥容积指数（Sludge Volume Index，SVI）是指曝气池混合液在静置沉淀 30 min 后，每克干污泥所占有沉淀污泥容积的毫升数，单位为 mL/g，SVI 的计算式为：

$$SVI = \frac{SV(mL/L)}{MLSS(g/L)} = \frac{SV(\%) \times 10(mL/L)}{MLSS(g/L)} \tag{6-2}$$

例如，曝气池混合液 SV=30%，污泥浓度 MLSS=3 000 mg/L，则污泥容积指数为：

$$SVI = \frac{30 \times 10}{3} = 100$$

SVI 值能较好地反映出活性污泥的松散程度和凝聚沉降性能，SVI 值过低，说明污泥颗粒细小紧密，无机物多，缺乏活性和吸附能力；SVI 值过高，说明污泥难以沉降分离，并使回流污泥的浓度降低，甚至会出现污泥膨胀，导致污泥流失等。通常认为，SVI<100 时，沉淀性能良好，但不能过低；SVI=100～200 时，沉淀性能一般；SVI>200 时，沉淀性能差，易发生污泥膨胀。一般控制 SVI 值为 50～150 为宜。

二、BOD 负荷

（一）BOD 负荷的表示方法

BOD 负荷可用污泥负荷和容积负荷两种方法表示。

1. 污泥负荷

在活性污泥法中，一般将有机物量（F）与活性污泥量（M）的比值（F/M）称为污泥负荷，即单位重量活性污泥在单位时间内所承受的有机物量，以 N_s 或 L_s 表示，单位为 kg BOD_5/（kg MLSS·d），则

$$\frac{F}{M} = N_s = \frac{QS_a}{VX} \tag{6-3}$$

式中：Q —— 污水平均流量，m^3/d；
S_a —— 曝气池入流污水的 BOD_5 浓度，mg/L；
X —— 曝气池混合液 MLSS 浓度，mg/L；
V —— 曝气池有效容积，m^3。

2. 容积负荷

单位曝气池有效容积在单位时间内所承受的有机物量称为容积负荷，以 N_v 或 L_v 表示，单位为 kg BOD_5/（m^3·d），即

$$N_v = \frac{QS_a}{V} = N_s X \tag{6-4}$$

此外，采用去除负荷 N_r 或 L_r 表示有机物的去除情况，即单位重量活性污泥在单位时间内所去除的有机物量，单位为 kg BOD_5/（kg MLSS·d）或 kg BOD_5/（kg MLVSS·d），可用下式表示：

$$N_r = \frac{Q(S_a - S_e)}{VX} \quad 或 \quad N_r = \frac{Q(S_a - S_e)}{VX_v} \tag{6-5}$$

式中：S_e —— 出水的 BOD_5 浓度，mg/L；
X_v —— 曝气池混合液 MLVSS 浓度，mg/L。

(二) BOD 负荷的工程意义

污泥负荷和容积负荷是活性污泥处理系统设计、运行最基本的参数之一，污泥负荷是影响有机污染物降解、活性污泥增长的重要因素，与污水处理效率、活性污泥特性、污泥生成量、氧的消耗量密切相关。

1. BOD 负荷与处理效率的关系

在一定的污泥负荷范围内，随着污泥负荷 N_s 的升高，处理效率 η 将下降，处理水的底物浓度 S_e 将升高。但对不同的底物，η 随 N_s 的不同也有很大差别。粪便污水、食品工业废水等所含底物是糖类、有机酸、蛋白质等一般性有机物，容易降解，即使污泥负荷升高，BOD 去除率下降的趋势也较缓慢；相反，醛类、酚类的分解需要特种微生物，当污泥负荷超过某一值后，BOD 去除率显著下降。对同一种废水，在不同的污泥负荷范围内，其 BOD 去除率变化速度也不同。

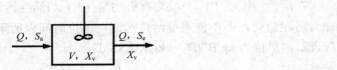

图 6-3 完全混合曝气池示意

污泥负荷与底物去除率的关系可用数学模型来描述。对图 6-3 所示的完全混合活性污泥法系统，在底物浓度较低时，底物比降解速率为：

$$\frac{-\mathrm{d}S}{X_v \mathrm{d}t} = \frac{Q(S_a - S_e)}{X_v V} = K S_e \tag{6-6}$$

式中：K 为底物（BOD）的降解速度常数，Eckenfelder 等推荐用完全混合曝气池处理城市生活污水及性质与城市生活污水类似的工业废水的 K 值为 0.016 8～0.028 1。

结合污泥负荷的定义式和式 (6-6)，则：

$$N_s = \frac{QS_a}{XV} = \frac{QS_a(S_a - S_e)}{XV(S_a - S_e)} = \frac{Q(S_a - S_e)f}{X_v V} \cdot \frac{S_a}{(S_a - S_e)} = \frac{K S_e f}{\eta} \tag{6-7}$$

式中：$f = X_v / X$；

η——污水 BOD_5 去除率（即处理效率），$\eta = \dfrac{S_a - S_e}{S_a} \times 100\%$。

式 (6-7) 表明污泥负荷 N_s 与去除率 η 和出水水质 S_e 具有对应关系。若活性污泥系统污泥负荷变高，则处理效率将下降，出水 BOD_5 浓度会升高（出水水质变差）。

2. BOD 负荷对活性污泥特性的影响

污泥容积指数 SVI 值随污泥负荷的变化而变化，图 6-4 所示为活性污泥法处理城市污水的 SVI 值随污泥负荷变化的基本规律，可见，SVI-N_s 曲线是具有多峰的波形曲线，有 3 个低 SVI 的负荷区和 2 个高 SVI 的负荷区。如果在运行时负荷波动进入高 SVI 负荷区，污泥沉淀性差，将会出现污泥膨胀。一般在高负荷时应选择在 1.5～2.0 kg BOD_5/（kg MLSS·d）范围内，中负荷时为 0.2～0.4 kg BOD_5/（kg MLSS·d），低负荷时为 0.03～0.05 kg BOD_5/（kg MLSS·d）。

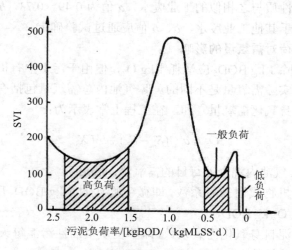

图 6-4 污泥负荷对污泥 SVI 值的影响

3. BOD 负荷对污泥生成量的影响

在曝气池内，活性污泥微生物的增殖是微生物合成反应和内源代谢两项生理活动的综合结果，即活性污泥的净增殖量是这两项活动的差值，在工程上采用下式计算：

$$\Delta X = aQ(S_a - S_e) - bVX \tag{6-8}$$

式中：ΔX——每天的活性污泥增加量，kg/d；

　　　a——污泥合成系数，即每去除 1 kg BOD_5 所形成的活性污泥的质量数；

　　　b——污泥自身氧化系数，d^{-1}。

而 $N_r = \dfrac{Q(S_a - S_e)}{VX}$，则 $Q(S_a - S_e) = XVN_r$，因此式（6-8）可变为：

$$\Delta X = aVXN_r - bVX \tag{6-9}$$

在式（6-9）两边同除以 XV，则有

$$\frac{\Delta X}{XV} = aN_r - b \qquad (6-10)$$

式（6-10）表明了活性污泥比增长率 $\Delta X/XV$ 与负荷 N_r 相关，如果 N_r 降低，则污泥生成量减少，且当 N_r 低到 b/a 时，污泥生成率为零，即系统基本上不排剩余污泥。

a、b 是污水性质的参数，对于确定的污水，其值相对稳定，一般负荷条件下，对于生活污水或性质与之相似的工业废水，a 值为 0.49~0.73，b 值比较稳定，为 0.07~0.075。对于其他工业废水，a、b 值应通过试验确定。

4．BOD 负荷对需氧量的影响

理论上，去除 1 kg BOD_5 应消耗 1 kg O_2，但由于污水中有机物的存在形式及运转条件不同，实际需氧量是不同的。曝气池内总需氧量包括有机物去除的需氧量以及有机体自身氧化需氧量之和，在工程上常表示为：

$$O_2 = a'Q(S_a - S_e) + b'VX_v \qquad (6-11)$$

式中：O_2——曝气池内混合液每日的需氧量，kg/d；

a'——有机物代谢需氧系数，即微生物代谢 1 kg BOD_5 所需氧的质量数，kg O_2/kg BOD_5；

b'——污泥自身氧化需氧系数，即单位质量活性污泥每天自身氧化所需氧的质量数，kg O_2/（kg MLVSS·d）。

而 $Q(S_a - S_e) = X_v V N_r$，则式（6-11）可变为

$$O_2 = a'X_v V N_r + b'X_v V \qquad (6-12)$$

在式（6-11）两边同除以 $Q(S_a - S_e)$，可得

$$\frac{O_2}{Q(S_a - S_e)} = a' + b'\frac{1}{N_r} \qquad (6-13)$$

式中：$\dfrac{O_2}{Q(S_a - S_e)}$——比需氧量，即降解 1 kg BOD_5 的需氧量，kg O_2/（kg BOD_5·d）。

在式（6-12）两边同除以 $X_v V$，可得

$$\frac{O_2}{X_v V} = a'N_r + b' \qquad (6-14)$$

式中：$\dfrac{O_2}{X_v V}$——比耗氧量，即单位质量活性污泥平均每天的耗氧量，kg O_2/（kg MLVSS·d）。

从式（6-13）可见，当活性污泥系统在较高的污泥负荷下运行时，去除单位质量 BOD_5 的需氧量较小，因为底物在高负荷系统中的停留时间短，一些只被吸附而未经氧化的有机物随剩余污泥排出处理系统，同时微生物自身氧化作用弱；相反，在低负荷情况下，有机物能被彻底氧化，微生物自身氧化作用也强，因此需氧量消耗大。从需氧量方面看，高负荷系统比低负荷系统经济。

式（6-13）和式（6-14）对活性污泥处理系统有重要意义，系数 a'、b' 是活性污泥处理系统重要的设计与运行参数，其值可以通过试验按式（6-14）用图解法确定，以 N_r 为横坐标，以 $\dfrac{O_2}{X_v V}$ 为纵坐标，各项数据作图，得一直线，其斜率为 a' 值，截距为 b' 值。

对于生活污水，a' 值一般为 0.42～0.53，b' 值为 0.188～0.11。

5. BOD 负荷对曝气池容积的影响

采用高值的污泥负荷，将加快有机污染物的降解速度和活性污泥增长速度，底物在曝气池中的停留时间短，曝气池的容积减小，在经济上比较适宜，但处理水水质未必能够达到预定的要求。采用低的污泥负荷，有机污染物的降解速度和活性污泥的增长速度都将降低，底物在曝气池中的停留时间长，曝气池的容积加大，建设费用有所增加，但处理水的水质可能提高，并达到要求。

6. BOD 负荷对营养比要求的影响

采用不同污泥负荷时，微生物处于不同生长阶段。在低负荷时，污泥自身氧化程度较高，在有机体氧化过程中释出氮、磷成分，所以氮、磷的需要量减小，如在延时曝气法中，$BOD_5：N：P=100：1：0.2$ 时，即可使微生物正常生长，而在一般污泥负荷下，则要求 $BOD_5：N：P=100：5：1$。

三、污泥龄

曝气池内活性污泥总量与每日排放的污泥量之比称为污泥龄（简称泥龄），即活性污泥在曝气池内的平均停留时间，故又称"生物固体平均停留时间"（Mean Cell Retention Time，MCRT），单位为 d，用 θ_c 或 t_s 表示，即

$$\theta_c = \frac{V \cdot X}{\Delta X} \qquad (6\text{-}15)$$

式中：X —— 曝气池混合液 MLSS 浓度，kg/m^3；

V —— 曝气池有效容积，m^3；

ΔX —— 系统内每天增长的活性污泥量，即应排出系统外的活性污泥量，kg/d。

其中 ΔX 为：

$$\Delta X = Q_w X_r + (Q - Q_w) X_e \tag{6-16}$$

式中：Q_w —— 作为剩余污泥排放的污泥流量，m^3/d；

Q —— 污水流量，m^3/d；

X_r —— 剩余污泥浓度，kg/m^3；

X_e —— 排放处理水中的悬浮固体浓度，kg/m^3。

将式（6-16）代入式（6-15），则有

$$\theta_c = \frac{VX}{Q_w X_r + (Q - Q_w) X_e} \tag{6-17}$$

通常 X_e 值极小，可以忽略不计，于是上式可简化为：

$$\theta_c = \frac{VX}{Q_w X_r} \tag{6-18}$$

一般情况下，X_r 是表示活性污泥特性和二沉池沉淀效果的参数，可由下式求其近似值：

$$X_r = \frac{10^6}{\text{SVI}} \tag{6-19}$$

但是，在实际二沉池内污泥沉淀时间、池深、泥层深以及污泥回流等情形都与沉淀筒不同，使沉淀池污泥与静置沉淀试验的污泥存在差异，为此引入一个修正系数 r（一般情况下，r 可取 1.2）来修正，即

$$X_r = r \cdot \frac{10^6}{\text{SVI}} \tag{6-20}$$

污泥龄是活性污泥处理系统设计、运行的重要参数，与污泥去除负荷 N_r、混合液污泥浓度 X、出水底物浓度 S_e 等参数密切相关。

1. 污泥龄与污泥去除负荷 N_r 的关系

根据式（5-12）可得活性污泥微生物每日在曝气池内的净增殖量为：

$$\Delta X = YQ(S_a - S_e) - K_d XV \tag{6-21}$$

式中：Y —— 污泥产率系数，一般为 $0.35 \sim 0.8$ kg MLSS/kg BOD_5；

K_d —— 污泥自身氧化率，d^{-1}，一般为 $0.05 \sim 0.1$ d^{-1}；

$Q(S_a - S_e)$ —— 每日的有机物降解量，kg/d；

XV —— 曝气池内 MLSS 总量，kg。

式（6-21）两边同除以 XV，则有：

$$\frac{\Delta X}{XV} = Y \frac{Q(S_a - S_e)}{XV} - K_d$$

而 $\dfrac{\Delta X}{XV} = \dfrac{1}{\theta_c}$，$\dfrac{Q(S_a - S_e)}{VX} = N_r$，则上式可变为：

$$\dfrac{1}{\theta_c} = YN_r - K_d \tag{6-22}$$

由式（6-22）可见，污泥龄与污泥去除负荷 N_r 成反比关系。

2. 污泥龄与混合液污泥浓度的关系

将 $N_r = \dfrac{Q(S_a - S_e)}{VX}$ 代入式（6-22）中，可得 X 与 θ_c 的关系：

$$X = \dfrac{Q(S_a - S_e)Y\theta_c}{V(1 + K_d\theta_c)} \tag{6-23}$$

令 $\theta = V/Q$，称为水力停留时间，则 $Q/V = 1/\theta$，则式（6-23）可变为：

$$X = \dfrac{(S_a - S_e)Y\theta_c}{(1 + K_d\theta_c)\theta} \tag{6-24}$$

3. 污泥龄与出水底物浓度 S_e 的关系

对曝气和沉淀系统的底物作物料衡算，可得 S_e 与 θ_c 的关系：

$$S_e = \dfrac{K_s(1 + K_d\theta_c)}{\theta_c(Yq_{max} - K_d) - 1} \tag{6-25}$$

式中：K_s——饱和常数，又称半速度常数，mg/L；

q_{max}——有机底物的最大比降解速率，d^{-1}。

泥龄还影响活性污泥的絮凝沉淀性能、系统氧吸收速率、污泥产量及活性污泥微生物状况等。因此，适宜的泥龄值对活性污泥处理系统至关重要。一般而言，为使溶解性的有机物有最大的去除率，可选用较小的 θ_c 值；为使活性污泥具有较好的絮凝沉淀性，宜选用中等大小的 θ_c 值；为使微生物净增殖量最小，则应选用较大的 θ_c 值。

在活性污泥系统设计中，既可采用污泥负荷，也可采用泥龄作设计参数，但在实际运行时，控制污泥负荷比较困难，需要测定有机物量和污泥量，而用泥龄作为运转控制参数，只要求调节每日的排泥量，过程控制简单。

第三节 曝气原理和曝气系统

曝气是通过曝气设备使空气（或氧气）与水在曝气池中强烈接触的一种手段，其目的在于将分子氧溶解于水，并使气、液、固三相充分混合，过程涉及氧从气相到液相的转移、曝气设备和曝气池3方面的内容。

一、氧转移原理

氧由气相转入液相的原理常用双膜理论来解释。双膜理论模型如图 6-5 所示,其基本点为:在气-液界面两侧存在着气膜和液膜;气膜和液膜对气体分子的转移产生阻力;氧在膜内以分子扩散方式转移,其速度慢于在混合液内发生的对流扩散的转移方式;氧是难溶气体,其阻力主要来自液膜。

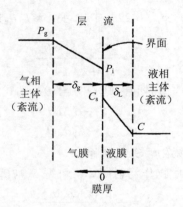

图 6-5 双膜理论模型示意

根据气液传质扩散的双膜理论,污水生物处理系统中的氧转移速度可以用下式表示:

$$\frac{dm}{dt} = D_L \frac{A}{\delta_L}(C_s - C) \tag{6-26}$$

式中:dm/dt —— 氧转移(传递)速率,即单位时间从界面 A 扩散通过的氧量,kg O_2/h;
D_L —— 氧分子在液膜中的扩散系数,m^2/h;
A —— 气液接触界面面积,m^2;
δ_L —— 液膜厚度,m;
C_s —— 氧在液相中的饱和浓度,kg/m^3;
C —— 氧在液相中的实际浓度,kg/m^3。

令 $K_L = D_L/\delta_L$,又 $dm = VdC$,则上式可改写为:

$$\frac{dC}{dt} = K_L \frac{A}{V}(C_s - C) \tag{6-27}$$

式中:dC/dt —— 液相溶解氧浓度变化速率,即单位体积液相的氧转移速率,kg O_2/($m^3 \cdot h$);

K_L —— 分子氧在液膜中的传质系数，m/h，$K_L = D_L/\delta_L$；

V —— 液相体积，m³。

由于 A 难以测定，常用 K_{La} 代替 $K_L \dfrac{A}{V}$，则有

$$\frac{dC}{dt} = K_{La}(C_s - C) \qquad (6\text{-}28)$$

式（6-28）中的 K_{La} 称为氧总转移系数或总传质系数，表示在曝气过程中氧的总传递性，是评价空气扩散装置供氧能力的重要参数，单位为 h⁻¹。当传递过程中阻力大时，K_{La} 值低，反之则高。K_{La} 的倒数 $1/K_{La}$ 的单位是 h，表示曝气池中溶解氧浓度从 C 提高到 C_s 所需要的时间。当 K_{La} 值低时，$1/K_{La}$ 值高，使混合液内溶解氧浓度从 C 提高到 C_s 所需时间长，说明氧传递速率慢，反之，则所需时间短，氧的传递速度快。

由式（6-28）可见，要提高氧转移速率 dC/dt，可从以下两个方面考虑：① 提高 K_{La} 值：加强液相主体的紊流程度，降低液膜厚度，加速气、液界面的更新，增大气、液接触面积等；② 提高 C_s 值：提高气相中的氧分压，如采用纯氧曝气、深井曝气等。

二、氧转移的影响因素

从式（6-26）可见，氧的转移速率与氧分子在液膜内的扩散系数 D_L、气液界面面积 A、气液主体氧浓度差（$C_s - C$）等参数成正比关系，与液膜厚度 δ_L 成反比关系，影响上述各项参数的因素也必然是影响氧转移速率的因素，这些因素主要有以下几个。

（一）污水水质

污水中含有各种杂质，它们对氧的转移会产生一定的影响。其中主要是溶解性有机物，特别是某些表面活性物质，它们将聚集在气液界面上，形成一层分子膜，阻碍氧分子的扩散转移，总转移系数 K_{La} 值将下降，为此引入一个小于 1 的系数 α 进行修正。

$$\alpha = \frac{K'_{La}(污水)}{K_{La}(清水)} \qquad (6\text{-}29)$$

$$K'_{La} = \alpha \cdot K_{La} \qquad (6\text{-}30)$$

此外，溶解在污水中的无机盐类影响溶解氧的饱和浓度 C_s 值，对此，引入另一个小于 1 的系数 β 予以修正。

$$\beta = \frac{c_s'(污水)}{c_s(清水)} \tag{6-31}$$

$$c_s' = \beta \cdot c_s \tag{6-32}$$

上述修正系数 α、β 的值均可通过对污水和清水的曝气充氧试验予以测定。对于鼓风曝气的扩散设备，α 值在 0.4~0.8；对于机械曝气设备，α 值在 0.6~1.0。β 值在 0.70~0.98，通常取 0.95。

（二）水温

水温对氧的转移影响较大，水温上升，水的黏度降低，扩散系数提高，液膜厚度减小，K_{La} 值增高；反之，则 K_{La} 值降低。K_{La} 随设计水温 T（℃）的变化关系可用下式表示：

$$K_{La(T)} = K_{La(20)} \times 1.024^{(T-20)} \tag{6-33}$$

式中，$K_{La(T)}$、$K_{La(20)}$ 分别为水温为 T℃和 20℃时的氧总转移系数，1.024 为温度系数。

此外，水温对溶解氧饱和度 C_s 值也产生影响，即 C_s 值随温度上升而降低。因此，水温对氧转移有两种相反的影响：随着温度的上升，一方面 K_{La} 值增大，另一方面 C_s 值降低，液相中氧的浓度梯度有所降低，但并未能两相抵消。总的来说，水温降低有利于氧的转移。

（三）氧分压

氧分压或气压影响 C_s 值。气压降低，C_s 值随之下降；反之则提高。因此，所在地区实际气压不是 1.013×10^5 Pa 的地区，C_s 值应乘以压力修正系数 ρ。

$$\rho = \frac{所在地区实际气压}{1.013 \times 10^5} \tag{6-34}$$

对于鼓风曝气池，安装在池底的空气扩散装置出口处的氧分压最大，C_s 值也最大，但随气泡上升至水面，气体压力逐渐降低至大气压，而且气泡中的一部分氧已转移到液体中，氧分压更低。因此，鼓风曝气池中的 C_s 值按扩散装置出口和混合液表面两处的溶解氧饱和浓度的平均值计算：

$$\begin{aligned} C_{sb} &= \frac{1}{2}(C_{s1} + C_{s2}) = \frac{1}{2}(\frac{P_b}{1.013 \times 10^5}C_s + \frac{O_t}{21}C_s) \\ &= C_s(\frac{P_b}{2.026 \times 10^5} + \frac{O_t}{42}) \end{aligned} \tag{6-35}$$

式中：C_{sb} —— 鼓风曝气池内混合液溶解氧饱和浓度的平均值，mg/L；
C_{s1} —— 池底扩散装置出口处混合液溶解氧饱和浓度，mg/L；
C_{s2} —— 池面处混合液溶解氧饱和浓度，mg/L；
C_s —— 大气压力为 1.013×10^5 Pa 时溶解氧饱和浓度，mg/L；
P_b —— 空气扩散装置出口处的绝对压力，Pa，$P_b=P+9.8\times10^3 H$；
H —— 空气扩散装置的安装深度，m；
P —— 大气压力，1.013×10^5 Pa；
O_t —— 气泡离开水面时所含氧的体积百分浓度，%，可按下式计算：

$$O_t = \frac{21(1-E_A)}{79+21(1-E_A)}\times 100\% \tag{6-36}$$

式中，E_A 为空气扩散装置的氧转移效率，小气泡扩散装置一般取 6%～12%，微孔曝气器一般取 15%～20%。

上述各项因素基本上是自然形成的，不宜用人力加以改变，只能通过计算上的修正去适应它，并降低其所造成的影响。经过对以上各因素进行修正后的氧转移速率公式为：

$$\frac{dC}{dt}=\alpha\cdot K_{La(20)}1.024^{(T-20)}\left(\beta\cdot\rho\cdot C_{s(T)}-C\right) \tag{6-37}$$

对于鼓风曝气池，修正后的氧转移速率公式为：

$$\frac{dC}{dt}=\alpha\cdot K_{La(20)}1.024^{(T-20)}\left(\beta\cdot\rho\cdot C_{sb(T)}-C\right) \tag{6-38}$$

此外，氧转移速率还受气泡大小、液体的紊动程度、气泡与液体的接触时间以及液相中氧的浓度梯度等因素的影响，可以通过曝气设备的选择、系统运行方式的改变等人为措施使氧转移速率得以强化。

三、曝气设备

按照曝气方式的不同，曝气设备分为鼓风曝气设备和机械曝气设备两类。

（一）鼓风曝气设备

鼓风曝气是用鼓风机（或空压机）将压缩空气通过管道系统送入曝气池底部的空气扩散器，以气泡形式分散进入混合液的一种曝气方式。气泡在扩散装置出口处形成，尺寸则取决于空气扩散装置的形式，气泡经过上升和随水循环流动，最后在液面处破裂，此过程中氧向混合液转移。鼓风曝气系统主要由鼓风机、空气扩散器以及一系列的空气输送管道组成。

鼓风机供应一定的空气量，其风量要满足生化反应所需的氧量并能保持混合液悬浮固体呈悬浮状态，风压则要满足克服管道系统和扩散器的压损失以及扩散器上部的静水压。鼓风机的进风口一般装有空气净化器，以防止灰尘堵塞扩散器，改善整个曝气系统的运行状态。常用的鼓风机有罗茨鼓风机和离心式鼓风机，前者造价便宜，但由于受单机风量的影响，一般适用于中小型污水处理厂，而且运行时噪声大，必须采取消声、隔声措施；后者单机风量大，调节方便，运行噪声小，工作效率高，适用于大中型污水处理厂，但进口离心风机价格较高。

扩散器是鼓风曝气系统的关键设备，其作用是将鼓风机所提供的压缩空气分散成尽可能小的空气泡，以增大空气和混合液的接触面积，促进空气中的氧溶解到水中。根据形成气泡的大小和形式，扩散器可分为以下几种类型。

（1）大气泡扩散器

大气泡扩散器所释放的气泡较大（直径在 3 mm 以上），气液接触面小，氧利用率较低，但空气压力损失小，不易堵塞。早期常用曝气竖管，是配置在横管上的梳形分支（图 6-6），直径为 15 mm 左右，底部敞开，直接伸入混合液进行曝气，所释放气泡直径在 15 mm 左右，目前已经很少采用。其他类型的大气泡扩散器包括倒盆式（图 6-7）、固定螺旋、金山型、散流型扩散器等，它们产生的气泡比竖管小，因而氧利用率和动力效率较高。

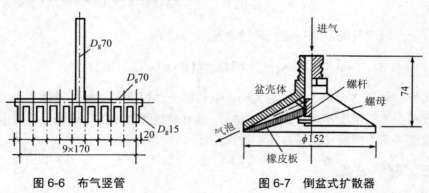

图 6-6　布气竖管　　　　　　图 6-7　倒盆式扩散器

（2）中气泡扩散器

中气泡扩散器所释放气泡直径一般为 2～3 mm，常用穿孔管和莎纶管。穿孔管用管径 25～50 mm 的钢管或塑料管制成，在管壁两侧向下呈 45°角方向开有直径为 2～3 mm 的孔眼，孔距 50～100 mm，两边错开排列，空气由孔眼溢出，流速不小于 10 m/s，以防堵塞。莎纶管以多孔金属管为骨架，管外缠绕莎纶绳（一种富有弹性的合成纤维），压缩空气从金属管上的小孔逸出后，再从莎纶绳缝中以气泡的形式挤入混合液。穿孔管构造简单，不易堵，阻力小，但氧利用率较低，只有 4%～6%，动力效率约 1 kg O_2/（kW·h）。穿孔管常组装成栅格形（图 6-8），多用于浅层曝气的曝气池。

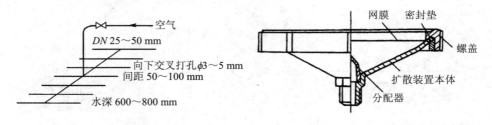

图 6-8　穿孔管扩散器组装图　　　　图 6-9　W_M-180 型网状膜扩散器

此外，新开发的中气泡扩散器不易堵，布气均匀，氧利用率较高，其中具有代表性的产品是 W_M-180 型网状膜扩散器，见图 6-9，它由主体、螺盖、网状膜、分配器和密封圈等组成，空气从底部进入，经分配器第一次切割并均匀分配到气室内，再通过网状膜进行二次切割，形成微小气泡扩散到混合液中。

（3）小气泡扩散器

典型的小气泡扩散器是采用多孔材料（如陶土、沙砾、塑料等）制成的扩散板或扩散管。为了便于安装和维护管理，常将微孔曝气管制成成组的可提升设备（图 6-10），需要维护时，可以将扩散器提出水面进行清理。小气泡扩散器的特点是气泡小（直径在 1.5 mm 以下），氧利用率高（11% 左右），但阻力大，易阻塞。

（4）微气泡扩散器

微气泡扩散器形成的气泡直径在 100 μm 左右，气液接触面大，氧利用率高，但压力损失较大，易堵塞，对送入的空气必须进行过滤处理，常用的微气泡扩散器有以下几类：① 用陶粒、粗瓷、刚玉等多孔材料掺以适当的黏合剂制成的微孔扩散板、扩散管及扩散罩等，这类材料没有弹性，孔隙不能收缩，停止曝气时，易出现水的倒灌现象。② 用特制橡胶材料制成的膜片式平面或球面微孔扩散器。图 6-11 为德国研发的 REXJFU 膜片式微孔扩散器，鼓风时，空气进入膜片与支撑管或支撑底座之间，使膜片微微鼓起，膜片上孔眼张开，空气从孔眼逸出，扩散进入混合液；停止供气时，压力消失，在膜片的弹性作用下，孔眼自动闭合，并且由于水压的作用，膜片压实在底座之上，曝气池混合液不能倒流，孔眼不会堵塞。③ 射流扩散器。用泵打入混合液，在射流器的喉管处形成高速射流，与吸入或压入的空气强烈混合搅动，将气泡粉碎为 100 μm 左右，使氧迅速转移至混合液中，其构造如图 6-12 所示。射流扩散器的氧转移效率可达 20% 以上，但动力效率不高。

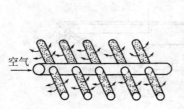 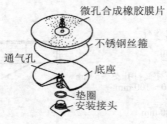 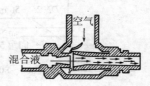

图 6-10　扩散管组　　　图 6-11　膜片式微孔膜扩散器　　　图 6-12　射流扩散器

（5）水下空气扩散器

水下空气扩散器又称为水下曝气器，安装在曝气池底部的中央部位，由空压机送入空气，在叶轮的剪切及强烈的湍流作用下，空气被切割成微细气泡，并按放射方向向水中分布，由于湍流强烈、气液接触充分，气泡分散良好，因此氧转移效率高。该类曝气器不会堵塞，对负荷变动有一定的适应性，既可用于充氧，又可用于污水搅拌，故好氧与厌氧处理系统都可使用。

（二）机械曝气设备

鼓风曝气是水下曝气，机械曝气则是表面曝气，通过安装于曝气池水面上下的机械曝气器来实现，按传动轴的安装方向，机械曝气器分竖轴式和卧（横）轴式两类。

1. 竖轴式机械曝气器

竖轴式机械曝气器也称为表面曝气机，简称表曝机，其传动轴与液面垂直，装有叶轮。在动力驱动下，叶轮转动，主要通过 3 种途径将氧转移到水中：① 水面上的污水不断地由曝气器周边抛向四周，形成水跃，液面呈剧烈的搅动状，使空气卷入，形成水气混合物回到曝气池中；② 叶轮后侧形成负压区，能吸入部分空气；③ 由于叶轮的提升和输水作用，使混合液连续地上下循环流动，气液接触界面不断更新，使空气中的氧不断地向液体内转移，从而提高了整个曝气池混合液的溶解氧含量。

曝气叶轮的充氧能力和提升能力与叶轮浸没深度、叶轮转速等因素有关。在适宜的浸没深度和转速下，叶轮的充氧能力最大，并可保证池内污泥浓度和溶解氧浓度均匀。在污水处理中，一般曝气叶轮转速为 30～100 r/min，周边线速度为 2～5 m/s，浸没深度一般在 40 mm 左右，可以调节。

常用的表面曝气器叶轮有泵型、倒伞型和平板型 3 种，见图 6-13。泵型叶轮的构造和离心泵叶轮十分相似，叶片呈弧状，上下有盖板，提升能力强；倒伞型叶轮由一个倒锥型旋转体组成，锥体表面有数条肋条式叶片，在最上部弯曲并水平外伸，使曝气器旋转甩出的水幕接近池中水面，形成剧烈的搅动和混杂；平板型叶轮由平板圆盘和其上的叶片组成，每个叶片后的圆盘上开有直径为 30 mm 的小孔，用以吸入空气，强化充氧效果。泵型叶轮的提升能力和充氧能力比相同直径的平板叶轮大，但加工困难；倒伞型叶轮的动力效率较平板叶轮高，但充氧能力较差；平板型叶轮加工方便，便于小型工程灵活使用。

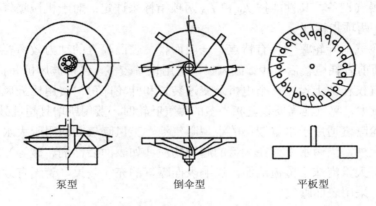

图 6-13　几种典型的叶轮表面曝气器

2．卧轴式机械曝气器

卧轴式机械曝气器的转动轴与水面平行，主要用于氧化沟系统，在转轴垂直方向上安装开有鳞片孔的转碟或不锈钢丝（塑料板条），前者称为转碟曝气器，后者称为转刷曝气器，电机驱动，转速在 50～70 r/min，淹没深度为转刷直径的 1/4～1/3。转动时，转碟或转刷把大量液滴抛向空中，并使液面剧烈波动，促进氧的溶解；同时推动混合液在池内流动，促进曝气器附近的混合液更新，便于溶解氧的扩散。

转刷曝气器具有负荷调节方便、维护管理容易、动力效率高等优点，其结构见图 6-14。

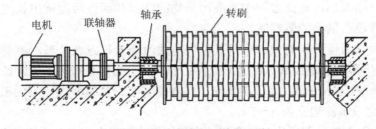

图 6-14　转刷曝气器构造示意

(三) 曝气设备性能评价

表征曝气设备性能的主要指标有：① 充氧动力效率（E_P），指每消耗 1 kW·h 电能转移到混合液中的氧量，单位为 kg O_2/(kW·h)；② 氧转移效率（或氧利用效率）（E_A），即通过鼓风曝气设备转移到混合液中的氧量占总供氧量的百分比（%）；③ 充氧能力（E_L），指机械曝气设备在单位时间内转移到混合液中的氧量（kg O_2/h）。对于鼓风曝气设备，其性能按 E_P 和 E_A 两项指标来评定；对于机械曝气设备，则以 E_P 和 E_L 两项指标评定。

鼓风曝气与叶轮曝气各有特点，一般而言，表面曝气的动力效率要高于鼓风曝气，因而前者耗电较后者少；鼓风曝气所用设备较多，包括鼓风机和扩散器等，而表面曝气仅在池上设置一个电机及变速装置和叶轮即可，费用比鼓风曝气低，但当污水量大，曝气池需要设置相当多的曝气叶轮时，费用剧增且超过鼓风曝气。因此，叶轮曝气适用于水量较小的小型曝气池，鼓风曝气则适用于大水量的大型曝气池。此外，当污水中存在大量的起泡物质（如表面活性剂、碱等）时，曝气过程中会有大量泡沫层覆盖池面，影响表面曝气的充氧效果，若无有效的消沫措施，则不宜采用表面曝气。

四、曝气池

曝气池实质上是一个生化反应器，按池内的水力特征可分为推流式、完全混合式、封闭环流式（循环混合式）3 大类，其池型与所需的水力特征密切相关，有长方廊道形、圆形或方形、环形跑道形等。为了达到好的曝气效果，曝气设备的选择和布置必须与池型及水力要求相配合。

(一) 推流式曝气池

推流式曝气池（plug-flow aeration basin）池内水流呈推流型，即污水（混合液）从池的一端流入，在后继水流的推动下，沿池长方向依次流经整个曝气池，由池的另一端流出，在此过程中完成污染物的降解和活性污泥微生物的增长，同时消耗曝气设备供给的溶解氧。

与池内水力特征相对应，推流式曝气池的池型为长方廊道形，每个池子一般由 1～5 个折流的廊道组成，廊道形式参见图 6-15。为防止短流，廊道长宽比应大于 4～5，一般为 5～10；为了满足空气搅拌的需要，廊道宽深比不大于 2，一般为 1～2；有效水深通常为 3～5 m。

推流式曝气池一般采用鼓风曝气，空气干管常架设在相邻两廊道的公用墙上，向两侧廊道引出支管，伸入水下，其端头装设扩散器。扩散器的装设有两种方式，一种是在整个池底均匀铺设，另一种只在廊道一侧（公用墙侧）铺设，扩散器的不同布置方式使混合液在曝气池内的流动状态不同，形成平移推流和旋转推流两种流态，因此可将推流式曝气池分为以下两种类型。

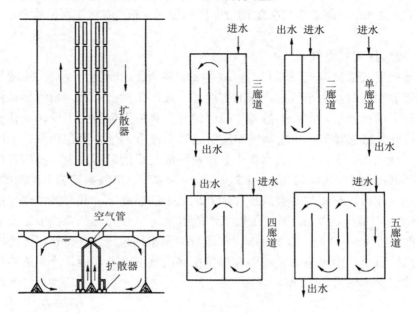

图 6-15　推流曝气池及其廊道形式

1. 平移推流式曝气池

平移推流式曝气池如图 6-16 所示，曝气池池底均匀铺满扩散器，供气系统在池内设置成回路连接形式，以保证池底布设的所有扩散器能均匀供气。池中的水流主要沿池长方向流动，在水平流动以及释放气泡浮升纵向扰动的共同作用下实现气、水、泥的掺混。

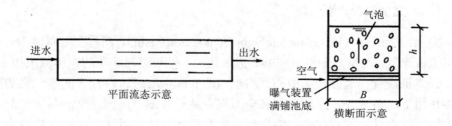

图 6-16　平移推流式曝气池示意

平移推流式曝气池的有效水深一般在 4.5～5 m，且由于不需要形成侧向旋流，池子的宽深比可以大些。可选用的扩散器形式包括扩散板、帽式扩散喷头、内混式曝气头等，扩散板型扩散器大多成组在池底均匀铺设；高效曝气头的铺设间距一般不大于 1 m；双螺旋曝气头的铺设间距一般为 2 m，通常在距池底 20～30 cm 处安装。

2．旋转推流式曝气池

旋转推流式曝气池见图 6-17，扩散器装于横断面的一侧，池水在沿池长方向做水平流动的同时，由于气泡形成的密度差，还产生侧向旋流，最终导致池中的水呈螺旋形向前推进。根据扩散器在曝气池竖向高度上位置的不同，旋转推流式曝气池可分为底层曝气、中层曝气和浅层曝气 3 种形式：① 底层曝气，扩散器安装于曝气池底部。曝气池有效水深由鼓风机所能提供的风压决定，根据目前的鼓风机产品规格，有效水深常为 3～4.5 m。② 中层曝气，扩散器安装于池深的中部。与底层曝气相比，在相同的鼓风条件和处理效果的前提下，其有效水深一般可加大到 7～8 m，最大达 9 m，节约了曝气池的用地。③ 浅层曝气，扩散器安装于曝气池水面以下 0.8～0.9 m 的浅层部位。运行时常采用风压在 1.2 m 以下的空压机供气，风压虽小，但风量大，故仍能形成足够的气泡提升作用，产生旋转推流，池的有效水深一般为 3～4 m。

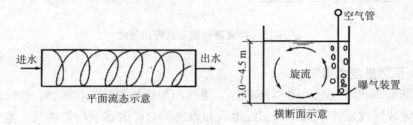

图 6-17　旋转推流式曝气池示意

（二）完全混合式曝气池

完全混合式曝气池（completely mixed aeration basin），简称全混曝气池，一般采用机械曝气，池型为圆形、方形或正多边形，以与曝气叶轮的作用范围相适应。表面曝气机设置在池的表层中心，污水由池底部中心进入，在表面曝气机的提升搅拌作用下，污水一进池就立即和全池混合液充分混合，因此全池各部位的水质基本均匀，而推流式首尾端有明显区别。全混曝气池可以和二沉池分建或合建，因此可分为分建式与合建式两种。

1. 分建式

分建式即曝气池和沉淀池分别设置，曝气池既可采用机械曝气，又可用鼓风曝气。采用机械曝气时，表曝机的选用应与池型相配合。分建式用地不如合建式紧凑，且需专设的污泥回流设备，但调节控制方便，曝气池与二沉池互不干扰，回流比明确，因此应用较多。

2. 合建式

合建式完全混合曝气池在国内被称作曝气沉淀池，在国外称为加速曝气池，其主要特点是曝气反应与固液分离在同一池子的不同部位完成，池面多为圆形，也有方形，一般采用表面曝气方式。

圆形曝气沉淀池的构造见图 6-18，主要由曝气区、导流区、沉淀区 3 部分组成。曝气区位于池中央，是微生物吸附和氧化有机物的场所，曝气区水面处的直径一般为池径的 1/3～1/2，视不同污水而不同；沉淀区在池外环，与中间的曝气区底部有污泥回流缝相通，靠表面曝气机造成的压力差使污泥回流，其上部为澄清区，下部为污泥区，澄清的处理水沿设于四周的出流堰流入集水槽；导流区位于曝气区与沉淀区之间，内设竖向挡流板，以使水流平稳地进入沉淀区，为固液分离创造良好条件。

合建式完全混合曝气池结构紧凑，不需专用的污泥回流设备，但由于曝气和沉淀难以分别控制和调节，因此运行不灵活，出水水质难以保证，国外已趋淘汰，但对于小型工业废水处理来说，曝气沉淀池由于占地较少，曝气费用较少，同时节省了鼓风机及空气管道系统，仍有较大的应用前景，尤其适合出水要求不高的场合。

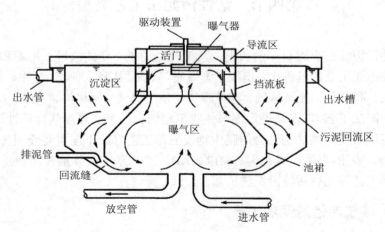

图 6-18　圆形曝气沉淀池

（三）封闭环流式反应池

封闭环流式反应池（Closed Loop Reactor，CLR）整合了推流和完全混合两种流态的特点，污水进入反应池后，在曝气设备的作用下快速、均匀地与反应器中的污泥进行混合，混合后的混合液在封闭的沟渠中循环流动（图6-19）。循环流动流速一般为 0.25～0.5 m/s，完成一个循环所需时间为 5～15 min。由于污水在反应器内的水力停留时间为 10～24 h，因此在水力停留时间内会完成 40～300 次循环。封闭环流式反应池在短时间内呈现推流式，而在长时间内则呈现完全混合特征，两种流态的结合可减小短流，使进水被数十倍甚至数百倍的循环混合液所稀释，从而提高了反应器的缓冲能力。

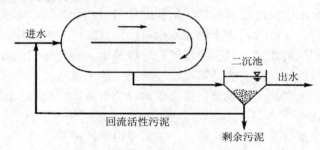

图 6-19　封闭环流式处理工艺流程

第四节　活性污泥法工艺类型

活性污泥法已有近百年的历史，其工艺经历了不断的改进、革新和繁衍，在传统活性污泥工艺的基础上，出现了渐减曝气、阶段曝气、吸附-再生、完全混合、延时曝气、高负荷、纯氧曝气、深井曝气、浅层曝气、氧化沟、SBR、AB 等众多的活性污泥法工艺，以及活性污泥与生物膜相结合的多孔悬浮载体活性污泥工艺、活性污泥法与膜分离法相结合的膜生物反应器工艺等。下面主要介绍传统推流、完全混合、吸附-再生、氧化沟、SBR、AB、多孔悬浮载体活性污泥工艺和膜生物反应器工艺等几种活性污泥法工艺。

一、传统活性污泥法工艺

传统活性污泥法又称为普通活性污泥法，是活性污泥法最早的运行方式，曝气池呈长方廊道形，一般用 3～5 个廊道，在池底均匀铺设空气扩散器，其工艺流程见图 6-1，污水和回流污泥在曝气池首端进入，在池内呈推流形式流动至池的尾端，在此过程中，污水中的有机物被活性污泥微生物吸附，并在曝气过程中被逐步转化，从而得以降解。

传统活性污泥法具有净化效率高（BOD_5 去除率可达 90%以上）、出水水质好，污泥沉降性好，不易发生污泥膨胀等优点，但存在以下缺点：① 曝气池首端有机负荷高，为了避免池首出现缺氧而造成的厌氧状态，进水 BOD 负荷不宜过高，因此曝气池容积大，占地多，基建费用高；② 抗冲击负荷能力差，处理效果易受水质、水量变化的影响；③ 供氧与需氧不平衡，此为传统法的主要缺点。如图 6-20 所示，曝气池中需氧速率沿池长由大到小变化，而供氧速率不变，若按池尾需氧要求均匀曝气，则会产生池首缺氧问题；若按池首需氧要求均匀曝气，必然产生池后段供气浪费问题。为了使供氧与需氧尽可能相匹配，可采取沿池长渐减曝气和阶段曝气，由此产生了渐减曝气活性污泥法工艺和阶段曝气活性污泥法工艺。渐减曝气法通过改变传统法曝气池底扩散器的铺设方式，使供氧速率如需氧速率一样沿池长逐步递减，见图 6-21；阶段曝气法工艺流程见图 6-22，将传统法的单点进水改为多点进水，而曝气方式不变，使原来由曝气池首端承担的较高有机负荷沿池长均匀承担，从而缩小了供氧速率与需氧速率的差距，见图 6-23。

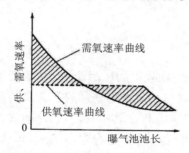

图 6-20　传统法需氧与供氧特征

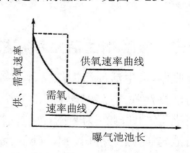

图 6-21　渐减曝气法供氧与需氧特征

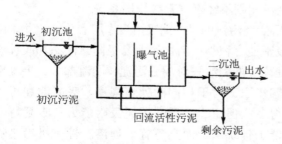

图 6-22　阶段曝气法工艺流程

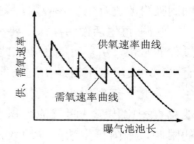

图 6-23　阶段曝气法需氧与供氧特征

二、完全混合活性污泥法工艺

在阶段曝气法基础上，进一步增加进水点数的同时增加回流污泥的入流点数，即形成如图 6-24 所示的完全混合活性污泥法工艺，污水与回流污泥进入曝气池即与池内混合液充分混合，传统法曝气池中混合液不均匀的状况被改变，池内需氧均匀，因此，完全混合活性污泥法动力消耗低，耐冲击负荷能力强，但有机物降解动力低，因而出水水质一般低于传统法，且活性污泥易产生膨胀现象。

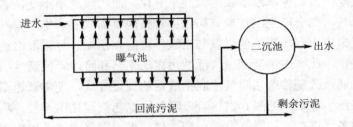

图 6-24 完全混合活性污泥法工艺流程

三、吸附-再生活性污泥法工艺

吸附-再生活性污泥法又称为接触稳定法或生物吸附活性污泥法，其主要特点是将活性污泥对有机物降解的两个过程——吸附与代谢稳定分别放在各自的反应器内进行，图 6-25 为吸附-再生活性污泥法的工艺流程，其中（a）为分建式，即吸附池与再生池分开设置，（b）为合建式，吸附池与再生池合建。污水与经过再生的活性污泥进入吸附池，约 70%的 BOD_5 可通过吸附作用去除，混合液从吸附池进入二沉池进行泥水分离，回流的活性污泥先进入再生池再生，恢复活性后再回到吸附池进行下一轮吸附，剩余污泥则不经曝气直接排出系统。

吸附-再生活性污泥法主要利用活性污泥的"初期吸附"作用去除有机物，此过程非常快，所需时间短，因此吸附池容积小；活性污泥易吸附悬浮态和胶体态有机物，故污水不需经初沉池预处理；再生池只对部分污泥（回流部分）曝气再生，因此曝气费用少，且再生池容积小，对于相同的处理规模，吸附池和再生池总容积比传统法曝气池容积小得多；但由于受活性污泥吸附能力和吸附特性的限制，吸附再生法的处理效果低于传统法，而且不宜处理溶解性有机污染物含量高的污水。

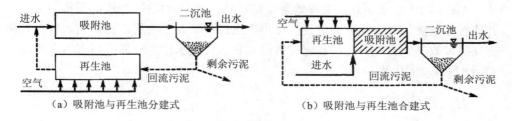

图 6-25 吸附-再生法工艺流程

四、吸附-生物降解工艺

吸附-生物降解工艺（Adsorption-Biodegration Process）简称 AB 法或 AB 工艺，其工艺流程如图 6-26 所示，整个系统由预处理段、A 段、B 段 3 个部分组成，预处理段只设格栅、沉砂池等简易处理设施，不设初沉池；A 段和 B 段是两个串联的活性污泥系统，A 段为吸附段，由吸附池和中间沉淀池组成，主要用于污染物的吸附去除，其污泥负荷达 2.0～6.0 kg BOD_5/（kg MLSS·d），为传统法的 10～20 倍，泥龄短（0.3～0.5 d），水力停留时间短（约 30 min）。A 段的活性污泥全部是繁殖快、世代时间短的细菌，通过控制溶解氧含量，可使其以好氧或缺氧方式生活；B 段为生物氧化段，由曝气池和二沉池组成，与传统法相似，主要用于氧化降解有机物，在低负荷下运行，污泥负荷为 0.15～0.3 kg BOD_5/（kg MLSS·d），水力停留时间较长（2～6 h），泥龄较长（15～20 d）；A 段与 B 段各自拥有独立的污泥回流系统，两段完全分开，每段能够培育出适于本段水质特征的微生物种群。污水经过 A 段处理后，BOD_5 去除率为 40%～70%，同时重金属、难降解物质以及氮、磷营养物质等也得到一定的吸附去除，不仅大大减轻了 B 段的有机负荷，而且污水的可生化性提高，有利于 B 段的生物降解作用。B 段发生硝化和部分的反硝化，活性污泥沉淀性能好，出水 SS 和 BOD_5 一般小于 10 mg/L。

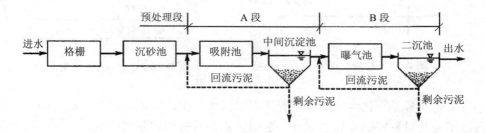

图 6-26 AB 法污水处理工艺流程

AB 工艺出水水质好、处理效果稳定,具有抗冲击负荷、pH 值变化的能力,并能根据经济实力进行分期建设,可用于老污水处理厂改造,以扩大处理能力和提高处理效果。此外,对于有毒有害污水和工业废水比例较高的城市污水处理,AB 法具有较大优势。

五、氧化沟工艺

氧化沟工艺是 20 世纪 50 年代荷兰的帕斯维尔(Pasveer)研发的一种污水生物处理工艺,属于延时曝气法的一种特殊形式,因其构筑物呈封闭的沟渠形而得名,由于其出水水质达到设计要求,并且运行稳定、管理方便,目前,氧化沟污水处理技术已广泛应用于城市污水、工业废水(包括石油、化工、造纸、印染及食品加工废水等)处理工程。

(一)氧化沟的组成

氧化沟由氧化沟池、曝气设备、进出水装置、导流和混合装置等组成。

氧化沟池属于封闭环流式反应池,沟体狭长,一般呈环形沟渠状,平面多为椭圆形(图 6-27),总长可达几十米甚至百米以上。在环形沟槽中设有曝气设备,推动污水和活性污泥混合液在闭合式曝气渠道中以 0.3 m/s 以上的平均流速连续循环流动,水力停留时间 10~30 h,因此,可以认为沟内污水水质几乎一致,即总体上的污水流态是完全混合式,但具有局部推流特征,如曝气器的下游,溶解氧浓度从高到低变化。沟内水深与采用曝气设备有关,为 2.5~8 m,采用曝气转刷一般在 2.5 m 左右;采用曝气转盘一般不大于 4.5 m;采用立式表面曝气机水深一般可为 4~6 m,最深可达 8 m。

图 6-27 普通氧化沟　　　　　图 6-28 Carrousel 氧化沟

曝气设备是氧化沟的主要装置,用以供氧、推动水流做循环流动、防止活性污泥沉淀及对反应混合液的混合。常用卧式曝气转刷和曝气转盘,也可根据实际情况采用立式表面曝气机、射流曝气机、导管曝气机以及混合曝气系统等。

进出水装置包括进水口、回流污泥口和出水调节堰等。氧化沟进水和回流污泥进口应在曝气器的上游，使进水能与沟内混合液立即混合。单池进水比较简单，采用进水管即可，而有两个以上氧化沟平行工作时，进水要用配水井，当采用交替工作的氧化沟时，配水井内还需设自动控制装置。氧化沟出水一般采用溢流堰，溢流堰高度可调节，出水位置应在曝气器的下游，并且离进水点和回流污泥点足够远，以免短流。

导流和混合装置包括导流墙和导流板。在氧化沟的弯道处设置导流墙，以减少水头损失，防止通过弯道的污水出现停滞和涡流现象，防止对弯道处的过度冲刷。在转刷上下游设置导流板，主要是为了使表面较高流速的液体转入池底，同时降低混合液表面流速，提高传氧速率。

此外，氧化沟处理系统还包括二沉池、刮（吸）泥机和污泥回流泵房等附属设施，此部分与传统活性污泥工艺相同。

（二）氧化沟的形式

氧化沟的形式较多，按布置形式可分为单沟、双沟、三沟、多沟同心和多沟串联氧化沟等多种；按二沉池与氧化沟的关系，有分建和合建（即一体化氧化沟）两种；按进水方式，分连续进水和交替进水氧化沟；按曝气设备，分转刷曝气、转盘曝气或泵型、倒伞型表面曝气机氧化沟等。目前常用的主要有普通氧化沟、卡罗塞尔（Carrousel）氧化沟、奥巴勒（Orbal）氧化沟、交替工作式氧化沟（DE型、T型）和一体化氧化沟等。Carrousel 氧化沟是 20 世纪 60 年代荷兰某公司开发的，为多沟串联氧化沟。图 6-28 所示为四廊道并采用表面曝气器的 Carrousel 氧化沟，在每组沟渠的转弯处安装一台表面曝气器，靠近曝气器的下游为富氧区，而其上游则为低氧区，外环还可能成为缺氧区，这样能形成生物脱氮的环境条件。Carrousel 氧化沟系统的 BOD 去除率高达 95%～99%，脱氮率可达 90%以上，除磷率 50%左右，在世界各地应用广泛。

（三）氧化沟的特点

氧化沟工艺的优点是：工艺可靠，流程简单（不需设初沉池），运行管理方便，处理效果好；除能去除有机物外，还能脱氮除磷，尤其是脱氮效果好；具有延时曝气法的优点，污泥产量少且稳定；一体化氧化沟能节省占地，更易于管理。其局限性是：结构大，需要的空间大；F/M 值低，容易引起污泥膨胀；与传统处理工艺相比，曝气能耗更高；难以进行厂区扩建。

六、SBR 工艺及其变形

SBR 工艺即序批式活性污泥法，是以序批式反应器（Sequencing Batch

Reactor，SBR）为核心的间歇式活性污泥法，是城市污水处理、工业（石油、化工、食品、制药业等）废水处理及营养元素去除的重要方法之一。

（一）SBR 工艺的运行工序及特点

1. SBR 工艺的运行工序

SBR 工艺是活性污泥法的一种变形，它的反应机理与污染物去除机制和传统活性污泥法相同，但在工艺上将曝气池和沉淀池合为一体，在运行模式上由进水、反应、沉淀、排水和闲置等 5 个基本过程组成一个周期，即在单一反应器内的不同时段进行不同目的的操作，虽然在流态上是完全混合式，但在污染物的降解方面，则是时间上的推流。

SBR 工艺的运行工序见图 6-29，在进水阶段，污水被加入反应器，直到预定高度（一般可允许反应器中的液位达到总容积的 75%～100%），当使用两个反应器时，进水时间可能占总循环时间的 50%。进水方式可根据工艺上的其他要求而定，既可单纯进水，也可边进水边曝气，以起预曝气和恢复污泥活性的作用，还可以边进水边缓慢搅拌，以满足脱氮、释放磷的工艺要求；在反应阶段，微生物在所控制的环境条件下降解消耗污水中的底物，即污水注入达到预定高度后，开始反应操作，根据污水处理的目的，如 BOD 去除、硝化、磷的吸收以及反硝化等，采取相应的技术措施，并根据需要达到的程度以决定反应的延续时间；在沉淀阶段，混合液在静止条件下进行固液分离，澄清后的上清液将作为处理水排放；在出水阶段，排出池中澄清后的处理水，一直到最低水位；闲置阶段，即在处理水排放后，反应器处于停滞状态的阶段，通常用于多反应器系统，闲置时间应根据现场具体情况而定，但有时可省略。

除了以上阐述的 5 个工艺阶段外，排泥是 SBR 工艺运行中另一个影响效果的重要环节，污泥排放的数量和频率由效能需要决定。排泥没有指定在哪个运行阶段进行，一般放在反应阶段后期，就可达到均匀排泥（包括细微物质和大的絮凝体颗粒）的目的。由于曝气和沉淀过程都在同一个池中完成，所以不需进行污泥回流来维持曝气池中的污泥浓度。

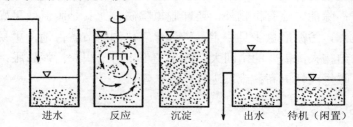

图 6-29　序批式反应池运行工序示意

2. SBR 工艺的特点

SBR 工艺最显著的一个特点是将反应和沉淀两道工序放在同一反应器中进行，增强了反应器的功能。此外，SBR 工艺是一个间歇运行的污水处理工艺，运行时期的有序性使它具有不同于传统连续流活性污泥法的一些特性。

（1）流程简单，设备少，占地少，基建及运行费用低。SBR 工艺的主要设备就是一个兼具沉淀功能的反应器，无需二沉池和污泥回流装置，且在大多数情况下还可省去调节池。

（2）固液分离效果好，出水水质好。SBR 工艺中的沉淀过程属于理想的静止沉淀，固液分离效果好，且剩余污泥含水率低，有利于污泥的后续处置。

（3）运行操作灵活，通过适当调节各单元操作的状态可达到脱氮除磷的效果。通过适度的充气、停气搅拌，形成时间序列上的缺氧、厌氧和好氧交替的环境条件，满足缺氧反硝化、厌氧放磷和好氧硝化及吸磷的要求，从而可有效地脱氮除磷。

（4）能有效地防止污泥膨胀。由于 SBR 具有理想推流式特点，反应期间反应底物浓度大、缺氧与好氧状态交替变化以及泥龄较短，这些都是抑制丝状菌生长的因素。

（5）耐冲击负荷。SBR 工艺利用高的循环率有效稀释进水中高浓度的难降解的或对微生物有抑制作用的有机化合物。

（6）利用时间上的推流代替空间上的推流，易于实现自动控制。该工艺的各操作阶段及各项运行指标都可通过计算机加以控制，便于自控运行，易于维护管理。

（7）容积利用率低，水头损失大，出水不连续，峰值需氧量高，设备利用率低，运行控制复杂，不适用于大水量。

（二）SBR 工艺的变形

针对传统 SBR 工艺存在的不足及在应用中的某些局限性，如进水流量较大时，对反应系统需调节，会增大投资；对出水水质有特殊要求时，如脱氮、除磷，则需对 SBR 进行适当改进。因此出现了 ICEAS、CASS、IDEA、DAT-IAT、UNITANK、MSBR 等 SBR 的变形工艺。

1. ICEAS 工艺

ICEAS（Intermittent Cyclic Extended Aeration System）工艺称为间歇式延时曝气活性污泥工艺，于 1968 年由澳大利亚新南威尔士大学与美国 ABJ 公司合作开发。该工艺最大的特点是在 SBR 反应器进水端增加了一个预反应区（图 6-30），实现连续进水（不但在反应阶段进水，在沉淀和排水阶段也进水）。ICEAS 工艺集反应、沉淀、排水于一体，运行时，污水连续不断地进入反应池前部的预反应区,并从主、预反应区隔墙下部的孔眼以低速(0.03~0.05 m/min)进入主反应区,在主反应区按照反应、沉淀、排水的周期性运行程序,完成对含碳有机物和氮、磷营养元素的去除。

ICEAS 工艺的优点是连续进水,可以减少运行操作的复杂性,在处理市政污水和工业废水方面比传统 SBR 工艺费用更低、出水效果更好,其缺点是进水贯穿于整个周期,沉淀期进水在主反应区底部造成水力紊动,从而影响分离时间,因此水量受到限制,且容积利用率低,脱氮除磷有一定难度。

2. CASS 工艺

CASS(Cyclic Activated Sludge System)或 CAST(Cyclic Activated Sludge Technology)或 CASP(Cyclic Activated Sludge Process)工艺称为循环式活性污泥工艺。该工艺是在 ICEAS 工艺基础上,将生物选择器与 SBR 反应器有机结合。通常 CASS 反应器分为 3 个区域(图 6-31):生物选择区、缺氧区和主反应区,各区容积之比为 1∶5∶30。污水首先进入选择区,与来自主反应区的污泥(20%~30%)混合,经过厌氧反应后进入主反应区。与 ICEAS 工艺相比,CASS 工艺将主反应区中部分污泥回流至生物选择器中,而且沉淀阶段不进水,使排水的稳定性得到保障。CASS 工艺解决了 ICEAS 工艺对于 SBR 优点部分的弱化问题,脱氮除磷效果比 ICEAS 更好。

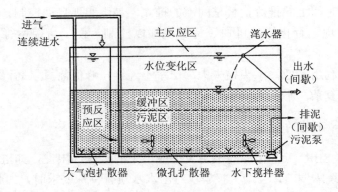

图 6-30 ICEAS 反应池构造示意

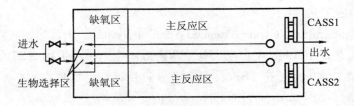

图 6-31 两池 CASS 工艺的组成

3. IDEA 工艺

IDEA（Intermittent Decanted Extended Aeration）工艺称为间歇排水延时曝气工艺。该工艺保持了 CASS 工艺的优点，运行方式与 ICEAS 工艺相似，采用连续进水、间歇曝气、周期排水的形式。与 CASS 相比，预反应区改为与 SBR 主体构筑物分离的预混合池，部分污泥回流进入预反应池，且采用中部进水。预混合池的设立可以使污水在高絮体负荷下有较长的停留时间，有利于高絮凝性细菌的选择性生长。

4. DAT-IAT 工艺

DAT-IAT（Demand Aeration Tank-Intermittent Aeration Tank）工艺是一种连续进水的 SBR 工艺，其主体构筑物由需氧池（Demand Aeration Tank，DAT）和间歇曝气池（Intermittent Aeration Tank，IAT）串联组成（图 6-32）。IAT 池为主反应区，一般情况下 DAT 池连续进水，连续曝气，其出水经双层导流墙连续进入 IAT 池，在此完成曝气、沉淀、排水和排出剩余污泥工序。原污水首先经 DAT 池的初步生物处理后再进入 IAT 池，由于连续曝气起到了水力均衡的作用，提高了整个工艺的稳定性，进水工序只发生在 DAT 池，排水工序只发生在 IAT 池，两池串联，进一步增强整个生物处理系统的可调节性，有利于有机物的去除。

图 6-32　DAT-IAT 工艺流程

与 CASS 和 ICEAS 工艺相比，DAT 池是一种更加灵活、完备的预反应器，从而使 DAT 池与 IAT 池能够保持较长的污泥龄和很高的 MLSS 浓度，使系统有较强的抗冲击负荷能力；在去除 BOD 的同时，进行脱氮除磷；DAT-IAT 工艺同时具有 SBR 工艺和传统活性污泥法的优点，对水质水量的变化有很强的适应性，操作运行比较简便。

5. UNITANK 工艺

UNITANK 系统是一体化活性污泥法工艺，类似于三沟式氧化沟工艺，为连续进水连续出水的处理工艺。UNITANK 系统在外形上是一矩形体，里面被分割成 3 个相等的以开孔公共墙相隔的矩形单元池，中间单元池始终做曝气池，边池交替做曝气池和沉淀池（图 6-33）。

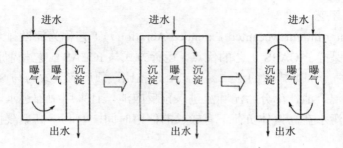

图 6-33 UNITANK 系统工作原理示意

UNITANK 系统集合了 SBR 工艺、三沟式氧化沟和传统活性污泥法的特点。其优点是池型构造简单，采用固定堰出水，排水简单，也不需污泥回流；其缺点是边池污泥浓度远远高于中池，脱氮效果一般，除磷效果差。

6. MSBR 工艺

MSBR（Modified Sequencing Batch Reactor）称为改良型序批式生物反应器，不需初沉池、二沉池及相应的布水及回流设备，整个反应池在全充满、恒水位及连续进水情况下运行。

MSBR 处理系统在外形上常为矩形，分为 3 个主要部分（图 6-34）：曝气格和两个交替序批处理格。主曝气格在整个运行周期中保持连续曝气，而每半个运行周期中，两个序批处理格分别交替作 SBR 池和沉淀池。此外，还有根据工艺处理要求设置的厌氧格和缺氧格，因此，它实质上是 A^2/O 工艺与 SBR 工艺的串联。如果只去除 BOD 和 SS，则不需设厌氧格和缺氧格，MSBR 系统更为简单。

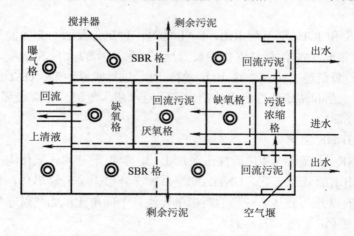

图 6-34 MSBR 系统平面布置示意

MSBR 工艺被认为是集约化程度较高,同时具有生物脱氮除磷功能的污水处理工艺,在系统的可靠性、土建工程量、总装机容量、节能、降低运行成本和节约用地等多方面均具有优势。深圳市盐田污水处理厂是国内首座采用该工艺的城市污水处理厂。

七、多孔悬浮载体活性污泥工艺

向曝气池中投加约为曝气池容积 15%～50%的多孔泡沫块(球),泡沫块为曝气池中的微生物提供了大量可供栖息的表面,微生物附着于其表面及孔隙中,有的泡沫块的生物量可达 100～150 mg/块,因此,大大增加了曝气池内的生物量。由于泡沫块仅占部分曝气池的容积,所以整个系统仍属活性污泥法系统。但多孔悬浮载体大大改善了活性污泥系统的工艺性能,使其具有如下不同于常规活性污泥系统的特性:

(1)提高了活性污泥法反应器内的总生物量和附着生长的生物浓度,同时相对降低了悬浮生长的生物浓度。附着生长的微生物的大量出现,使生物相系统发生了巨大变化。传统活性污泥法系统较易生长的丝状菌可被载体吸附于其孔隙内或表面,载体的孔隙及其表面的粗糙状况决定了其对丝状菌的捕获能力。这样,既能发挥丝状菌的强大净化能力,又能控制污泥膨胀及污泥上浮、流失给系统正常运行带来的巨大危害。

(2)载体投加量与载体上的附着生物量密切相关。载体投加量越大,系统中附着的生物量越高,但单个载体附着生物量会下降。

(3)有机负荷对两种生物相浓度影响很大。有机负荷增高,系统内总附着生长生物量及单位载体上附着的生物量均增加,而悬浮生长生物量则相对减少。

(4)改变了系统内底物的分配及传质状况,附着生长生物与悬浮生长生物的传质与生物降解作用有所不同。

(5)投加载体能防止活性污泥法系统污泥沉降性能的恶化,反应器的生物浓度及出水水质不像传统活性污泥法对二沉池工况那样具有较大的敏感性与依赖性。

(6)系统内悬浮生长生物相的吸氧速率有所降低。

(7)延长了泥龄。有助于硝化反应及氨氮的去除。大大提高了系统耐受冲击负荷的能力,完善了净化过程,提高了处理效率,能获得更好的出水水质。

比较成熟的多孔悬浮载体活性污泥法工艺是 Linpor 工艺,该工艺由德国 Linde 公司研究开发,采用尺寸为 12 mm×12 mm×12 mm 的多孔悬浮泡沫块作为载体,每 1 m^3 载体的总表面积达 1 000 m^2,相对密度接近于 1,在曝气状态下悬浮于水中。

Linpor 工艺利用池内水流的紊动作用产生的水力剪切以及回流量来调控生物量，不需泡沫块挤压装置。按功能不同，该工艺可分为 Linpor-C 工艺、Linpor-C/N 工艺、Linpor-N 工艺。Linpor-C 工艺主要用来去除污水中的含碳有机物，工艺组成与典型活性污泥法完全相同，特别适用于对已有活性污泥法处理厂的扩容改造；Linpor-C/N 工艺设有缺氧区，具有同时去除污水中 C 和 N 的双重功能，与传统工艺不同的是，在 Linpor-C/N 工艺中，由于存在较多的附着生长型硝化菌，因而即使在较高的负荷下，该工艺也可获得良好的硝化作用。并且能在多孔性载体孔道内形成无数个微型反硝化反应器，故在好氧区会同时发生碳氧化、硝化和反硝化作用；Linpor-N 工艺是去除含碳有机物之后进行氨氮硝化的工艺，在这一过程中不产生废弃污泥，因此无需设置二沉池和污泥回流系统。反应器中几乎不存在悬浮生长微生物，大部分硝化菌附着生长在多孔悬浮载体上，因此泥龄长、硝化效果好。当废水排入敏感性水体和对处理出水中的氨氮有严格要求时可采用 Linpor-N 工艺。

八、膜生物反应器工艺

膜生物反应器（Membrane Bio-Reactor，MBR）工艺是由膜分离组件（常用超滤）与活性污泥反应器（曝气池）相结合而成的污水处理工艺，即用膜组件代替二沉池进行固液分离的污水生物处理系统。与传统生物处理工艺相比，MBR 工艺具有生化效率高、有机负荷高、污泥负荷低、出水水质好、设备占地面积小、便于自动控制和管理等优点。根据膜与生物反应器的位置关系，MBR 可分为分置式（外置式）和一体式（内置式）两种。

分置式 MBR（Recirculated MBR，RMBR）将膜组件（多为管式和平板式）置于生物反应器外部，二者通过泵与管路相连，其工艺流程见图 6-35，输送泵将曝气池中的混合液加压后送到膜分离单元，由膜组件进行固液分离，浓缩液回流至生物反应器，透过液为出水。该方式运行灵活，设备安装方便，膜组件的清洗、维护、更换及增设比较容易，膜通量相对较高，易于大型化和对现有工艺的改造，但动力费用较高，泵高速旋转产生的剪切力会使某些微生物菌体失活。

一体式 MBR 又称淹没式 MBR（Submerged MBR，SMBR），其工艺流程见图 6-36，将无外壳的膜组件（多为中空纤维式）直接安装浸没于曝气池内部，微生物在曝气池中降解有机物，依靠重力或水泵抽吸产生的负压或真空泵将膜组件透过液移出，成为出水。SMBR 无混合液循环系统，真空泵工作压力较小，结构紧凑，占地少，但膜通量相对较低，膜易污染，难以清洗和更换膜组件。

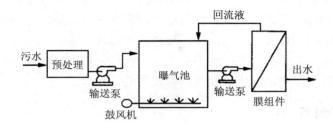

图 6-35　分置式 MBR 工艺流程

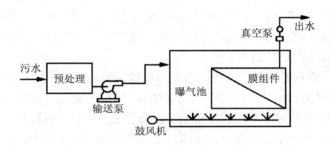

图 6-36　一体式 MBR 工艺流程

第五节　活性污泥法工艺设计

一、设计内容与设计参数

(一) 设计内容

活性污泥法运行方式多种多样，其处理系统主要由曝气池、曝气装置、二沉池、污泥回流系统等基本单元组成，因此，其工艺设计主要包括以下几方面内容：

(1) 选择活性污泥系统的运行方式，确定工艺流程。

(2) 曝气池工艺设计，包括池型选择，曝气池容积计算，确定曝气池各部分尺寸，确定混合液浓度，活性污泥需氧量计算，曝气池配管、进水部分和出水堰设计等。

(3) 曝气设备设计，包括曝气方式和曝气设备的选择，供氧量和供气量的计算，鼓风曝气时的空气管路设计和鼓风机房设计等。曝气方式和设备的选择，要根据污水处理工艺要求，考虑曝气设备的特点和动力效率来确定。

（4）污泥回流设备设计，根据曝气池中所需的混合液浓度和回流污泥浓度确定污泥回流比，据此计算回流污泥量，选择污泥回流设备。

（5）二沉池工艺设计，包括池型选择，表面积、池深、沉淀区容积和污泥区容积及尺寸的计算，进水、出水及刮排泥设备的设计等。

（二）原始资料

1．污水水量与水质资料

水量资料主要包括原污水的日平均流量（m^3/d）、最大时流量（m^3/d）、最低时流量（m^3/d）。当曝气池的设计水力停留时间在 6 h 以上时，可以考虑以日平均流量作为曝气池的设计流量。当水力停留时间较短时，如 2 h 左右，则应以最大时流量作为曝气池的设计流量。

水质资料主要包括原污水及经一级处理后的主要常规水质指标：BOD_5，BOD_u（溶解性、悬浮性），COD（溶解性、悬浮性），TOC，SS（非挥发性、挥发性），TSS，TN（有机氮、氨氮、亚硝酸盐氮、硝酸盐氮），TP（有机磷、无机磷）等；原污水中所含有的有毒有害物质及其浓度，微生物有无驯化的可能；全年水温变化及对污泥活性和效率的影响。

2．处理程度及出水水质

根据处理水的出路和处理要求，确定处理程度及各项水质指标应达到的数值，如 BOD_5 和 COD 的去除率及出水浓度。

3．对所产生的剩余污泥的处理与处置的要求

（三）设计参数

活性污泥法系统的工艺设计应确定以下主要设计参数：① 计算曝气池容积，采用负荷法需确定污泥负荷（N_s 或 N_v）和混合液污泥浓度（MLSS，MLVSS）；若采用泥龄法，需确定泥龄（θ_c）和 Y，K_d。② 计算回流污泥量，需确定污泥回流比 R，SV 和 SVI。③ 计算需氧量，还需确定 a' 和 b'。

对于生活污水及以生活污水为主的城市污水，上述各项原始资料、数据和主要设计参数已比较成熟，基本设计参数可参考表 6-1 直接取用。但对工业废水及工业废水所占比重较大的城市污水，则应通过实验和现场实测以确定其各项设计参数。

表 6-1 活性污泥法主要运行方式的基本参数

运行方式		泥龄/d	污泥负荷/[kg BOD$_5$/(kg MLSS·d)]	容积负荷/[kg BOD$_5$/(m^3·d)]	MLSS/(g/L)	曝气时间/h	R/%	BOD$_5$去除率/%
传统推流		5～15	0.2～0.4	0.3～0.6	1.5～3	4～8	25～50	85～95
渐减曝气		5～15	0.2～0.4	0.3～0.6	1.5～3	4～8	25～50	85～95
阶段曝气		5～15	0.2～0.4	0.6～1	2～3.5	3～5	25～75	85～90
完全混合		3～5	0.2～0.6	0.8～2	3～6	3～5	25～100	85～90
吸附再生		5～15	0.2～0.6	1.0～1.2	吸附1～3 再生4～10	0.5～1 3～6	25～100	80～90
延时曝气		20～30	0.05～0.15	0.1～0.4	3～6	18～36	75～150	95
高负荷法		0.2～0.5	1.5～5	1.2～1.4	0.2～0.5	1.5～3	5～15	60～75
纯氧曝气		8～20	0.25～1	1.6～3.3	6～10	1～3	25～50	85～95
深井曝气		3～5	1.0～1.2	3.0～3.6	3～5	1～2	40～80	85～95
AB法	A段	0.5～1	2～6	—	2～3	0.5	50～80	85～95
	B段	15～20	0.1～0.3	—	2～5	2～4	50～80	
氧化沟		5～30	0.05～0.4	0.1～0.6	2～6	6～36	25～50	85～95

二、曝气池容积的计算

曝气池类型根据进水情况和出水要求确定，一般而言，出水要求较高时，选择推流式曝气池；进水冲击负荷较高时，宜选择完全混合式曝气池。在可能的条件下，曝气池的设计要既能按推流方式运行，也能按其他多种模式操作，以增加运行的灵活性，在运行过程中探索恰当的运行方式。

曝气池（区）的计算，当前普遍采用 BOD 负荷法，这是一种简便实用的经验方法。该方法是依据 BOD 污泥负荷或 BOD 容积负荷的定义式，即式（6-2）或式（6-3），得到曝气池容积 V（m^3）的计算公式，即

$$V = \frac{Q \cdot S_a}{X \cdot N_s} \quad \text{或} \quad V = \frac{Q \cdot S_a}{N_v} \tag{6-39}$$

式中：Q —— 曝气池设计污水量，m^3/d；

S_a —— 曝气池入流污水的 BOD$_5$ 浓度，mg/L；

X —— 曝气池 MLSS 浓度，mg/L；

N_s —— BOD 污泥负荷，kg BOD$_5$/（kg MLSS·d）；

N_v —— BOD 容积负荷，kg BOD$_5$/（m^3·d）。

由式（6-39）可见，计算曝气池容积 V，关键是要正确、合理地确定 BOD 污泥负荷 N_s 值和混合液污泥浓度 X。

(一) BOD 污泥负荷 N_s 值的确定

污泥负荷 N_s 不同，微生物所处增殖期不同，对有机物降解效果不同，污泥的凝聚、沉降性能不同。因此，确定 N_s 时，既要考虑处理水水质的要求，又要考虑污泥的凝聚、沉降性能。

首先根据水质的要求，按表 6-1 选取 N_s 值或按以下方式确定 N_s。

对完全混合式的曝气池（区），污泥处在减速增长期，污泥负荷 N_s 与处理水 BOD 值（S_e）之间的关系可通过式（6-7）确定。

对推流式曝气池，在污水流经曝气池全长的过程中，经历微生物增殖期各个阶段的全过程或大半个过程，N_s 值沿池长是变化的，K 值也不是常数，因此，用数学推导出具有普遍意义的污泥负荷与处理水 BOD_5 值（S_e）之间的关系式不现实，在实际应用中，可以近似地使用通过完全混合式推导的计算式。日本专家桥本奖教授提出了适用于推流式曝气池的污泥负荷 N_s 与处理水 BOD_5 值之间关系的经验计算式，即式（6-40），可作为设计参考。

$$N_s = 0.01295 S_e^{1.1918} \quad (6\text{-}40)$$

其次，根据处理水 BOD 值确定的 N_s 值，进一步复核其相应的污泥指数 SVI 值是否在正常运行的允许范围内。对城市污水可按图 6-4 复核，至于工业废水，应通过试验确定。

此外，当处理水达到硝化阶段时，必须结合污泥龄考虑污泥负荷 N_s。例如在 20℃时，硝化菌的世代时间为 3 d 左右，因此与 N_s 相应的污泥龄必须大于 3 d。

一般而言，对城市污水，N_s 为 0.3～0.5 kg BOD_5/（kg MLSS·d）时，BOD 去除率可达 90%以上，对应的 SVI 值在 80～150 范围内，污泥凝聚、沉降性能都较好。

对剩余污泥不便处理与处置的污水处理厂，应采用较低的 BOD 污泥负荷，一般不宜高于 0.2 kg BOD_5/（kg MLSS·d），这样能够使污泥自身氧化过程加强，减少污泥产量。在寒冷地区修建的活性污泥法系统，其曝气池也应采用较低的 BOD 污泥负荷，能在一定程度上补偿由于水温低对生物降解反应带来的不利影响。

(二) 混合液污泥浓度 X 的确定

曝气池内混合液污泥浓度是活性污泥处理系统重要的设计与运行参数，采用高污泥浓度能够减少曝气池的有效容积，但会带来一系列不利影响，因此在选用这一参数时，应考虑下列各项因素。

1. 供氧的经济与可能

因为高污泥浓度会改变混合液的黏滞性,增加扩散阻力,使供氧的利用率下降,因此动力费用增高。另外,需氧量是随污泥浓度的提高而增加,所以采用高污泥浓度会使供氧(通过空气)困难。

2. 活性污泥的凝聚沉淀性能

因混合液中的污泥来自回流污泥,混合液污泥浓度 X 不可能高于回流污泥浓度 X_r,而回流污泥来自二沉池,二沉池的污泥浓度与污泥沉淀性能以及它在二沉池中浓缩的时间有关,一般混合液在量筒中沉淀 30 min 后形成的污泥基本上可以代表混合液在二沉池中形成的污泥。回流污泥浓度 X_r(mg/L)可近似地按式(6-20)确定。

3. 沉淀池与回流设备的造价

污泥浓度高,会增加二沉池的负荷,从而使其造价提高。此外,对于分建式曝气池,混合液浓度越高,则维持平衡的污泥回流量也越大,从而使污泥回流设备的造价和动力费增加。

在考虑以上因素的基础上,按表 6-1 选取 X 值或按以下方式估算 X 值。

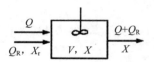

图 6-37 完全混合曝气池系统活性污泥衡算

对图 6-37 所示的完全混合曝气池系统的活性污泥进行物料衡算,并结合式(6-20),可得出估算混合液污泥浓度 X(mg/L)的公式:

$$X = \frac{R}{1+R} \cdot \frac{10^6}{\text{SVI}} \cdot r \qquad (6\text{-}41)$$

式中:R —— 污泥回流比,R=回流污泥量 QR/污水流量 Q。

此外,曝气池(区)容积 V 也可以按污泥龄(θ_c)进行计算,计算公式为:

$$V = \frac{Q(S_a - S_e)Y\theta_c}{X_v(1+K_d\theta_c)} \qquad (6\text{-}42)$$

式中:Y —— 污泥产率系数,20℃时,有机物以 BOD 计,Y=0.35~0.8 kg MLVSS/kg BOD_5,若处理系统无初沉池,Y 值必须通过试验确定;

θ_c —— 设计污泥龄,d,可参考表 6-1 选取;

K_d —— 活性污泥自身氧化率,d^{-1},一般为 0.05~0.1。

(三) 出水水质

曝气池出水中的 BOD_5 值是由残存的溶解性 BOD_5 和非溶解性 BOD_5 组成，而后者主要以生物污泥的残屑为主体，对处理水要求达到的 BOD_5 值应是总 BOD_5 即溶解性 BOD_5 与非溶解性 BOD_5 之和。活性污泥系统的净化功能，是去除溶解性 BOD_5 的。因此，从活性污泥的净化功能考虑，应将非溶解性 BOD_5 从处理水的总 BOD_5 值中减去。处理水中非溶解性 BOD_5 值可用下列公式求得：

$$BOD_{5(非溶解性)} = 5 \times (1.42 K_d \cdot X_e \cdot C_e) = 7.1 K_d X_e C_e \qquad (6-43)$$

式中：1.42 —— 近似表示微生物降解 1 g 有机物所需要的氧量；

C_e —— 处理水中的悬浮固体浓度，mg/L；

X_e —— 活性微生物在处理水悬浮固体中所占的比例。X_e 值与污泥负荷有关，高负荷系统为 0.8；延时曝气系统为 0.13；其他活性污泥系统，在一般负荷条件下，可取值 0.4。

如果活性污泥系统处理出水的溶解性 BOD_5 浓度为 S_e，则出水总 BOD_5 浓度为：

$$BOD_{5(总)} = S_e + 7.1 K_d X_e C_e \qquad (6-44)$$

三、需氧量、供气量与曝气设备的确定

(一) 需氧量的计算

单位时间内曝气池活性污泥微生物代谢所需的氧量称为需氧量 O_2（kg/h），其值等于单位时间内污水所去除的 BOD_5 量（kg/h）和去除单位 BOD_5 所需氧量（kg/kg）的乘积。需氧量的大小与污泥平均停留时间有关，一般来讲，污泥平均停留时间长，需氧量就大。需氧量的计算有估算法和公式计算法两种。

1. 估算法

估算法是按去除 1 kg BOD_5 需氧 1 kg 估算，取 1.5～2.0 kg。另外，也可按污泥负荷根据经验资料确定需氧量（表6-2），当得知去除每千克 BOD_5 所需氧量后，即可求出整个曝气池的需氧量（kg/h）。

表 6-2 污泥负荷与需氧量之间的关系

N_s/ [kg BOD$_5$/(kg MLSS·d)]	需氧量/ (kg O$_2$/kg BOD$_5$)	最大需氧量/ 平均需氧量	最小需氧量/ 平均需氧量
0.10	1.6	1.5	0.5
0.15	1.38	1.6	0.5
0.20	1.22	1.7	0.5
0.25	1.11	1.8	0.5
0.30	1.00	1.9	0.5
0.40	0.88	2.0	0.5
0.50	0.79	2.1	0.5
0.60	0.74	2.2	0.5
0.80	0.68	2.4	0.5
>1.00	0.65	2.5	0.5

2. 公式计算法

公式计算法就是根据式（6-11）计算需氧量 O_2，其关键是确定 a'、b' 值。最理想的方法是按式（6-14），通过试验取得数据或归纳污水处理厂的运行数据，用图解法求定 a'、b' 值；此外，a'、b' 值也可以采用比较成熟的经验数据，表 6-3 为处理城市污水的几种活性污泥法运行方式的 a'、b' 值和 ΔO_2（去除 1 kg BOD$_5$ 的需氧量）。

表 6-3 几种活性污泥法运行方式的 a'、b' 值和 ΔO_2（处理城市污水）

运行方式	a'	b'	ΔO_2
完全混合式	0.42	0.11	0.7～1.1
吸附再生法	↓	↓	0.7～1.1
传统推流式	↓	↓	0.8～1.1
阶段曝气法	0.53	0.188	1.4～1.8

（二）氧转移量与供气量的计算

在稳定条件下，曝气池内氧的转移速率应等于活性污泥微生物的需氧速率 r，由式（6-37）得：

$$\frac{\mathrm{d}C}{\mathrm{d}t} = \alpha \cdot K_{\mathrm{La}(20)} 1.024^{(T-20)} \left(\beta \cdot \rho \cdot C_{\mathrm{s}(T)} - C\right) = r \qquad (6\text{-}45)$$

在实际条件下，单位时间内转移到曝气池（容积为 $V\,\mathrm{m}^3$）中的总氧量 R 为：

$$R = \alpha \cdot K_{\mathrm{La}(20)} 1.024^{(T-20)} \left(\beta \cdot \rho \cdot C_{\mathrm{s}(T)} - C\right) V = rV = O_2 \qquad (6\text{-}46)$$

由于曝气设备生产厂家提供的氧转移参数是在标准条件（1 atm、20℃、脱氧清水）下测得的，因此，必须将实际条件下的氧转移量转换为标准条件下的，以据此选择曝气设备。

在标准条件下，转移到曝气池混合液的总氧量 R_0 为：

$$R_0 = K_{La(20)} C_{s(20)} V \tag{6-47}$$

由式（6-46）和式（6-47），解得：

$$R_0 = \frac{O_2 \cdot C_{s(20)}}{\alpha(\beta \cdot \rho \cdot C_{s(T)} - C) \times 1.024^{(T-20)}} \tag{6-48}$$

由于单位时间曝气池活性污泥总需氧量 O_2 可根据式（6-11）求得，因此 R_0 值可以求出（鼓风曝气时，上式中的 $C_{s(T)}$ 用 $C_{sb(T)}$ 代替）。

对鼓风曝气而言，实际供给污水的氧量远大于氧转移量 R_0，这就涉及到氧的转移效率或利用效率（E_A）问题。E_A 由空气扩散器厂商提供，它是在标准状态下测定的。若用 S 表示实际供氧量（kg/h），G_s 表示供给曝气池的空气量（m³/h），氧气容重为 1.43 kg/m³，氧在空气中所占百分比为 21%，则可按下式计算鼓风曝气的供气量 G_s：

$$G_s = \frac{S}{1.43 \times 0.21} = \frac{R_0}{0.3 \times E_A} \tag{6-49}$$

对机械曝气而言，各种叶轮在标准状态下的充氧量与叶轮直径、线速度的关系，也是厂商在标准状态下测定提供。对泵型叶轮而言，具有下列关系：

$$Q_s = R_0 = 0.379 v^{0.28} D^{1.88} K \tag{6-50}$$

式中：Q_s —— 泵型叶轮在标准条件下的充氧量，kg/h；
  v —— 叶轮线速度，m/s；
  D —— 叶轮直径，m；
  K —— 池型结构修正系数，对分建式圆池可取 1，对合建式圆池，取 0.85～0.98。

【例 6-1】某城镇污水量 Q=10 000 m³/d，原污水经初沉池处理后 BOD$_5$ 值 S_a=150 mg/L，水温 25℃，要求曝气池 BOD$_5$ 去除率 90%，出水 BOD$_5$ 值 S_e=15 mg/L，经计算曝气池有效容积 V=3 000 m³，空气扩散装置设在水下 4.5 m 处。求鼓风曝气时的供气量和机械曝气时的充氧量。已知：混合液挥发性污泥浓度 X_v=2 000 mg/L，曝气池出口处溶解氧浓度 C=2 mg/L，a'=0.5，b'=0.1，α=0.85，β=0.95，ρ=1，E_A=10%，$C_{s(25)}$=8.4 mg/L，$C_{s(20)}$=9.17 mg/L。

【解】（1）求需氧量 O_2，根据公式（6-11），代入各值，有

$$O_2 = a'Q(S_a - S_e) + b'VX_v$$
$$= 0.5 \times 10\,000 \times \frac{150-15}{1\,000} + 0.1 \times \frac{2\,000 \times 3\,000}{1\,000} = 1\,275(kgO_2/d)$$

（2）计算鼓风曝气池内平均溶解氧饱和度，按公式（6-35）计算

$$C_{sb} = C_s \left(\frac{P_b}{2.026 \times 10^5} + \frac{O_t}{42} \right)$$

$$P_b = P + 9.8 \times 10^3 H = 1.013 \times 10^5 + 9.8 \times 10^3 \times 4.5 = 1.454 \times 10^5 \text{（Pa）}$$

$$O_t = \frac{21(1-E_A)}{79 + 21(1-E_A)} \times 100\% = \frac{21(1-0.1)}{79 + 21(1-0.1)} \times 100\% = 19.3\%$$

因此，代入各值，得

$$C_{sb(25)} = 8.4 \left(\frac{1.454 \times 10^5}{2.026 \times 10^5} + \frac{19.3}{42} \right) = 9.88(mg/L)$$

（3）鼓风曝气 20℃时脱氧清水的需氧量计算。按公式（6-48），代入各值，得

$$R_0 = \frac{1\,275 \times 9.17}{0.85(0.95 \times 1 \times 9.88 - 2) \times 1.024^{(25-20)}} = 1\,692(kgO_2/d) = 70.5\,(kgO_2/h)$$

（4）计算鼓风曝气的供气量，按式（6-49）：

$$G_s = \frac{R_0}{0.3 \times E_A} = \frac{1\,692}{0.3 \times 0.1} = 56\,400(m^3/d) = 39.2\,(m^3/min)$$

（5）求机械曝气时的充氧量。按公式（6-48），代入各值，得 20℃时脱氧清水的需氧量：

$$R_0 = \frac{1\,275 \times 9.17}{0.85(0.95 \times 1 \times 8.4 - 2) \times 1.024^{(25-20)}} = 2\,098.39(kgO_2/d) = 87.43\,(kgO_2/h)$$

即机械曝气时的充氧量 $Q_s = R_0 = 87.43$ kg/h。

（三）曝气设备的选择和设计

1. 鼓风曝气设备的设计

鼓风曝气设备的设计内容主要包括：空气扩散器的选择与布置；空气管路布置与计算；鼓风机型号与台数的确定及鼓风机房的设计。

（1）空气扩散器的选择与布置

在选定空气扩散装置时，应考虑的因素主要有：具有较高的氧利用率（E_A）和动力效率（E_p）；不易堵塞，出现故障易排除，便于维护管理；构造简单，便于安装，工程造价及装置本身成本都较低。此外还应考虑污水水质、地区条件以及

曝气池池型、水深等。

根据计算出的总供气量和每个空气扩散装置的通气量、服务面积及曝气池池底面积等数据，计算、确定空气扩散装置的数量，并对其进行布置。

(2) 空气管道系统的计算与布置

活性污泥系统的空气管道系统是从空压机的出口到空气扩散装置的空气输送管道，一般使用焊接钢管。小型污水处理站的空气管道系统一般为枝状，而大、中型污水处理厂则宜于连成环状，以安全供气。空气管道一般铺设在地面上，接入曝气池的管道，应高出池水面 0.5 m，以免产生回水现象。空气管道内经济流速：干、支管为 10～15 m/s，通向空气扩散装置的竖管、小支管为 4～5 m/s。

空气管路计算内容包括管径和压力损失计算。布置管道系统，确定每段最大输气量，根据流量和经济流速计算管径，计算方法如图 6-38 所示。

空气管道的压力损失包括摩擦损失（沿程阻力损失）和局部损失两部分。摩擦损失根据直管长度及流速按图 6-39 进行计算，计算时必须按管内温度和该段管内压力进行修正；局部损失应根据各配件特征，先换算成相应的折算长度，再按图 6-39 进行计算。不同管材空气管内部压力损失的修正系数见表 6-4。

表 6-4　不同管材空气管内部压力损失的修正系数

管子种类	管径/mm		
	20～65	80～800	>800
无缝钢管	0.80～0.95	0.84～0.93	0.82～0.92
镀锌管	1.00	—	—
铸铁管（粗糙表面）	—	1.18～1.10	1.16～1.10
铸铁管（沥青涂面）	—	1.00	1.00

各配件的折算长度 L_0（m）按下式计算：

$$L_0 = 55.5KD^{1.2} \tag{6-51}$$

式中：D——配件的直径，m；

K——折算系数，具体数据见表 6-5。

表 6-5　长度折算系数

配件名称	等径直流三通	异径直流三通	转弯三通	弯头	大小头	球阀	角阀	闸阀
K 值	0.33	0.42～0.67	1.33	0.4～0.7	0.1～0.2	2.0	0.9	0.25

以上计算所得压力损失，要按压力损失要求（空气管道和空气扩散器的总压

力损失，一般控制在 14.7 kPa 以内，其中空气管道总损失控制在 4.9 kPa 以内，其余为空气扩散器的压力损失）进行校核，如果不符合要求，则要调整管径，重新计算，直到符合要求为止。

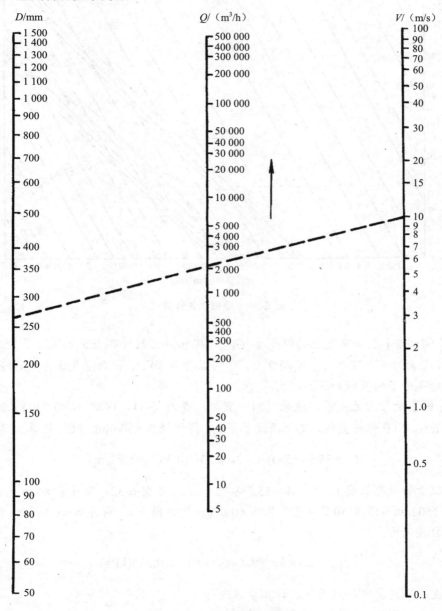

图 6-38　空气管管径计算

D—管径；Q—空气流量；V—流速

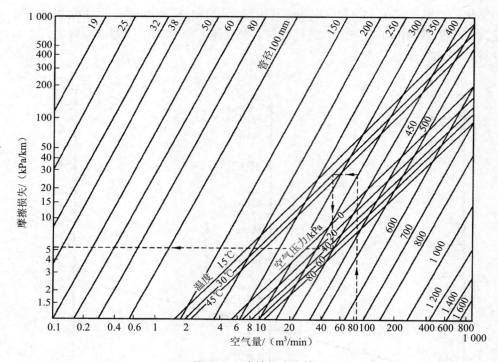

图 6-39 摩擦损失计算

【例 6-2】已知曝气池的供气量 G_s=5 040 m³/h，鼓风机房至曝气池干管总长 44 m，管段上有弯头 5 个，闸阀 2 个，管内温度为 30℃，管内空气压力为 60 kPa，计算输气干管的直径和压力损失。

【解】干管上无支管，故采用同一直径。查图 6-31，通过 G_s=5 040 m³/h 和 v=15 m/s，两点作一直线，交管径线于一点，得管径为 350 mm。配件折算长度为：

$$L_0 = 55.5 \times (5 \times 0.6 + 2 \times 0.25) \times 0.35^{1.2} = 55.2 (m)$$

故干管计算长度 $L_{计}$ 为：44+55.2=99.2（m）。查图 6-32，空气量 84 m³/min→管径 350 mm→温度 30℃→空气压力 60 kPa→摩擦损失 h，得 h=5.3 kPa/km。故管道压力损失为：

$$H_{管} = L_{计} \times h = 99.2 \times 5.3 \times 10^{-3} = 0.526 (kPa)$$

支管的计算可仿照干管的计算步骤进行。

（3）风机的选定与鼓风机房的设计

鼓风机常用罗茨鼓风机和离心式鼓风机，其中罗茨鼓风机适用于中小型污水厂，但噪声大，必须采取消声、隔声措施；离心式鼓风机噪声小，且效率高，适用于大中型污水处理厂，但产品规格和使用经验不多。

选择风机的依据是风量和风压，并考虑必需的储备量。风压 P 可按下式估算：

$$P = (1.5 + H) \times 9.8 \quad (kPa) \tag{6-52}$$

式中：H —— 空气扩散器的浸水深度（以扩散器出口处为准），m；

　　　1.5 —— 估算的管路与扩散器压力损失之和，m。

在同一供气系统中，应尽量选用同一型号的风机。风机的备用台数：工作风机≤3 台时，备用 1 台，工作风机≥4 台，备用 2 台。

风机房一般包括机器间、配电室、进风室（设空气净化设备）、值班室，值班室与机器间之间应有隔声设备和观察窗，还应设自控设备。房内应设双电源，供电设备的容量应按全部机组同时启动时的负荷设计。每台风机应单设基础，基础间距应在 1.5 m 以上。风机房内、外应采取防止噪声的措施，使其符合《工业企业噪声卫生标准》和《城市环境噪声标准》。

2. 机械曝气设备的设计

机械曝气设备的设计内容主要是选择叶轮的型式和确定叶轮的直径，此外，还有叶轮构造尺寸和安装尺寸的确定、传动机构的选择等。

叶轮型式的选择可根据叶轮的充氧能力、动力效率以及加工条件等来考虑。一般而言，泵型叶轮的提升能力和充氧能力比相同直径的平板叶轮大，但加工困难；倒伞型叶轮的动力效率一般高于平板叶轮，而充氧能力则稍低，适用于延时曝气。

叶轮直径的确定主要取决于曝气池混合液的需氧量，同时需考虑与曝气池直径的正确比例。叶轮太大，水流剪切力过大而破坏污泥絮体；太小则充氧不足。一般认为，平板叶轮和倒伞型叶轮的直径与曝气池直径之比以 1/5～1/3 为宜，泵型叶轮直径与曝气池直径之比以 1/7～1/4 为宜。此外，叶轮直径与水深之比可采用 1/4～2/5，池深过大，下部水不易上翻，易形成局部死水区，将影响充氧和泥水混合。

叶轮直径的确定过程为：首先由式（6-48）计算出 R_0 值，$Q_s = R_0$，然后根据 Q_s 与叶轮直径 D 的关系式或叶轮计算图计算或查图得到 D 值，再将初步确定出的叶轮直径 D 与池径的比例加以校核，如不符合要求，则作适当调整。

四、污泥回流系统的设计

分建式曝气池，污泥从二沉池回流需设污泥回流系统，包括污泥提升设备和污泥输送的管渠系统。污泥回流系统的设计内容包括回流污泥量的计算和污泥提升设备的选择与设计。

(一) 回流污泥量的计算

回流污泥量 Q_R 为污泥回流比 R 和曝气池进水流量 Q 的乘积，即：

$$Q_R = RQ \tag{6-53}$$

回流比 R 可以参考表 6-1 选用，也可以按下式求得：

$$R = \frac{X}{X_r - X} \tag{6-54}$$

由上式可见，R 值取决于混合液污泥浓度 X 和回流污泥浓度 X_r，而 X_r 值又与 SVI 值有关。根据式 (6-20) 和式 (6-41)，则可推算出随 SVI 值和 X 值变化的 X_r 值，然后可据此由式 (6-54) 求出 R 值。SVI、X 和 X_r 三者的关系值列于表 6-6。

表 6-6 SVI、X 和 X_r 三者关系

SVI	X_r（mg/L）	在下列 X 值（mg/L）时的回流比 R					
		1 500	2 000	3 000	4 000	5 000	6 000
60	20 000	0.08	0.11	0.18	0.25	0.33	0.43
80	15 000	0.11	0.15	0.25	0.36	0.50	0.66
120	10 000	0.18	0.25	0.43	0.67	1.00	1.50
150	8 000	0.24	0.33	0.60	1.00	1.70	3.00
240	5 000	0.43	0.67	1.50	4.00	—	—

在实际运行的曝气池内，SVI 值在一定的幅度内变化，而且混合液污泥浓度 X 也需要根据进水负荷的变化加以调整，因此，在进行污泥回流系统设计时，应按最大回流比考虑，并使其具有能够在较小回流比条件下工作的可能，即让回流污泥量能在一定幅度内变化。

(二) 污泥提升设备的选择与设计

常用的回流污泥提升设备主要有污泥泵、空气提升器和螺旋泵 3 种。

1. 污泥泵

污泥泵多为轴流泵，运行效率较高，可用于较大规模的污水处理工程。在选择时，首先应考虑的因素是不破坏活性污泥的絮凝体，使污泥能够保持其固有的特性，运行稳定可靠。采用污泥泵时，将从二沉池流出的回流污泥集中到污泥井，再用污泥泵抽送曝气池，大、中型污水厂则设回流污泥泵站。泵的台数视条件而定，一般采用 2～3 台，同时还应考虑备用泵。

2. 空气提升器

空气提升器是利用升液筒内外液体的密度差而使污泥提升的，其构造见图6-40。空气提升器的结构简单，管理方便，而且有利于提高活性污泥中的溶解氧和保持活性污泥的活性，但污泥提升能力受限制。空气提升器一般设在二沉池的排泥井中或在曝气池进口处专设的回流井中。在每座回流井内只设一台空气提升器，而且只接受一座二沉池污泥斗的来泥，以免造成二沉池排泥量的相互干扰，污泥回流量则通过调节进气阀门加以控制。

从图6-40可见，h_1 为淹没水深，h_2 为提升高度。在一般情况下，$h_1/(h_1+h_2) \geqslant 0.5$，空气压力应比 h_1 大 3 kPa 以上。升液筒在回流井中的最小淹没深度 $h_{1(min)}$ 可按下式计算：

$$h_{1(min)} = \frac{h_2}{n-1} \tag{6-55}$$

式中：n——密度系数，一般取 2～2.5。

提升空气用量 Q_u（m^3/h）一般为最大提升污泥量的 3～5 倍，也可按下式计算：

$$Q_u = \frac{K_u Q_s h_1}{23.1 g(h_1+10)\eta} \tag{6-56}$$

式中：K_u——安全系数，一般采用 1.2；

Q_s——每台空气提升器设计提升流量，m^3/h；

η——效率系数，一般为 0.35～0.45。

升液筒的最小直径为 75 mm，而空气管的最小管径为 25 mm。

3. 螺旋泵

螺旋泵是国内、外使用较多的回流污泥提升设备，由泵轴，螺旋叶片，上、下支座，导槽，挡水板和驱动装置等所组成，其基本构造见图6-41。螺旋泵常使用无级变速或有级变速的驱动装置，以便能够改变提升流量，也可应用计算机来控制回流污泥量。采用螺旋泵的污泥回流系统，具有以下特征：① 效率高，而且稳定，即使进泥量有所变化，仍能够保持较高效率；② 能够直接安装在曝气池与二沉池之间，不必另设污泥井及其他附属设备；③ 不因污泥而堵塞，维护方便，节省能源；④ 转速较慢，不会打碎活性污泥絮凝体颗粒。

螺旋泵的最佳转速 ω_j（r/min）可根据螺旋泵的外缘直径 D（m）按下式计算：

$$\omega_j = \frac{50}{\sqrt[3]{D^2}} \tag{6-57}$$

螺旋泵的工作转速 ω_g（r/min）应在下列范围内确定：

$$0.6\omega_j < \omega_g < 1.1\omega_j \tag{6-58}$$

螺旋泵的安设倾角为 30°~38°，导槽可用混凝土砌造，也可采用钢构件。当使用混凝土导槽时，混凝土的强度等级不得低于 C28。泵体外缘与导槽内壁之间必须保持一定的间隙 δ（mm），δ 值按下式计算：

$$\delta = 0.142\,0\sqrt{D} \pm 1 \tag{6-59}$$

表 6-7 为螺旋泵的基本参数，可供设计时参考。

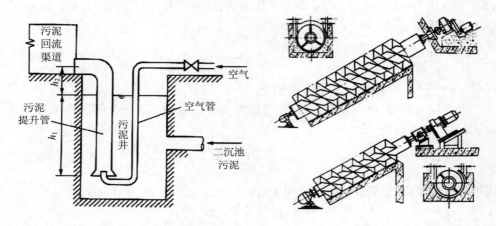

图 6-40 空气提升器构造示意　　图 6-41 螺旋提升泵的基本构造

表 6-7 螺旋泵的基本参数

螺旋泵外缘直径 D/mm	转速/（r/min）	流量/（L/s）	
		安装倾角 30°时（标准）	安装倾角 38°时（最大）
300	112	14	10.5
400	92	26	20
500	79	46	34
600	70	69	52
800	58	135	100
1 000	50	235	175
1 200	44	350	260
1 400	40	525	370
1 600	36	700	522
1 800	34	990	675
2 000	32	1 200	850
2 200	30	1 500	1 100

螺旋泵外缘直径 D/mm	转速/(r/min)	流量/(L/s)	
		安装倾角30°时（标准）	安装倾角38°时（最大）
2 400	28	1 860	1 370
2 600	26	2 220	1 600
2 800	25	2 600	1 900
3 000	24	3 100	2 300
3 200	23	3 550	2 640
3 500	22	4 300	3 200
4 000	20	6 000	4 450

注：① 表中流量是指螺旋泵外缘直径与泵轴直径之比为 2∶1 时的流量。
② 表中流量是指螺旋叶片为三头时的流量，二头和一头时的流量分别为三头的 0.8 倍和 0.64 倍。

五、剩余污泥量计算

剩余污泥量可按有关经验数据确定或按以下方法进行计算。

（一）根据污泥龄计算

根据污泥龄的定义式，即式（6-15），可以得到一个计算剩余污泥量的简易公式：

$$\Delta X = \frac{VX}{\theta_c} \quad (6\text{-}60)$$

（二）根据污泥产率系数或表观产率系数计算

由于每日排出的剩余污泥在量上等于每日增长的污泥量，因此，可根据式（6-21）计算剩余污泥量，用产率系数 Y 计算的是微生物的合成量（总增长量），没有扣除生化反应过程中用于内源呼吸而消亡的微生物量，故 Y 有时也称合成产率系数或总产率系数。产率系数的另一种表达为表观产率系数 Y_{obs}（具体参见第五章第二节），用 Y_{obs} 计算的微生物量为净增长量，即已经扣除内源呼吸而消亡的微生物量，表观产率系数可在实际运转中观测到，故 Y_{obs} 又称观测产率系数或净产率系数。用 Y_{obs} 计算剩余活性污泥量显得简便快捷，计算公式如下：

$$\Delta X = Y_{obs} Q(S_a - S_e) \quad (6\text{-}61)$$

由以上方法计算所得的剩余污泥量 ΔX 是以干重形式表示的悬浮固体质量，在实际应用中，应将其换算成湿重的总悬浮固体，即：

$$\Delta X = Q_s X_r$$

因此

$$Q_s = \frac{\Delta X}{X_r} \tag{6-62}$$

式中：Q_s —— 每日从系统中排除的剩余污泥量，m^3/d；

ΔX —— 剩余污泥量（干重），kg SS/d；

X_r —— 回流污泥浓度，kg/m^3。

六、二次沉淀池的设计

二次沉淀池设计的主要内容包括池型选择、沉淀池（澄清区）面积、有效水深和污泥区容积的计算。原则上，用于初次沉淀池的平流式、辐流式和竖流式沉淀池都可以作为二沉池使用，但有区别，大、中型污水处理厂大多采用机械吸泥的圆形辐流式沉淀池，小型污水处理厂则普遍采用竖流式沉淀池。

二沉池的构造和初沉池相似，其设计计算可以参考初沉池，但二沉池工作情况比初沉池复杂得多，因此应注意：① 进水要布水均匀，利于泥花结大；② 限制出流堰流速不超过 10 $m^3/(m^2·h)$，防止挟走污泥絮体；③ 污泥斗要考虑污泥浓缩要求，停留时间不超过 2 h，防止缺氧时间过长产生反硝化，造成污泥上浮。所以较常采用的沉淀时间为 1.5～2.0 h，水力表面负荷为 1.1～1.8 $m^3/(m^2·h)$，污泥浓度高时用低值。

一般按沉淀时间计算二沉池容积，然后确定池水深度，如果采用平流式沉淀池，水平流速最大值比初沉池小一半，原因是异重流导致有效过水断面减小。为了增大有效沉降区，二沉池的出水堰应当离开池子终端，增大堰长，减小单位堰长出水量。

二沉池下部污泥斗容积按下式计算：

$$V = \frac{(1+R)QtX}{0.5(X+X_r)} \tag{6-63}$$

式中，分子部分反映了在贮留时间 t 内被截留的全部固体量（假定进入二沉池的混合液中的悬浮固体全部被截留），分母部分是贮泥的平均浓度。

二沉池必须具备既能澄清水，又能浓缩污泥的能力，所以国外有按澄清能力用极限表面溢流率（高峰流量时的溢流率）为基准、浓缩能力用极限固体负荷（按固体通量曲线或选用经验数字）为基准确定沉淀池的表面积，采用以上两者中的较大值。

一般小型处理厂常用合建的完全混合式曝气池，由于受叶轮搅拌能力和充氧能力的限制，池子直径一般不大于 20 m，常用 15 m，深度不宜超过 5 m，一般 4.0～4.5 m。直径小于 10 m 的曝气池，深度为 3.0～3.5 m。水深一般不超过叶轮直径的

3.5 倍。沉淀区水深由上升流速和沉淀时间的乘积确定，一般不小于 1.5 m（1.5~2 m），上升流速一般为 0.3~0.5 mm/s。回流窗孔的流速取 100~200 mm/s，导流区流速应小于 10~15 mm/s，其宽度不应小于 30 cm，为便于施工，最好采用 60 cm。池底直径大约为池径的 0.6~0.7 倍，回流缝长 0.4~0.6 m，缝宽按流速为 20~40 mm/s 确定，一般为 150~300 mm。

七、设计计算举例

【例 6-3】 某城市日排污水量 30 000 m³，时变化系数 1.4，原污水 BOD_5 值 225 mg/L，要求处理水 BOD_5 值为 25 mg/L，拟采用活性污泥系统处理。请计算和设计：① 曝气池主要部位尺寸；② 鼓风曝气装置。

【解】 1. 污水处理程度的计算及曝气池的运行方式

（1）污水处理程度的计算

初次沉淀池的 BOD_5 去除率一般按 25%考虑，则进入曝气池的污水 BOD_5 值（S_a）为：

$$S_a = 225(1-25\%) = 168.75 \approx 169 \text{（mg/L）}$$

按式（6-43）计算处理水中非溶解性 BOD_5 值：

$$BOD_{5(非溶解性)} = 7.1bX_eC_e = 7.1 \times 0.09 \times 0.4 \times 25 = 6.39 \approx 6.4 \text{（mg/L）}$$

式中，b 为污泥自身氧化率，d^{-1}，一般为 0.05~0.1，取 0.09；C_e 为处理水中的悬浮固体浓度，mg/L，取值 25 mg/L；X_e 为活性微生物在处理水悬浮固体中所占的比例，取值 0.4。

处理水中溶解性 BOD_5 值 S_e 为：25 – 6.4 = 18.6（mg/L）。

BOD_5 去除率为：

$$\eta = \frac{169 - 18.6}{169} \approx 0.89$$

（2）曝气池的运行方式

在本设计中应考虑曝气池运行方式的灵活性和多样化。因此，根据污水水质情况，按传统活性污泥法设计，同时又有按阶段曝气法和吸附再生法运行的可能。

2. 曝气池计算与设计

（1）采用污泥负荷法计算曝气池容积

① 确定污泥负荷 N_s

根据表 6-1，取 N_s=0.3 kg BOD_5/（kg MLSS·d），按式（6-7）加以校核，K 取值 0.019 2，S_e=18.6 mg/L，f=0.75，则：

$$N_s = \frac{KS_e f}{\eta} = \frac{0.019\ 2 \times 18.6 \times 0.75}{0.89} \approx 0.3\ (\text{kg BOD}_5/\text{kg MLSS} \cdot \text{d})$$

计算结果确证，N_s 值取 0.3 适宜。

② 确定混合液污泥浓度 X

根据确定的 N_s 值，查图 6-4 得相应的 SVI 值为 100~120，取 120。

按式（6-40）计算混合液污泥浓度 X 值。对此 $r=1.2$，$R=50\%$，代入各值，得：

$$X = \frac{R}{1+R} \cdot \frac{10^6}{\text{SVI}} \cdot r = \frac{0.5}{1+0.5} \times \frac{10^6}{120} \times 1.2 = 3\ 333\ (\text{mg/L}) \approx 3\ 300\ (\text{mg/L})$$

③ 确定曝气池容积，按式（6-39）计算，即：

$$V = \frac{Q \cdot S_a}{X \cdot N_s} = \frac{30\ 000 \times 169}{3\ 300 \times 0.3} \approx 5\ 121\ (\text{m}^3)$$

（2）确定曝气池各部位尺寸

设两组曝气池，每组容积为：$V_1 = V/2 = 5\ 121/2 \approx 2\ 560.5$（m³）

取池水深 $h=4.2$ m，则每组曝气池的表面积为：

$$A = V_1/h = 2\ 560.5/4.2 \approx 609.6\ (\text{m}^2)$$

池宽 B 取 4.5 m，则 $B/h=4.5/4.2=1.07$，介于 1~2，符合规定。

池长 L：

$$L = A/B = 609.6/4.5 \approx 135.5\ (\text{m})$$

$$L/B = 135.5/4.5 \approx 30 > 10\ （符合规定）$$

设五廊道式曝气池，廊道长 L_1：

$$L_1 = L/5 = 135.5/5 = 27.1 \approx 27\ (\text{m})$$

取超高 0.5 m，则曝气池总高度 H 为：

$$H = 4.2 + 0.5 = 4.7\ (\text{m})$$

（3）确定曝气池结构形式

设两组 5 廊道曝气池，在曝气池前端和后端各设横向配水渠道，并在两池中间设纵向配水渠道与横向水渠相连；在两侧横向配水渠道上设进水口，每组曝气池共有 5 个进水口（图 6-42）；在每组曝气池的前端，廊道 I 进水口处设回流污泥井，井内设污泥空气提升器，回流污泥由污泥泵站送入井内，由此通过空气提升器回流曝气池。

按图 6-42 的平面布置，该曝气池可有多种运行方式：按传统活性污泥法运行时，污水及回流污泥同步从廊道Ⅰ的前端进水口进入；按阶段曝气法运行时，回流污泥从廊道Ⅰ的前端进入，而污水则分别从两端配水渠道的5个进水口均量进入；按吸附再生法运行时，回流污泥从廊道Ⅰ的前端进入，以廊道Ⅰ作为污泥再生池，污水则从廊道Ⅱ的后端进水口进入，此时再生池容积为曝气池总容积的20%，或者以廊道Ⅰ和廊道Ⅱ作再生池，污水则从廊道Ⅲ的前端进水口进入，此时再生池容积占40%。

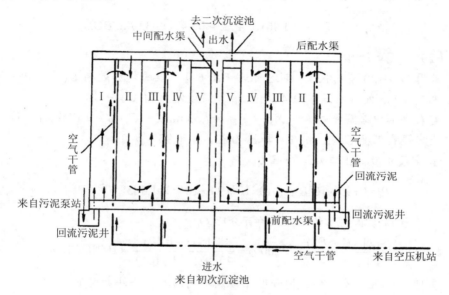

图 6-42 曝气池平面图

3. 鼓风曝气装置的设计与计算
（1）需氧量计算
① 平均需氧量按式（6-11）计算，取 a'=0.5，b'=0.15，则：

$$O_2 = a'Q(S_a - S_e) + b'VX_v$$
$$= 0.5 \times 30\,000 \times (\frac{169-25}{1\,000}) + 0.15 \times 5\,121 \times \frac{3\,300}{1\,000} \times 0.75$$
$$= 4\,061.2(\text{kg/d}) = 169.2(\text{kg/h})$$

② 最大时需氧量（按最大流量计算）：

$$O_{2(\max)} = 0.5 \times 30\,000 \times 1.4 \times (\frac{169-25}{1\,000}) + 0.15 \times 5\,121 \times \frac{3\,300}{1\,000} \times 0.75$$
$$= 4\,925.2(\text{kg/d}) \approx 205.2(\text{kg/h})$$

最大时需氧量与平均需氧量之比为：

$$205.2/169.2=1.21$$

③ 每日去除的 BOD_5 量：

$$BOD_r = Q(S_a - S_e) = 30\,000 \times (169 - 25) \times 10^{-3} = 4\,320 \text{ (kg/d)}$$

④ 去除每千克 BOD_5 的需氧量：

$$\Delta O_2 = O_2/BOD_r = 4\,061.2/4\,320 = 0.94 \text{ (kg } O_2/\text{kg } BOD_5)$$

（2）供气量计算

采用 W_M-180 型网状膜微孔扩散器（图 6-9），其氧转移效率 E_A 为 12%，铺设在距池底 0.2 m 处，淹没水深 4.3 m，计算温度定为 30℃。

查表得水中溶解氧饱和度为：$C_{s(30)}$ = 7.63 mg/L，$C_{s(20)}$ = 9.17 mg/L。曝气池出口处溶解氧浓度 C = 2.0 mg/L，取 α = 0.82，β = 0.95，ρ = 1。

① 空气扩散器出口处绝对压力（P_b）：

$$P_b = P + 9.8 \times 10^3 H = 1.013 \times 10^5 + 9.8 \times 10^3 \times 4 = 1.405 \times 10^5 \text{ (Pa)}$$

② 空气离开曝气池水面时氧的百分比 O_t：

$$O_t = \frac{21 \times (1 - E_A)}{79 + 21 \times (1 - E_A)} \times 100\% = \frac{21 \times (1 - 0.12)}{79 + 21 \times (1 - 0.12)} \times 100\% = 18.43\%$$

③ 曝气池混合液平均氧饱和度（按最不利的温度条件考虑）：

$$C_{sb(30)} = C_s \left(\frac{P_b}{2.026 \times 10^5} + \frac{O_t}{42} \right)$$

$$= 7.63 \times \left(\frac{1.405 \times 10^5}{2.026 \times 10^5} + \frac{18.43}{42} \right) = 8.54 \text{ (mg/L)}$$

④ 20℃时脱氧清水的需氧量，按公式（6-48），代入各值，得：

$$R_0 = \frac{O_2 \cdot C_{s(20)}}{\alpha \left(\beta \cdot \rho \cdot C_{s(T)} - C \right) \times 1.024^{(T-20)}}$$

$$= \frac{169.2 \times 9.17}{0.82 \times (0.95 \times 1 \times 8.54 - 2.0) \times 1.024^{(30-20)}} = 249 \text{ (kg/h)}$$

相应的最大时需氧量为：

$$R_{0(\max)} = \frac{205.2 \times 9.17}{0.82 \times (0.95 \times 1 \times 8.54 - 2.0) \times 1.024^{(30-20)}} = 303 \text{ (kg/h)}$$

⑤ 曝气池平均时供气量：

$$G_s = \frac{R_0}{0.3 \times E_A} = \frac{249}{0.3 \times 0.12} = 6\,917 \text{ (m}^3\text{/h)}$$

⑥ 曝气池最大时供气量：

$$G_{s(max)} = \frac{R_{0(max)}}{0.3 \times E_A} = \frac{303}{0.3 \times 0.12} = 8\,417 \text{ (m}^3\text{/h)}$$

⑦ 去除每千克 BOD_5 的供气量：

$$\frac{24 G_s}{BOD_r} = \frac{24 \times 6\,917}{4\,320} = 38.4 \text{ (m}^3\text{空气/kgBOD}_5\text{)}$$

⑧ 每立方米污水的供气量：

$$\frac{24 G_s}{Q} = \frac{24 \times 6\,917}{30\,000} = 5.53 \text{ (m}^3\text{空气/m}^3\text{污水)}$$

⑨ 本系统的空气总用量

除采用鼓风曝气外，本系统还采用空气在回流污泥井提升污泥，空气量按回流污泥量的 8 倍考虑，污泥回流比 R 取值 60%，则提升回流污泥所需空气量为：

$$\frac{8 \times 0.6 \times 30\,000}{24} = 6\,000 \text{ (m}^3\text{/h)}$$

总需气量为：

$$8\,417 + 6\,000 = 14\,417 \text{ (m}^3\text{/h)}$$

（3）空气管道系统计算

根据曝气池计算尺寸，按图 6-42 所示的曝气池平面图布置空气管道，在相邻的两个廊道的隔墙上设一根干管，共 5 根干管，每根干管上设 5 对配气竖管，全池共设 50 根配气竖管。

① 每根竖管的供气量为：

$$8\,417/50 = 168 \text{ (m}^3\text{/h)}$$

② 所需空气扩散器的个数。每个扩散器的服务面积按 0.49 m^2 计，曝气池总平面面积为 $27 \times 4.5 \times 10 = 1\,215 \text{ (m}^2\text{)}$，则空气扩散器总个数为：

$$1\,215/0.49 = 2\,479 \text{ （个）}$$

为安全计，采用 2 500 个扩散器，则每根竖管上安设的空气扩散器数目为：

$$2\,500/50 = 50 \text{ （个）}$$

每个空气扩散器的供气量为：

$$8\,417/2\,500 = 3.37 \text{ (m}^3\text{/h)}$$

③ 空气管路计算

将已布置的空气管路和布设的扩散器绘制成管路计算图（图6-43），用以计算。

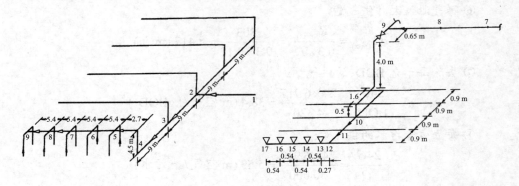

图6-43 空气管路计算

选择一条从鼓风机房开始的最长的管路作为计算管路。在空气流量变化处设计算节点，统一编号后列表进行空气管道计算。

空气干管和支管以及配气竖管的管径 D，根据通过的空气量和相应的流速按图6-38加以确定，结果列入表6-8中的第6列。

空气管路的局部阻力损失，根据配件的类型按式（6-51）折算成当量长度 L_0，并算出管道的计算长度（$L+L_0$），结果列入表6-8中的第8、9两列。

空气管道的沿程阻力损失，根据空气管的空气量、计算温度和曝气池水深，查图6-32求得，结果列入表6-8中的第10列。

第9列与第10列相乘，得压力损失，结果列入表6-8的第11列。将表6-8中第11列各值累加，得空气管道系统的压力损失为：198.96×9.8=1.95 kPa。

网状膜空气扩散器的压力损失为 5.88 kPa，则总压力损失为：5.88+1.95=7.83 kPa。为安全计，设计取值 9.8 kPa。

（4）空压机的选定

空气扩散装置安装在距曝气池池底 0.2 m 处，因此，空压机所需压力为

$$P=9.8H+压力损失=9.8\times（4.2-0.2）+9.8=49\ kPa$$

空压机所需最大供气量为 14 417 m³/h（240.3 m³/min），平均供气量为（6 917 + 6 000）m³/h=12 917 m³/h = 215.3 m³/min。

根据所需压力及供气量，决定采用 LG60 型空压机 5 台，该型空压机风压 50 kPa，风量 60 m³/min，正常条件下，3 台工作，2 台备用，高负荷时 4 台工作，1 台备用。

表 6-8 空气管路计算表

管段编号	L/m	空气流量		空气流速/(m/s)	D/mm	配件/个	L_0/m	$L+L_0$/m	压力损失	
		(m³/h)	(m³/min)						9.8 Pa/m	9.8 Pa
1	2	3	4	5	6	7	8	9	10	11
17～16	0.54	3.37	0.06	—	32	弯头 1	0.62	1.16	0.18	0.21
16～15	0.54	6.74	0.11	—	32	三通 1	1.18	1.72	0.32	0.55
15～14	0.54	10.11	0.17	—	32	三通 1	1.18	1.72	0.65	1.12
14～13	0.54	13.48	0.22	—	32	三通 1	1.18	1.72	0.90	1.55
13～12	0.27	16.85	0.28		32	三通 1，异形管 1	1.27	1.54	1.25	1.93
12～11	0.9	33.70	0.56	4.5	50	三通 1，异形管 1	2.18	3.08	0.50	1.54
11～10	0.9	67.40	1.12	3.2	80	四通 1，异形管 1	3.83	4.73	0.38	1.80
10～9	6.75	168.5	2.81	5.0	100	阀门 1，弯头 3，三通 1	11.30	18.05	0.70	12.33
9～8	5.4	337.0	5.62	12.5	100	四通 1，异形管 1	6.41	11.81	2.50	29.53
8～7	5.4	674.0	11.23	11.5	150	四通 1，异形管 1	10.25	15.65	0.90	14.09
7～6	5.4	1 011.0	16.85	9.5	200	四通 1，异形管 1	14.48	19.88	0.45	8.95
6～5	5.4	1 348.0	22.47	12.0	200	四通 1，异形管 1	14.48	19.88	0.80	15.90
5～4	7.2	1 685.0	28.08	13.0	200	四通 1，异形管 1，弯头 2	20.92	28.12	1.25	35.15
4～3	9.0	4 685.0	78.10	11.0	400	三通 1，异形管 1	33.27	42.27	0.28	11.28
3～2	9.0	6 370.0	106.16	14.0	400	三通 1，异形管 1	33.27	42.27	0.70	29.59
2～1	30	14 417.0	240.3	15.0	600	四通 1，异形管 1	54.12	84.17	0.40	33.65
管段 1～17 压力损失 合计										198.96

【例 6-4】某居民小区生活污水，拟采用曝气沉淀池进行处理。污水设计流量为 150 m³/h，时变化系数为 1.3，BOD_5 为 300 mg/L，经初沉池处理后可降低 30%，要求出水 BOD_5 为 30 mg/L（其中溶解性 BOD_5 为 20 mg/L），设计水温 30℃。试通过计算：① 确定曝气沉淀池主要部位的尺寸；② 选定曝气叶轮的型号。

【解】1. 确定设计参数

根据经验确定各设计参数为：N_s=0.35 kg BOD_5/(kg MLSS·d)；X=4 000 mg/L；S_e≤20 mg/L；R=600%；$C_{s(30)}$=7.63 mg/L，$C_{s(20)}$=9.17 mg/L；曝气池出口处溶解氧浓度 C=1.5 mg/L；α=0.8，β=0.9，ρ=1；ΔO_2=1.0（kg O_2/kg BOD_5）。

2. 计算曝气区容积

（1）计算曝气区进水 BOD_5 值：
$$S_a=300（1-30\%）=210（mg/L）$$

（2）计算污水日流量：
$$Q=150×24=3 600（m^3/d）$$

(3)计算曝气区容积:
$$V = \frac{QS_a}{X \cdot N_s} = \frac{3\,600 \times 210}{4\,000 \times 0.35} = 540\,(\text{m}^3)$$

采用二座曝气沉淀池,则单池的曝气区容积为:
$$V_1 = V/2 = 540/2 = 270\,(\text{m}^3)$$

3. 确定沉淀区面积与容积

沉淀区按最大流量设计,上升流速采用 0.3 mm/s,停留时间取 1.5 h。

(1)沉淀区面积
$$A = \frac{Q_{\max}}{3.6un} = \frac{150 \times 1.3}{3.6 \times 0.3 \times 2} = 90.3 \approx 91\,(\text{m}^2)$$

(2)沉淀区容积
$$V_2 = \frac{Q_{\max}t}{n} = \frac{150 \times 1.3 \times 1.5}{2} = 146.25 \approx 147\,(\text{m}^3)$$

(3)沉淀区高度
$$h_1 = \frac{V_2}{A} = \frac{147}{91} = 1.6\,(\text{m})$$

4. 计算需氧量与充氧量

(1)需氧量
$$O_2 = \frac{\Delta O_2 \cdot QS_r}{1\,000n} = \frac{1.0 \times 150 \times (210-20)}{1\,000 \times 2} = 14.5\,(\text{kgO}_2/\text{h})$$

(2)20℃时脱氧清水的充氧量,按公式(6-46),代入各值,得:
$$R_0 = \frac{O_2 \cdot C_{s(20)}}{\alpha\left(\beta \cdot \rho \cdot C_{s(T)} - C\right) \times 1.024^{(T-20)}}$$
$$= \frac{14.5 \times 9.17}{0.8(0.9 \times 1 \times 7.63 - 1.5) \times 1.024^{(30-20)}} = 25.4\,(\text{kgO}_2/\text{h})$$

5. 确定曝气叶轮

选用泵型叶轮,查泵型叶轮计算图得,当 $R_0 = 26\,\text{kg O}_2/\text{h}$ 时,叶轮直径为 1 000 mm,线速度为 4.5 m/s,所需轴功率为 7 kW。因此,选用直径 d 为 1.0 m 的泵型叶轮。

6. 确定曝气区直径和面积

采用 $d/D_1 = 1/6$,则曝气区直径为:
$$D_1 = 6d = 6 \times 1.0 = 6.0\,(\text{m})$$

曝气区面积:
$$A_1 = \frac{1}{4}\pi D_1^2 = \frac{1}{4} \times 3.14 \times 6^2 = 28.3\,(\text{m}^2)$$

7. 确定导流区直径与宽度

取污水在导流区下降速度 v_2=15 mm/s，则导流区的面积为：

$$A_2 = \frac{Q(1+R)}{3.6v_2 n} = \frac{150 \times (1+6)}{3.6 \times 15 \times 2} = 9.73 \text{ (m}^2\text{)}$$

导流区外直径：

$$D_2 = \sqrt{\frac{4(A_1+A_2)}{\pi}} = \sqrt{\frac{4 \times (28.3+9.73)}{3.14}} = 7.0 \text{ (m)}$$

导流区的宽度：

$$B = \frac{D_2 - D_1}{2} = \frac{7.0 - 6.0}{2} = 0.5 \text{ (m)}$$

8. 确定曝气沉淀池各主要部位的尺寸

（1）曝气沉淀池直径：

$$D = \sqrt{\frac{4(A+A_1+A_2)}{\pi}} = \sqrt{\frac{4 \times (91+28.3+9.73)}{3.14}} = 12.8 \text{ (m)}$$

（2）曝气区直壁高：

$$h_2 = h_1 + 0.414B = 1.6 + 0.414 \times 0.5 = 1.8 \text{ (m)}$$

曝气沉淀池直壁高 h_3 取 1.8 m。

（3）曝气沉淀池斜壁与曝气区直壁呈45°角。
（4）曝气沉淀池池深取值 H=4.2 m。
（5）曝气沉淀池斜壁高：

$$h_4 = H - h_3 = 4.2 - 1.8 = 2.4 \text{ (m)}$$

（6）曝气沉淀池池底直径：

$$D_3 = D - 2h_4 = 12.8 - 2 \times 2.4 = 8.0 \text{ (m)}$$

9. 回流窗尺寸确定

取污水通过回流窗的流速 v_1=100 mm/s，于是，回流窗孔总面积为：

$$A_3 = \frac{Q(1+R)}{3.6v_1 n} = \frac{150 \times (1+6)}{3.6 \times 100 \times 2} = 1.46 \text{ (m}^2\text{)}$$

每池开 20 个回流窗孔，则每个窗孔面积为：

$$A_4 = \frac{A_3}{n_1} = \frac{1.46}{20} = 0.073 \text{ (m}^2\text{)}$$

采用 200 mm×300 mm 的孔口，在孔口上安设挡板，用以调节过水面积。

10. 污泥回流缝尺寸确定

取曝气区底直径大于池底直径 0.2 m，则曝气区底直径为：

$$D_4 = D_3 + 0.2 = 8.0 + 0.2 = 8.2 \,(\text{m})$$

回流缝宽 b 取值 0.2 m，顺流圈长 L=0.5 m，则回流缝过水面积为：

$$A_5 = \pi b (D_4 + \frac{L+b}{1.41}) = 3.14 \times 0.2 \times (8.2 + \frac{0.5+0.8}{1.41}) = 5.46 \,(\text{m}^2)$$

回流缝内污水的流速：

$$v_4 = \frac{QR}{3.6 A_5 n} = \frac{150 \times 6}{3.6 \times 5.46 \times 2} = 23 \,(\text{mm/s})，符合要求。$$

11. 曝气沉淀池实际容积核算

曝气沉淀池的总容积为：

$$V' = \pi (\frac{D}{2})^2 h_3 + \frac{\pi}{3} h_4 \left[(\frac{D}{2})^2 + \frac{D}{2} \cdot \frac{D_3}{2} + (\frac{D_3}{2})^2 \right]$$

$$= 3.14 \times (\frac{12.8}{2})^2 \times 1.8 + \frac{3.14}{3} \times 2.4 \times \left[(\frac{12.8}{2})^2 + \frac{12.8}{2} \times \frac{8}{2} + (\frac{8}{2})^2 \right] = 439 \,(\text{m}^3)$$

曝气沉淀池结构容积系数取 5%，则其实际有效容积为：

$$V'' = V'(1-5\%) = 439 \times (1-5\%) = 417 \,(\text{m}^3)$$

沉淀区实际有效容积为：

$$V_2 = \frac{\pi}{4}(D^2 - D_2^2) h_1 = \frac{3.14}{4} \times (12.8^2 - 7^2) \times 1.6 = 144 \,(\text{m}^3)$$

曝气区（包括导流区和回流区）的实际有效容积为：

$$V = V'' - V_2 = 417 - 144 = 273 \,(\text{m}^3)$$

各部位实际有效容积与计算所需容积列于表 6-9 中。两者基本相符，所定尺寸无需调整。

表 6-9 曝气沉淀池各部分容积比较

	曝气沉淀池总容积	曝气区容积	沉淀区容积
计算所需容积/m³	270+147=417	270	147
实际有效容积/m³	417	273	144

图 6-44 所示为经计算、设计所得圆形曝气沉淀池各基本部位的尺寸。

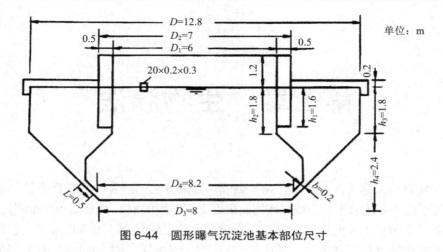

图 6-44　圆形曝气沉淀池基本部位尺寸

思考题

1. 什么是活性污泥？并简述其降解污水中有机物的过程及机理。
2. 活性污泥法有哪些主要运行方式？各运行方式有何特点？
3. 试比较推流式曝气池和完全混合式曝气池的优缺点。
4. 活性污泥法工艺设计的主要内容是什么？应确定的设计参数主要有哪些？
5. 简述污泥负荷对活性污泥性能和生成量、有机物去除速率、氧的消耗速率的影响。
6. 试比较吸附再生法和 AB 法。
7. 若曝气池中的污泥浓度为 2 500 mg/L，混合液在 100 mL 量筒内经 30 min 沉淀的污泥量为 20 mL，计算污泥容积指数、所需回流比和回流污泥浓度。
8. 某曝气池的污泥负荷为 0.3 kg BOD_5/（kg MLSS·d），已知 a=0.6，b=0.07，MLVSS/MLSS=0.75，BOD_5 去除率为 90%，计算其污泥的平均停留时间。
9. 某污水处理厂，设计流量为 10 000 m³/d，原水 BOD_5 为 240 mg/L，经初沉池处理后可降低 25%，采用活性污泥法处理，计算曝气池容积为 3 000 m³，池中的 MLSS 浓度为 3 000 mg/L 的水力停留时间和污泥负荷。
10. 某城市日排污水量 20 000 m³，时变化系数为 1.4，原污水经初沉池处理后 BOD_5 值为 180 mg/L，水温 25℃，要求处理水 BOD_5 值为 20 mg/L，拟采用活性污泥法处理，已知污泥负荷 N_s=0.3 kg BOD_5/（kg MLSS·d），SVI=120，回流比 R=50%，MLVSS/MLSS=0.8，a'=0.5，b'=0.15。求曝气池容积和平均需氧量及最大需氧量。若 α=0.85，β=0.95，ρ=1，E_A=10%，$C_{s(25)}$=8.4 mg/L，$C_{s(20)}$=9.17 mg/L，求鼓风曝气时的供气量和机械曝气时的充氧量。

第七章 生物膜法

生物膜法又称为固定膜法，是与活性污泥法并列的一种生物处理方法，不同之处在于微生物附着生长在滤料或填料表面上，形成生物膜，污水流经时得到处理。随着新型生物膜工艺的迅速发展，生物膜法由单一到复合，逐步形成了一套较完整的污水生物处理工艺系列。常用生物膜法主要有润壁型生物膜法和浸没型生物膜法两类，前者包括生物滤池和生物转盘等，后者包括生物接触氧化、生物流化床等。

第一节 基本原理

一、生物膜的形成

微生物细胞在水环境中能在适宜的载体表面牢固附着，并在上面生长繁殖，细胞胞外多聚物使微生物细胞形成纤维状的缠结结构，称为生物膜。

生物膜的形成必须具备3个前提条件：① 有起支撑作用、供微生物附着生长的载体物质：在生物滤池中称为滤料，在接触氧化工艺中称为填料，在好氧生物流化床中称为载体；② 有供微生物生长所需的营养物质；③ 有接种的微生物。

一般认为，生物膜的累积形成是以下物理、化学和生物过程综合作用的结果：① 有机分子从水中向生物膜附着生长的载体表面运送，其中有些被吸附形成了被微生物改良的载体表面；② 水中一些浮游的微生物细胞被传送到改良的载体表面，其中碰撞到载体表面的细胞一部分在被表面吸附一段时间后因水力剪切或其他物理、化学和生物作用又解吸出来，而另一部分则被表面吸附一段时间后变成了不可解吸的细胞；③ 不可解吸的细胞摄取并消耗水中的底物和营养物质，其数目增多；与此同时，细胞会产生大量产物，有些将排出体外。这些产物中有些就是胞外多聚物，这类多聚物将生物膜紧紧地结合在一起，由此，微生物细胞在消耗水中底物进行新陈代谢时便累积形成了生物膜。

生物膜成熟的标志是生物膜沿水流方向分布、在其上的细菌及各种微生物组成的生态系统以及其对有机物的降解功能都达到了平衡和稳定状态。从开始到成熟，生物膜要经过潜伏和生长两个阶段，一般的城市污水在20℃左右的条件下大致需要30 d。

二、生物膜法的净化过程

目前，生物膜法处理污水的微生物膜体为蓬松的絮状结构，对污水中的有机污染物具有较强的吸附与氧化降解能力。生物膜对污水中有机物的净化包括了污染物及代谢产物的迁移、氧的扩散与吸收、有机物分解和微生物的新陈代谢等各种复杂过程。在这些过程的综合作用下，污水中有机物的含量大大减少，污水得到净化。生物膜结构及净化机理见图7-1。

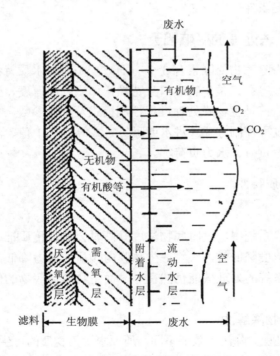

图7-1 生物膜对污水的净化原理示意

从图7-1可以看出，在生物膜内、外，生物膜与水层之间进行着多种物质的传递过程。污水进入滤池并在滤料表面流动时，在生物膜的吸附作用下，其所含的有机物透过生物膜表面的附着水层，从污水主体向生物膜内部迁移；同时，空气中的氧通过膜表面附着水层进入生物膜。生物膜中的微生物在有氧条件下进行新陈代谢，对有机物进行降解，降解产物沿着相反方向从生物膜经过附着水层排泄到流动水层或空气中去。

对于新生生物膜而言，由于生物膜厚度较薄，生物膜内物质传输的阻力小、速率快，故污染物大部分在生物膜表面被去除，代谢产物从生物膜排出的速率也很快，生物膜受产物积累的抑制较弱，生物膜活性高，底物去除率也高。但当生物膜厚度增长到一定程度或有机物浓度较大时，迁移到生物膜的分子氧主要被膜表层的微生物所消耗，导致生物膜内部供氧不足，出现厌氧层，随着生物膜的增厚，内层微生物不断死亡并解体，大大降低了膜与滤料的黏附力。

老化的生物膜在自重和过流污水冲刷的共同作用下自行脱落，膜脱落后的滤料表面又重新开始新的生物膜生长，这一过程称作生物膜的更新。在生物膜处理系统中，保持生物膜正常的新陈代谢和生物膜内微生物的活性是保证生物膜去除水中污染物的前提条件。

三、生物膜法处理的影响因素

影响生物膜去除底物的因素有 3 个方面：一是污水水质特性，如底物浓度、底物可生物降解性等；二是生物膜自身特性，如生物膜厚度、生物膜活性、生物膜内菌群结构等；三是生物膜处理过程控制模式及特性参数，包括不同生物膜处理反应器类型及过程控制方式（进水或曝气方式等）、pH 值、温度、溶解氧、水力停留时间、污泥负荷、水力负荷等。

（一）污水水质特性

1. 底物浓度

稳定的生物膜系统中，短时底物浓度升高时会增加传质推动力，促进生物膜生长；短时底物浓度降低时，底物在生物膜内传质推动力降低，底物多在生物膜表面得到降解，系统的处理效能仍然良好，故生物膜对底物的低浓度耐受力一般高于活性污泥。

2. 底物可生物降解性

生物膜处理过程去除污染效能不同，所要求污染物质的可生物降解性也不同，其影响特性与活性污泥过程相似。不同的是，由于生物膜较活性污泥吸附能力强，而且成熟生物膜内菌群丰富，好氧菌和厌氧菌在不同区域共存，当难降解污染物被吸附后，可缓慢地被厌氧层菌群水解为简单、小分子物质，污水的可生化性得到提高，因此生物膜较活性污泥更能承受难降解性的底物。

(二) 生物膜自身特性

1. 生物膜厚度

生物膜不宜过厚，否则会阻碍底物向内部传质，内部菌群活性降低，内层生物膜与载体间黏附减弱而造成生物膜脱落；而且孔隙内积累大量杂质或代谢产物，阻碍底物传质，并对微生物造成毒性或抑制作用，加强了膜内细菌自身的禁锢作用，生物膜活性降低。适宜的生物膜厚度因生物膜过程模式不同而不同，如淹没式生物滤池中生物膜厚度一般为 300～400 μm，而好氧生物转盘生物膜厚度可控制在 3 mm 以内。

2. 生物膜活性

生物膜活性与厚度直接相关，一般来讲，薄层生物膜或厚生物膜外层活性高，而厚生物膜内层活性低。研究表明，在考虑了生物膜密度的因素下，厚度小于 20 μm 的生物膜层为高活性区。因此，工程运行中，为保持高活性的生物膜，需采取反冲洗，以维持系统效能稳定。

3. 生物膜内菌群结构

生物膜内的菌群结构取决于污水特性和环境条件，它决定了生物膜系统去除污染物的效率。工程运行中，需要通过宏观过程控制影响生物膜的微环境条件，进而形成稳定的菌群结构。

(三) 生物膜处理过程控制模式及特性参数

1. 生物膜处理反应器类型及过程控制方式

根据生物膜载体的状态可将生物膜反应器分为固定床、流化床、膨胀床、移动床等几种，每种类型中底物传质效率不同，适宜的污水特性也不同。

生物膜反应器过程控制方式主要包括进水方式、供氧方式、反冲洗方式等。一般来讲，进水方式的选择需考虑布水均匀、控制水流剪切力以维持生物膜厚度、冲走脱落生物膜防止堵塞等，常见的有直流式进水（包括升流式和降流式）和侧流式进水等；供氧方式根据反应器类型不同而不同，供氧方式的选择首先满足 DO 的供给，其次要考虑气、水混合效能，以及气流对生物膜的剪切等因素；目前反冲洗方式主要为气、水联合反冲洗，需考虑反冲洗气、水强度及反冲洗时间等参数，并以更新生物膜但不损伤生物膜为原则。

2. pH 值

pH 值对生物膜净化底物的影响与活性污泥过程相似，主要影响系统内优势菌群。对于好氧生物膜而言，pH 值一般控制在 6.0～9.0 较好；而对于厌氧生物膜，pH 值应保持在 6.5～7.8。

3. 温度

生物膜处理过程较活性污泥处理过程更能承受低水温的影响,生物膜系统在3℃时仍能保证一定的除污效率,而活性污泥在水温低于 10℃时,净化效率大幅下降。生物膜内优势菌群不同,其适宜的水温范围也不同。

4. 溶解氧(DO)

在生物膜处理过程中,DO 不仅与除污过程直接相关,而且由于生物膜内 DO 传质阻力比在活性污泥系统中大,故两者除污效率相同时,生物膜系统要求的 DO 水平要高于活性污泥系统。DO 的数值也与生物膜反应器类型、过程控制方式、生物膜厚度、底物负荷等相关。

5. 水力停留时间(HRT)

生物膜处理系统的净化效率和反应器类型不同时,所需要的水力停留时间不同。在实际工程中,需要根据除污效能和反应器类型,确定适合的水力停留时间。

6. 污泥负荷

在生物膜处理系统中,污泥负荷直接决定生物膜厚度、活性及生物膜内菌群结构。污泥负荷又称为有机负荷,是指在保证处理水达到水质要求的前提下,单位体积或面积滤料每天所能承受的有机物(通常以 BOD_5 表示)的量,用 N 表示,其中单位体积滤料每天所能承受有机物的量称为 BOD 容积负荷,用 N_V 表示,单位为 $kg\ BOD_5/(m^3 \cdot d)$;单位面积滤料每天所能承受有机物的量称为 BOD 面积负荷,用 N_S 表示,单位为 $kg\ BOD_5/(m^2 \cdot d)$。有机负荷高,则传质速率快、膜内菌群活性高、生长快,生物膜迅速增厚,运行周期短;有机负荷低,则传质速率慢、膜内菌群营养水平低、生长慢,生物膜仅外层活性高,生物膜厚度较稳定,运行周期长。

7. 水力负荷

水力负荷是运行过程中决定生物膜厚度的主要参数,是指在保证处理水达到水质要求的前提下,单位体积滤料或单位面积滤池每天可以处理的水量,用 q 表示,单位为 $m^3/(m^3 \cdot d)$ 或 $m^3/(m^2 \cdot d)$。水力负荷高,则水流剪切力强,老化生物膜可及时脱落,延迟生物膜系统的堵塞,延长运行周期。同时,水力负荷高也相当于缩短了水力停留时间,势必影响系统除污效率,故必要时可采用处理水回流以增加水力负荷,如高负荷生物滤池。

四、生物膜法的主要特征

(一)微生物相的特征

由于生物膜内微生物菌群不必如活性污泥那样承受剧烈的搅拌冲击,相对而言,生物膜内菌群聚居的微环境较安定、干扰较小,而且生物菌体的平均停留时间（相当于活性污泥系统的污泥龄）较长，故生物膜内能够生长多种微生物菌群，包括世代时间长、比增殖速率小的自养菌等。因此，生物膜内菌群种类多样化，菌群数量更多，结构更合理。

生物膜内微生物主要有细菌、真菌、藻类（在有光条件下）、原生动物和后生动物等，此外还有病毒。细菌是微生物膜的主体，其产生的胞外多聚物为生物膜结构的形成奠定了基础；真菌是具有明显细胞核而没有叶绿素的真核生物，大多数具有丝状形态，真菌可利用的有机物范围广，特别是多碳类有机物，故有些真菌可降解木质素等难降解的有机物；藻类是阳光照射下的生物膜中的主要成分，由于出现藻类的地方只限于生物膜反应器中表层小部分，因而对污水净化作用不大；原生动物在成熟的生物膜中不断捕食生物膜表面的细菌，在保持生物膜细菌处于活性物理状态方面起着积极作用；后生动物是由多个细胞组成的多细胞动物，属无脊椎型。

由于生物膜内稳定的微环境，微生物菌群的增殖速率较快，微生物量较多，处理能力强，净化功能显著提高。由于微生物附着生长并使生物膜含水率降低，单位反应器内的生物量可高达活性污泥过程的 5～20 倍。在生物膜内的微生物中，既存在主要以有机底物和营养物为食的微生物菌群，又存在大量主要以微生物菌群为食的微型动物（如原生动物和后生动物）。因此，生物膜上形成的生物链要长于活性污泥过程，产生的生物污泥量也少于活性污泥过程。

（二）处理过程的特征

（1）对环境条件适应能力强

生物膜中的微生态结构完善，微生物生存环境稳定，故生物反应器对污水的水质、水量的冲击负荷耐受能力较强。实际工程中，即使停止运行一段时间后再进水，生物膜的净化效果也不会明显恶化，系统能够很快恢复。

（2）产泥量少、污泥沉降性能好

由生物膜上脱落下来的生物污泥，所含动物成分较多，密度较大，而且污泥颗粒个体较大，沉降性能良好，易于固液分离。但生物膜内部形成的厌氧层过厚时，其脱落后将有大量非活性的细小悬浮物分散在水中，使处理水的澄清度降低。

在活性污泥处理过程中，易发生污泥膨胀问题而使固液分离困难，而生物膜反应器中微生物附着生长，即使丝状菌大量生长，也不会导致污泥膨胀，相反还可利用丝状菌较强的分解氧化能力，提高处理效果。

（3）处理效能稳定、良好

由于生物膜反应器具有较高的生物量，不需要污泥回流，易于维护和管理。而且，生物膜中微生态结构丰富、微生物活性较强，各种菌群之间存在着竞争、互生的平衡关系，具有多种污染物质转化和降解途径，因此生物膜反应器具有处理效能稳定、处理效果良好的特征。

第二节 生物滤池

生物滤池是在污水灌溉的实践基础上发展起来的人工生物处理法，可分为普通生物滤池、高负荷生物滤池、塔式生物滤池和曝气生物滤池。

一、生物滤池的构造及类型

（一）生物滤池的构造

普通生物滤池的基本构造由池体、滤料、布水装置和排水系统 4 部分组成，如图 7-2 所示。其他生物滤池都是在普通生物滤池基础上改进而来的。

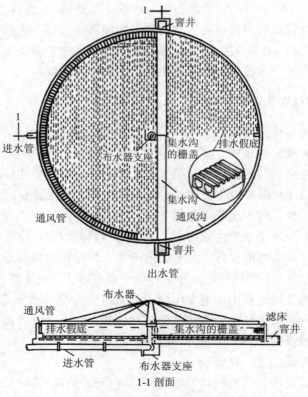

图 7-2 采用回转式布水器的普通生物滤池

1. 池体

普通生物滤池在平面上多呈方形、矩形或圆形；池壁多用砖石筑造，一般应高出滤料表面 0.5～0.9 m，具有围护滤料的作用，并防止风力对池表面均匀布水的影响。

2. 滤料

滤料对生物滤池的工作影响很大，起主要作用的微生物就生长在滤料表面上。滤料的比表面积越大，可供微生物栖息的空间面积就越大，系统的微生物量也就越充足；但比表面积过大，滤料颗粒粒径过小，颗粒间隙小，会影响其通风条件。因此，单位体积滤料的表面积和孔隙率都应较大。

此外，滤料要有一定的强度，以抵抗污水及空气侵蚀作用。因此，要选择质坚、高强、耐腐蚀、具有合适的比表面积和孔隙率的滤料，滤料还要不含影响微生物活动的杂质，并考虑就地取材等。

长期以来，国内外一般多采用碎石、卵石、炉渣和焦炭等实心拳状无机滤料，其比表面积一般为 60～100 m^2/m^3，孔隙率为 45%左右。但近年来已经广泛使用由聚氯乙烯、聚苯乙烯和聚酰胺等材料制成的呈波形板状、多孔筛状和蜂窝状等人工有机滤料，如图 7-3、图 7-4 所示，更具有比表面积大（100～200 m^2/m^3）和孔隙率高（80%～95%）的优势，可以大大提高滤池的处理能力。

滤料层一般由底部的承托层和其上的工作层所组成，承托层厚 0.2 m，无机滤料粒径 60～100 mm；工作层厚 1.3～1.8 m，无机滤料粒径 30～50 mm。对有机物浓度较高的污水，应采用粒径较大的滤料，以防滤料被生物膜堵塞。

图 7-3 环状塑料滤料

图 7-4 波纹塑料滤料

3. 布水装置

生物滤池布水系统的作用是向滤料表面均匀地布水，布水装置有两种，一种是固定布水装置，另一种是旋转（回转）布水器。

图 7-5 所示的是采用固定布水装置的生物滤池。固定喷嘴式布水系统是由投配池、虹吸装置、布水管道和喷嘴 4 部分组成的。污水进入配水池，当水位达到一定高度后，虹吸装置开始工作，污水进入布水管路。配水管设有一定坡度以便

放空，布水管道敷设在滤池表面下 0.5～0.8 m，喷嘴安装在布水管上，伸出滤料表面 0.15～0.2 m，喷嘴的口径为 15～20 mm。当水从喷嘴喷出，受到喷嘴上部所设倒锥体的阻挡，使水流向四周分散，形成水花，均匀喷洒在滤料上。当配水池水位降到一定程度时，虹吸被破坏，喷水停止。这种布水系统布水不够均匀，而且不能连续冲刷生物膜，所需水头也较大，但它不受生物滤池池形的限制。

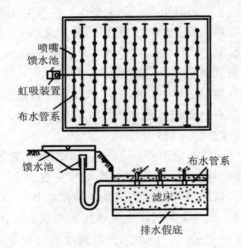

图 7-5　采用固定喷嘴式布水系统的生物滤池

旋转式布水器适用于圆形或正多边形的生物滤池，主要由固定的进水竖管、配水短管和可以转动的布水横管组成，其结构如图 7-2 所示。进水竖管通过转轴和外部的配水短管相连，配水短管又和布水横管直接连在一起并共同转动。布水横管的数目可根据具体情况确定，距滤料表面 0.15～0.25 m，横管一侧方向上开有直径 10～15 mm 的小孔，孔间距由池中心向池边逐渐减小，相邻两横管上小孔的位置应错开，以便均匀布水。污水由竖管进入配水短管，然后分配至各布水横管，在水压作用下喷出小孔并产生反作用力，推动布水管向相反方向旋转。

旋转布水器虽然布水较均匀，淋水周期短，水力冲刷能力强，但由于布水水头和横管上的小孔孔径较小，易产生堵塞问题。在北方的冬季，要采取措施防止布水器的冻结。

4．排水系统

排水系统位于滤池的底部，包括渗水装置、汇水沟和排水沟等。图 7-6 是滤池池底排水系统及混凝土板式渗水装置的示意图。

常用的渗水装置是混凝土板式装置，排水孔隙的总表面积不低于滤池总表面积的 20%，与池底之间的距离不小于 0.4 m，其主要作用在于支撑滤料，排出滤池处理后的污水，并保证通风良好。

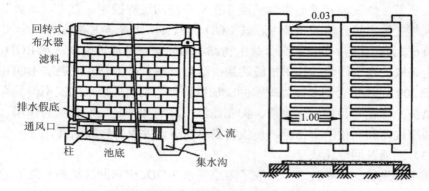

图 7-6　滤池池底排水系统及混凝土板式渗水装置示意

池底以 1%～2%的坡度斜向汇水沟（宽 0.25 m，间距 2.5～4.0 m）；汇水沟再以 0.5%～10%的坡度斜向总排水沟，总排水沟的坡度不小于 0.5%，其过水断面面积应该小于总断水面积 50%，沟内流速应大于 0.7 m/s，以免发生沉积和堵塞现象。当滤池面积较小时，可以不设汇水沟，以 1%的坡度直接斜向总排水沟。

（二）生物滤池的类型

1．普通生物滤池

普通生物滤池是第一代生物滤池，其结构如上所述。这种装置是将污水喷洒在由粒状介质（石子等）堆积起来的滤料上，污水从上部喷淋下来，经过堆积的滤料层，滤料表面的生物膜将污水净化，供氧由自然通风完成，氧气通过滤料的空隙，传递到流动水层、附着水层、好氧层。此种方法处理污水的负荷较低，一般只有 $1\sim4\ m^3/(m^2\cdot d)$，BOD 负荷也仅为 $0.1\sim0.4\ kg/(m^3\cdot d)$，故亦称为低负荷生物滤池。普通生物滤池虽然出水水质好，但处理水量负荷低，占地面积又大，而且容易堵塞，因此目前已很少采用。

2．高负荷生物滤池（回流生物滤池）

（1）结构特征

高负荷生物滤池是普通生物滤池的第二代工艺，在平面上多呈圆形，滤料直径 40～100 mm，滤料层是由底部的承托层（厚 0.2 m，无机滤料粒径 70～100 mm）和其上的工作层（厚 1.8 m，无机滤料粒径 40～70 mm）两层充填而成，当滤层厚度超过 2.0 m 时，一般应采用人工通风措施。高负荷生物滤池多采用连续工作的旋转式布水器，旋转式布水器可采用水流反力驱动，也可采用电力驱动。

（2）运行特征

高负荷生物滤池和普通生物滤池存在着不同的过程控制。首先，高负荷生物滤池大幅度提高了滤池的负荷率，其 BOD 容积负荷比普通生物滤池高 6～8 倍，水力负荷则高 10 倍；其次，高负荷生物滤池的高滤率是通过限制进水 BOD_5 值和运行上采取处理水回流等技术措施达到；最后，高负荷生物滤池进水 BOD_5 值必须低于 200 mg/L，否则要以处理水回流加以稀释。利用处理水回流不但具有加大水力负荷，均化与稳定进水水质、抑制滤池蝇滋长和减轻散发臭味的作用，而且及时冲刷过厚和老化的生物膜，使生物膜迅速更新并保持较高活性。

（3）回流及回流比

高负荷生物滤池在技术上采取了限值进水 BOD_5 值和回流措施。回流的处理水量（Q_r）与进入滤池的原污水量（Q）之比称为回流比 R，即：

$$R = \frac{Q_r}{Q} \tag{7-1}$$

由于回流作用，使喷洒在滤池表面上的总水量为：

$$Q_T = Q_r + Q = RQ + Q = (1+R)Q \tag{7-2}$$

总水量 Q_T 与原污水量之比称为循环比 F：

$$F = \frac{Q_T}{Q} = 1 + R \tag{7-3}$$

采用回流措施后，原污水的有机物被稀释，进入滤池的污水的有机物浓度值可由下式计算：

$$S_a = \frac{S_0 + RS_e}{1+R} \tag{7-4}$$

式中：S_a——滤池进水的有机物浓度，mg BOD_5/L 或 mg COD/L，若以 BOD_5 计，一般不宜超过 200 mg/L；

S_0——原污水的有机物浓度，mg BOD_5/L 或 mg COD/L；

S_e——滤池处理出水的有机物浓度，mg BOD_5/L 或 mg COD/L。

3. 塔式生物滤池

1951 年，德国化学工程师舒尔茨根据气体洗涤塔原理开发了塔式生物滤池，其结构如图 7-7 所示。塔式生物滤池可使污水、生物膜、空气三者充分接触，水流紊动剧烈，通风条件改善，氧从空气中经过污水向生物膜内的传质过程得到加强，较高的负荷加快了生物膜的增长和脱落，使塔式生物滤池单位体积填料去除有机物能力有较大提高。

（1）结构特征

塔式生物滤池在平面上一般呈矩形或圆形，高 8~24 m，直径 1~3.5 m，直径与高度比介于 1∶6~1∶8，这使滤池内部形成较强烈的拔风状态，因此通风良好。它的主体结构包括塔体、滤料、布水设备、通风装置和排水系统。

塔式生物滤池滤料的种类、强度、耐腐蚀等的要求与普通生物滤池基本相同。但由于塔身高，滤料如果很重，塔体必须增加加固承重结构，不但增加了造价，而且施工安装比较复杂，因此要求滤料的容重要小。另外，塔式生物滤池的负荷很高，生物膜增长快，需氧量大，因此对滤料除要求表面积大外，还要求孔隙率大，以利于通风和排出脱落的生物膜。目前一种玻璃布蜂窝填料和大孔径波纹塑料板滤料兼具上述优点，应用较广泛。

塔式生物滤池的布水器、通风和排水系统与普通生物滤池或回流式高负荷生物滤池基本相同。一般采用自然通风，但如自然通风供氧不足，出现厌氧状态，就必须采用机械通风。

（2）运行特征

塔式生物滤池也为高负荷生物滤池，其负荷远比一般高负荷滤池高，其水力负荷比回流式高负荷生物滤池高 2~10 倍，达 30~200 m³/（m²·d），BOD 负荷高达 1 000~2 000 g/（m³·d），进水 BOD 浓度可以提高到 500 mg/L。由于高度高，水力负荷高，使池内水流紊流强烈，污水与空气和生物膜的接触非常充分，很高的 BOD 负荷使生物膜生长迅速，但较高的水力负荷又使生物膜受到强烈的水力冲刷，从而使生物膜不断脱落、更新。以上特征都有助于微生物的代谢、繁殖，有利于有机污染物的降解。

塔式生物滤池占地面积较其他生物滤池大大减小，对水质、水量适应性强，但污水抽升费用大，而且池体过高使得运行管理不便，因此适宜处理小水量污水。

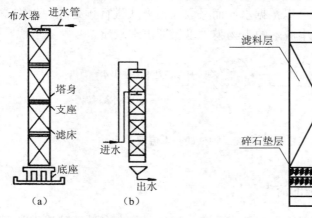

图 7-7　塔式生物滤池　　　　图 7-8　曝气生物滤池

4. 曝气生物滤池

曝气生物滤池工艺是 20 世纪 80 年代末 90 年代初在普通生物滤池的基础上，借鉴给水滤池工艺而开发的污水处理新工艺，最初用于污水的三级处理，现已直接用于二级处理，在欧美和日本等发达国家广为流行。该工艺具有去除 SS、COD、BOD、硝化脱氮等多种作用，容积负荷高，水力负荷大，水力停留时间短，所需基建投资少，出水水质好，运行能耗较低，其最大特点是集生物氧化和截留悬浮固体于一体，节省了后续沉淀池（二沉池）。

曝气生物滤池是普通生物滤池的一种变形形式，也可看成是生物接触氧化法的一种特殊形式，其构造如图 7-8 所示，即在生物反应器内装填高比表面积的颗粒填料，以作为微生物膜生长的载体。曝气生物滤池的工作原理为：在滤池中填装一定量粒径较小的粒状滤料，滤料表面及滤料内部微孔生长生物膜，滤池内部曝气，污水流经时，利用滤料上高浓度微生物的强氧化降解能力对污水进行快速净化，此为生物氧化降解过程；同时，污水流经时，利用滤料粒径较小的特点及生物膜的生物絮凝作用，截留污水中的大量悬浮物，且保证脱落的生物膜不会随水漂出，此为截留作用；当滤池运行一段时间后，因水头损失增大，需对其进行反冲洗，以释放截留的悬浮物并更新生物膜，使滤池的处理性能得到恢复，此为反冲洗过程。

二、生物滤池法的工艺流程

（一）生物滤池法的基本流程

生物滤池法的基本流程如图 7-9 所示，进入生物滤池的污水，必须先通过预处理，去除悬浮物、油脂等会堵塞滤料的物质，并使水质均化稳定，一般在生物滤池前面设初沉池，但也可以根据水质而采取其他方式进行预处理。生物滤池后面的二沉池用于截留滤池中脱落的生物膜，以保证出水水质。

图 7-9 生物滤池法的基本流程

（二）高负荷生物滤池的流程

通过调整处理水回流措施，可使高负荷生物滤池具有多种处理流程类型。

1. 单池回流流程

高负荷生物滤池中由单池组成的处理流程类型如图 7-10 所示。

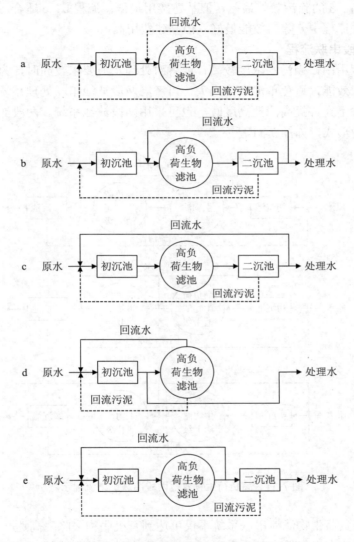

图 7-10 高负荷生物滤池单池流程示意

流程 a 中滤池出水直接向滤池回流，并由二沉池向初沉池回流生物污泥，利于生物膜的接种；流程 b 中二沉池出水回流到滤池前，可避免加大初沉池的容积；流程 c 中二沉池出水回流到初沉池，加大了滤池的水力负荷；流程 d 中滤池出水直接回流到初沉池，初沉池的效果得到提高，并可兼作二沉池；流程 e 中滤池出水回流至初沉池，生物污泥由二沉池回流到初沉池。其中a和b的应用最为广泛。

流程a、d、e适合污水浓度低的情况，三种流程中e的除污效能最好，但基建费用最高；d的除污效能最差，但基建费用最低；流程b、c适合污水浓度高的情况，两种流程中c除污效能最好，但基建费用高。

2．两段串联流程

工程应用中，当污水浓度较高，或者对处理水质要求较高时，为了提高整体工艺的处理效能，避免单池高度过大，可考虑两段滤池串联处理系统。另外，有些地方条件不允许提高滤池高度时，也可采用两段滤池系统。两段滤池串联处理系统有多种形式，如图7-11所示。

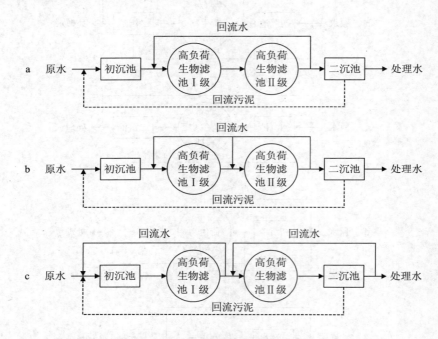

图7-11　高负荷生物滤池两段串联工艺流程示意

两段高负荷生物滤池串联系统不仅可达到有机底物去除率高达90%以上的效能，而且滤池中也能发生硝化反应，出水中含有硝酸盐和溶解氧。但其主要问题是两级滤池负荷率不均会造成生物膜生长不均衡，一段滤池负荷高，生物膜生长快，脱落后易堵塞滤池；二段滤池负荷低，生物膜生长不佳，滤池容积利用率不高。

3．交替式二级生物滤池流程

为了解决上述两段串联工艺中两级滤池生物膜生长不均的弊端，可以采用两级滤池交替配水的方式，即两级串联的滤池交替作为一级滤池和二级滤池，图 7-12 是交替式二级生物滤池法的流程。运行时，滤池串联工作，污水初步沉淀后进入一级生物滤池，出水经相应的中间沉淀池去除残膜后用泵送进二级生物滤池，二级生物滤池的出水经过沉淀后排出。工作一段时间后，一级生物滤池因表层生物膜的累积，即将出现堵塞，改作二级生物滤池，而原来的二级生物滤池则作为一级生物滤池。运行中每个生物滤池交替作为一级和二级滤池使用，不断循环。交替式二级生物滤池法流程比并联流程负荷可提高 2～3 倍。

采用交替式二级生物滤池法流程时，两滤池滤料粒径应相同，构筑物高程上也应考虑水流方向互换的可能性。此外，还需增设泵站，建设成本增加。

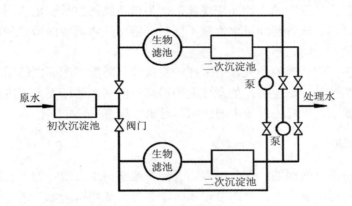

图 7-12　交替式二级生物滤池流程

三、影响生物滤池性能的因素

生物滤池中有机物的降解过程非常复杂，同时发生着有机物在污水和生物膜中的传质过程，有机物的好氧和厌氧代谢，氧在污水和生物膜中的传质过程以及生物膜脱落等物理、化学、物化和生化过程。影响这些过程的主要因素有：负荷率、滤池高度、回流、供氧等。

（一）负荷率

负荷率是一个集中反映生物滤池工作性能的参数，一般以水力负荷和有机负荷表示。

生物滤池运行时的水力负荷必须适度，才能实现对污水的有效处理。水力负荷值太小，不能保证对生物膜有效的冲刷作用；其值过大，则污水流量大，停留时间短，净化效果差。

有机负荷高的生物滤池,生物膜的增长较快;但有机负荷过高,生物膜生长过快,滤池填料层容易堵塞,就需要较高的水力负荷,予以较大的冲刷力,以减小生物膜的厚度,保持较高的活性。

(二) 滤池高度

滤床的上层与下层相比,生物膜量、微生物种类和去除有机物的速率均不相同。滤床的上层,污水中有机物浓度较高,微生物繁殖速率高,种属较低级,以细菌为主,生物膜量较多,有机物去除速率较高。随着滤床深度增加,微生物从低级趋向高级,种类逐渐增多,生物膜量从多到少。滤床中的这一递变现象类似污染河流在自净过程中的生物递变现象,因为微生物的生长和繁殖同环境因素息息相关,所以当滤床各层的进水水质不同时,各层生物膜中的微生物就不相同,处理污水的能力也随之不同。

研究表明,生物滤池的处理效率在一定条件下随着滤床高度的增加而增加,但滤床高度超过某一数值后,处理效率的提高不明显;滤床不同深度处的微生物不同反映了滤床高度对处理效率的影响与污水水质有关。

(三) 回流

回流是将生物滤池的一部分出水回流到滤池前与进水混合的工艺操作方式,当进入滤池的污水量不大,但浓度较高时,容易造成堵塞现象,采用回流方式有助于改善这种情况。回流操作多用于高负荷生物滤池运行系统,其优点为:① 降低了进水浓度,调节和稳定进水;② 增加了水力负荷,对生物膜的冲刷作用增强,避免生物膜过厚而造成滤料的堵塞;③ 减少滤池的异味;④ 回流液中夹带的微生物可增加滤池的微生物量。

回流也给生物滤池带来一些不利因素,如增加水力负荷将缩短污水在池中的停留时间;滤池进水被稀释后会降低生物膜吸附有机物的速度;使出水中难降解有机物含量增加,降低滤池去除率;冬季采用回流操作会降低滤池温度,导致滤池工作效率降低等。

(四) 供氧

生物滤池中,微生物所需的氧一般直接来自大气,靠自然通风供给,影响生物滤池通风的主要因素是自然拔风和风速。入流污水有机物浓度较高时,供氧条件可能成为影响生物滤池工作的主要因素。为保证生物滤池能正常工作,根据试验研究和工程实践,有人建议滤池进水 COD 应小于 400 mg/L。当进水浓度高于此值时,可以通过回流的方法降低滤池进水有机物浓度,以保证生物滤池供氧充足,正常运行。

四、生物滤池系统的设计计算

生物滤池处理系统包括生物滤池和二沉池,有时还包括初沉池和回流泵。生物滤池的设计一般包括:① 滤池类型和流程选择;② 滤池个数和滤床尺寸的确定;③ 二次沉淀池类型、个数和工艺尺寸的确定;④ 布水设备计算。

(一)滤池类型的选择

目前,大多采用高负荷生物滤池,其类型主要有回流式和塔式(多层式)生物滤池两种。滤池类型的选择,只有通过方案比较,才能作出合理的结论,占地面积、基建费用与运行费用的比较,常起关键性作用。

(二)流程的选择

在确定流程时通常要解决的问题是:① 是否设初沉池;② 采用几级滤池;③ 是否采用回流,回流方式和回流比的确定。

当污水含悬浮物较多,采用拳状滤料时,通常都采用初沉池。处理城市污水时,一般都设置初沉池。

一般情况下污水处理采用单级生物滤池;当原水有机物浓度较高,为避免单个生物滤池的深度太大或者处理后的污水水质要求较高时,可以采用两级生物滤池。

下列3种情况应考虑采用二次沉淀池出水回流:① 入流有机物浓度较高时,可能引起生物膜供氧不足影响生物滤池的运行,建议生物滤池的入流 COD 小于 400 mg/L;② 水量很小,无法维持水力负荷率在最小经验值以上时;③ 污水中某种高浓度污染物可能抑制微生物生长时。

(三)滤池的设计计算

生物滤池的设计计算主要包括滤料体积、滤池深度、滤池表面积的计算和布水器的设计与计算。主要阐述前一部分内容。

1. 普通生物滤池的设计计算

(1)滤料体积的计算

滤料体积的计算一般采用负荷率法。根据污水水量、水质和所要求的处理程度,可由有机负荷 N 按下式计算出滤料的体积:

$$V = \frac{S_a Q}{N} \tag{7-5}$$

式中：V —— 滤料体积，m^3；
S_a —— 滤池进水有机物浓度，$mg\ BOD_5/L$，对于普通生物滤池，S_a 即为原污水的有机物浓度 S_0；
Q —— 污水的设计流量，m^3/d；
N —— 有机负荷，$g\ BOD_5/(m^3\cdot d)$，其取值可参照表 7-1。

表 7-1　普通生物滤池 BOD 容积负荷

年平均气温/℃	3～6	6.1～10	>10
BOD 容积负荷/[g BOD/（$m^3\cdot d$）]	100	170	200

注：1. 本表所列负荷率适用于处理生活污水或以其为主体的城市污水的普通生物滤池。
2. 当处理工业污水含量较多的城市污水时，应考虑工业污水造成的影响，适当降低上表所列举的负荷率值。
3. 若冬季污水温度不低于 6℃，则上表所列负荷率值应乘以 $T/10$（T 为冬季的平均污水温度）。

（2）滤池平面面积的计算

滤料体积求得后，可按下式计算滤池的平面面积：

$$A = \frac{V}{H} \tag{7-6}$$

式中：A —— 滤池平面面积，m^2；
H —— 滤池的滤料厚度，即滤池的有效深度，m。它与滤池的负荷直接有关，对于生活污水可取 2 m；对于某些工业废水，须先考虑小型试验设备状况，初步选定滤料厚度进行计算。

（3）校核

在求得滤池平面面积后，还需用水力负荷进行校核：

$$q = \frac{Q}{A} \tag{7-7}$$

对于生活污水，若采用碎石滤料，则水力负荷应在 1～3 $m^3/(m^2\cdot d)$，否则应作适当调整。

2. 高负荷生物滤池的设计计算

滤料体积及滤池具体尺寸的计算在进行工艺计算前，首先应当确定进入滤池的污水经回流水稀释后的 BOD_5 值和回流稀释倍数。经处理水稀释后，进入滤池污水的 BOD_5 值为：

$$S_a = \alpha S_e \tag{7-8}$$

式中：α —— 系数，与污水冬季平均温度、年平均温度和滤料层高度有关，可以按表 7-2 所列数据选用。

表 7-2 系数 α 取值

污水冬季平均温度/℃	年平均气温/℃	滤料层高度 H/m				
		2.0	2.5	3.3	4.4	5.7
8~10	<3	2.5	3.3	4.4	5.7	7.5
10~14	3~6	3.3	4.4	5.7	7.5	9.6
>14	>6	4.4	5.7	7.5	9.6	12.0

由 S_0、S_a、S_e 可进一步计算出回流稀释倍数 n：

$$n = \frac{S_0 - S_a}{S_a - S_e} \tag{7-9}$$

在求定经回流水稀释后 BOD_5 值与回流稀释倍数后，按下列 3 种负荷率法进行池体的工艺计算：BOD 容积负荷 N_V、BOD 面积负荷 N_S 和水力负荷率 q。

(1) 按 BOD 容积负荷 N_V 计算

实际工程中，高负荷生物滤池的 BOD 容积负荷 N_V 一般不超过 1 200 g BOD_5/(m^3 滤料·d)，由 N_V 计算滤料容积 V：

$$V = \frac{Q(n+1)S_a}{N_V} \tag{7-10}$$

滤料容积 V 确定后，根据式（7-6）计算出滤池表面积 A。

(2) 按 BOD 面积负荷 N_S 计算

实际工程中，高负荷生物滤池的 BOD 面积负荷 N_S 一般为 1 100~2 000 g BOD_5/(m^2 滤料·d)，由 N_S 计算滤料面积 A，并进而计算出滤料体积 V：

$$A = \frac{Q(n+1)S_a}{N_S} \tag{7-11}$$

$$V = AH \tag{7-12}$$

(3) 按水力负荷 q 计算

高负荷生物滤池水力负荷率 q 一般为 10~30 m^3/(m^2·d)。滤池面积 A 为：

$$A = \frac{Q(n+1)S_a}{q} \tag{7-13}$$

普通生物滤池和高负荷生物滤池两种生物滤池的工作指标见表 7-3。

表 7-3　两种生物滤池的工作指标

种类	水力负荷 q/[m³/(m²·d)]	容积负荷 N_V/[g BOD₅/(m³·d)]	BOD₅ 去除率/%
普通生物滤池	1~3	100~250	80~95
高负荷生物滤池	10~30	800~1 200	75~90

注：① 本表所列负荷率适用于处理生活污水或以其为主体的城市污水的普通生物滤池，工业废水的负荷率宜经实验确定。
　　② 高负荷生物滤池的进水 BOD₅ 不应大于 200 mg/L，水力负荷必须大于 10 m³/(m²·d)。

对于曾进行小型试验的污水，应将计算所得的水力负荷和试验时用的水力负荷相比较，如果两者基本相符，则说明设计是可行的；若前者大于后者，应该适当减小滤料厚度，以防止水力负荷过大；若前者小于后者，此时可适当加大滤料厚度，或者采用回流和两级滤池，以满足必要的水力负荷，维持生物滤池的正常工作，保证一定的出水水质。

上述各负荷率计算法均属经验计算法，所提出的各项负荷率的数据一般都是对运行数据归纳整理后而确定的，具有一定的实用意义，但在理论探讨方面尚欠不足。

【例 7-1】某居住区生活污水量为 10 000 m³/d，通过初沉池后污水的 BOD₅ 为 220 mg/L，拟采用高负荷生物滤池进行处理，处理后出水的 BOD₅ 要求达到 30 mg/L。试估计此生物滤池池体尺寸。

【解】按有机物负荷率设计计算

① 污水稀释倍数 n

进入高负荷生物滤池的 BOD₅ 一般应不大于 200 mg/L，如取 150 mg/L，则有：

$$n = \frac{220-150}{150-30} = 0.58 \approx 0.6$$

② 滤池体积

采用碎石滤料，查表 7-3 得滤池的有机物负荷率 N_V=800 g BOD/(m³·d)（取不利条件），估计此时出水 BOD 可降至 30 mg/L。

由式（7-10）得滤池总体积为：

$$V = \frac{1\,000 \times (1+0.6) \times 150}{800} = 3\,000 \text{ m}^3$$

③ 滤池面积

取滤料厚度为 2 m，滤池总面积为：

$$A_T = 3\,000/2 = 1\,500 \text{ m}^2$$

拟采用 4 座滤池，则每座滤池总面积为：

$$A_T = 1\ 500/4 = 375\ \text{m}^2$$

校核水力负荷如下:

$$q = \frac{1\ 000 \times (1 + 0.6)}{1\ 500} = 10.7\ [\text{m}^3/(\text{m}^2 \cdot \text{d})]$$

计算所得水力负荷 q 值大于 $10\ \text{m}^3/(\text{m}^2 \cdot \text{d})$,不需要调整。

④ 滤池直径

$$D = \sqrt{\frac{4 \times 375}{\pi}} = 21.9\ (\text{m}),\ \text{取}\ D = 22\ \text{m}$$

共采用直径 22 m、有效深度 2 m 的高负荷生物滤池 4 座。

3. 塔式生物滤池的设计计算

塔式生物滤池的设计计算与普通生物滤池和高负荷生物滤池相似,一般包括计算滤料容积、滤池深度和平面尺寸等。滤池容积及表面面积可根据塔式生物滤池的 BOD_5 容积负荷率或 BOD_u 容积允许负荷率分别按式(7-5)、式(7-6)计算而得。BOD_5 容积负荷率可参考已有相似污水处理站的允许数据进行选定。塔式生物滤池的有效深度 H 取决于进水 BOD_u,当 BOD_u 为 250 mg/L 时,可取 $H=8$ m;当 BOD_u 每递增 50 mg/L 至 500 mg/L 时,H 值可相应递增 2 m。

第三节 生物接触氧化法

生物接触氧化法是一种介于活性污泥法与生物滤池法之间的生物膜法工艺,又称为淹没式生物滤池,它在滤池内部布设浸没于水中的挂膜填料,利用吸附在填料上的生物膜和充分供应的氧气,通过生物氧化作用将污水中的有机物氧化分解,达到净化目的。接触氧化过程中生物膜与活性污泥共存,兼具两者的优点,但仍以生物膜除污染过程为主,剩余污泥的产量远远少于活性污泥处理过程。目前,该技术已广泛应用于石油化工、农药、中药、抗生素和制药、化纤、棉纺印染、毛纺针织染色、丝绸、屠宰和肉类加工、饮料和食品加工、发酵、酿造等工业污水处理。

一、生物接触氧化池的构造及形式

(一)生物接触氧化池的构造

生物接触氧化池主要由池体、填料和进水布气装置等组成,如图 7-13 所示。

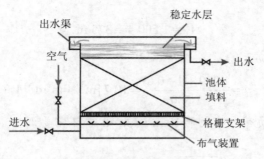

图 7-13 生物接触氧化池

池体在平面上多呈圆形、矩形或方形，用钢板焊接制成或用钢筋混凝土浇灌而成。总高一般为 4.5~5.0 m，其中填料高度一般为 3.0~3.5 m；底部布水层高为 0.6~0.7 m，顶部稳定水层为 0.5~0.6 m。

填料是接触氧化处理工艺的关键部位，直接影响处理效果，并关系到接触氧化池的基建费用，因此填料的选择应从技术和经济两个方面加以考虑。从技术上看，要求接触氧化池填料的比表面积大、孔隙率大、水力阻力小、性能稳定；从经济上看要价格低廉。目前在我国常用的填料有蜂窝状填料、波纹板状填料、软性纤维填料、半软性填料等，见图 7-14。有关填料的特性指标见表 7-4。

表 7-4 生物接触氧化池填料有关的特性指标

种类	材质	比表面积/（m²/m³）	孔隙率/%
蜂窝状填料	玻璃钢、塑料	133~360	97~98
波纹状填料	硬聚氯乙烯	113、150、18	>96、>93、>90
半软性填料	变形聚氯乙烯	87~93	97
软性填料	化学纤维	2 000	99

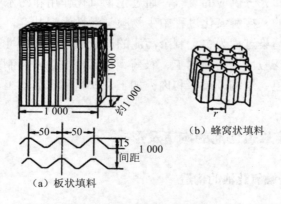

图 7-14 生物接触氧化池填料

进水装置一般多采用穿孔管进水,穿孔管上孔眼直径为 5 mm,间距为 2 cm 左右,水流喷出孔眼时的流速一般为 2 m/s。穿孔管可直接设在填料床的上部或下部,使污水均匀布入填料床。污水、空气和生物膜三者之间相互均匀接触可提高填料床工作效率,但同时还要考虑到填料床发生堵塞时有加大进水量的可能。出水装置可根据实际情况选择堰式出水或穿孔管出水。曝气装置多用穿孔管布气,孔眼直径为 5 mm,孔眼中心距为 10 cm 左右。布气管可设在填料床下部或其一侧(侧面曝气,如图 7-15 所示),并将孔眼作均匀布置,而空气则来自鼓风机或射流器。在运行中要求布气均匀,并考虑到填料床发生堵塞时能适当加大气量及提高冲洗能力。当采用表曝机供氧时,则应考虑填料床发生堵塞时有加大转速、加快循环回流,提高冲刷能力的可能。

(二)生物接触氧化法的形式及典型工艺流程

1. 生物接触氧化池的形式

根据充氧与接触方式的不同,生物接触氧化池分为直流式和分流式,如图 7-15 所示。

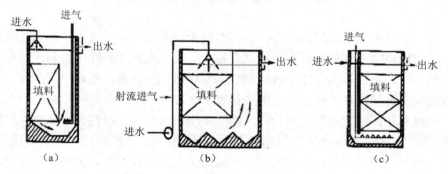

图 7-15 生物接触氧化池的形式

(a) 分流式(鼓风曝气充氧式);(b) 分流式(射流曝气充氧式);(c) 直流式(鼓风曝气充氧式)

分流式的曝气装置在池的一侧,填料装在另一侧,依靠泵或空气的提升作用,使水流在填料层内循环,给填料上的生物膜供氧。此方法的优点是污水在隔间充氧,氧的供应充分,对生物膜生长有利。缺点是氧的利用率较低,动力消耗较大;因为水力冲刷作用较小,老化的生物膜不易脱落,新陈代谢周期较长,生物膜活性较小;同时还会因生物膜不易脱落而引起填料堵塞。

直流式是在氧化池填料底部直接鼓风曝气。生物膜直接受到上升气流的强烈扰动,更新较快,保持较高的活性;同时在进水负荷稳定的情况下,生物膜能维持一定的厚度,不易发生堵塞现象。此外,上升气流不断冲击滤料,增加了接触面积，提高了氧的转移效率，在一定程度上降低了能耗。

2. 生物接触氧化法的典型工艺流程

生物接触氧化法的工艺流程一般可分为一级（图 7-16）、二级（图 7-17）和多级几种形式。

图 7-16　单级生物接触氧化法工艺流程

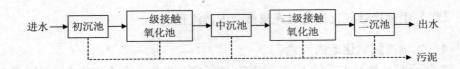

图 7-17　二级生物接触氧化法工艺流程

在一级（单级）处理流程中，原污水经初沉池预处理后进入接触氧化池，出水经二沉池进行泥水分离后作为处理水排放；在二级处理流程中，两段接触氧化池串联运行，可根据实际需要进行调整，如将氧化池分格，不设中沉池等；多级处理流程中连续串联 3 座或以上的接触氧化池。

一级和二级工艺流程相比较，一级法生物膜生长快，活性大，降解有机物速度快，操作方便，投资少，但氧化池有时会引起短路；二级法适应原水水质变化，使出水水质趋于稳定和改善，氧化池的流态属于完全混合型，能提高生化效率，缩短生物氧化时间，但由于二级法需增加工艺流程的设施设备，使得投资费用比一级法高。一般来说，当有机负荷较低而水力负荷较大时，采用一级法；当有机负荷较高时，需采用二级法。

二、生物接触氧化池的设计与计算

生物接触氧化法的设计与计算内容一般包括确定接触氧化池内填料的容积、总面积、总高度及污水与填料的接触时间等，采用 BOD_5 容积负荷率计算法和接触时间计算法进行计算。

（一）BOD_5 容积负荷率计算法

生物接触氧化池的 BOD_5 容积负荷率 N_V 的选定取决于所处理污水的类型和对

处理水水质 BOD_5 的要求，如国内研究者建议当城市污水二级处理或处理印染污水时，N_V 的取值分别为 3.0～4.0 kg BOD_5/（$m^3·d$）或 1.0～2.0 kg BOD_5/（$m^3·d$）；城市污水处理要求出水 BOD_5 分别为 30 mg/L 和 10 mg/L 时，N_V 的取值分别为 5.0 kg BOD_5/（$m^3·d$）和 2.0 kg BOD_5/（$m^3·d$）。国外研究者建议城市污水进行二级处理时 N_V 值为 1.2～2.0 kg BOD_5/（$m^3·d$），当处理水 BOD_5 值要求达到 30 mg/L 以下时，N_V 值为 0.8 kg BOD_5/（$m^3·d$）；进行三级处理时采用的 N_V 值为 0.12～0.18 kg BOD_5/（$m^3·d$），当处理水 BOD_5 值要求达到 10 mg/L 以下时，N_V 值为 0.2 kg BOD_5/（$m^3·d$）。

接触氧化池内填料的容积可根据 BOD_5 容积负荷率 N_V 按下式计算：

$$V = \frac{QS_0}{N_V} \tag{7-14}$$

接触氧化池总面积 A_T（m^3）为：

$$A_T = \frac{V}{H} \tag{7-15}$$

式中：H —— 填料床高度，m，一般取 3 m；当采用蜂窝填料时，应分层装填，每层高 1 m，且蜂窝内孔径不宜小于 25 mm。

若采用 n 座（$n \geq 2$）接触氧化池，则每座接触氧化池的面积为：

$$A = \frac{A_T}{n} \tag{7-16}$$

式中：A —— 每座氧化池的面积，m^2，一般 $A \leq 25 \ m^2$，以保证布水、布气均匀。

接触氧化池的总高度为：

$$H_0 = H + h_1 + h_2 + (n-1)h_3 + h_4 \tag{7-17}$$

式中：H_0 —— 接触氧化池的总高度，m；
h_1 —— 超高，m，一般取 0.5～1.0 m；
h_2 —— 填料床上部的稳定水层深，m，一般取 0.4～0.5 m；
h_3 —— 填料层间隙高度，m，一般取 0.2～0.3 m；
h_4 —— 配水区高度，m，一般取 0.5 m，但当考虑需要入内检修时，h_4=1.5 m。

污水与填料的接触时间 t：

$$t = \frac{A_T H}{Q} \tag{7-18}$$

式中：t —— 污水在填料床内与填料的接触时间，h，一般要求 $t \geq 2$ h。

（二）接触时间计算法

接触时间计算法就是根据微生物反应动力学关系式和进出水的水质来先求定

污水与填料的接触时间，由此计算出接触氧化池的总面积和填料容积。

在生物接触氧化池的处理工艺中，与一般的微生物悬浮生长和附着生长系统一样，BOD_5 的去除率与其浓度成一级反应关系式，即：

$$\frac{dS}{dt} = -ks \tag{7-19}$$

式中：S —— 滤池内任一时刻 BOD_5 的浓度，mg/L；

t —— 接触反应时间，h；

k —— 反应速度常数，h^{-1}。

上式两侧积分并经整理可得：

$$t = k \ln \frac{S_0}{S_e} \tag{7-20}$$

式中：S_0 —— 原污水的 BOD_5 浓度，mg/L；

S_e —— 出水的 BOD 浓度，mg/L；

k —— 常数，当接触氧化池内填料的充填率为 $P\%$（标准充填率为 75%）时，k 值可由经验公式 $k = 0.33 \times \frac{P}{75} \times S_0^{0.46}$ 计算得到。

由式（7-20）可以看出，t 与 S_0 呈正相关而与 S_e 呈负相关，即原水 BOD_5 浓度越高（S_0 越大），对处理水的水质要求越高（S_e 值越低），所需的接触反应时间越长。处理城市污水时，一般宜采用二级处理工艺，第一级接触反应时间约占总时间的 2/3，第二级则占 1/3 左右。

此外，在设计生物接触氧化池时，接触氧化池内的溶解氧量一般应维持在 2.5～3.5 mg/L，气水比为（15∶1）～（20∶1），具体取决于待处理污水的类型、原水 BOD_5 值的高低和对处理水 BOD_5 的要求。

第四节　其他形式生物膜反应器

一、生物转盘

生物转盘（Rotating Biological Contactor，RBC）开创于 20 世纪五六十年代，是目前处理污水最有效的手段之一，已成功应用于印染、造纸、皮革和石油化工等工业废水处理。生物转盘不会堵塞，运转费低，且较生物滤池更适合处理高浓度污水，但生物转盘占地面积大，易产生气味、滋生蚊蝇、影响环境。

（一）生物转盘的结构及工作原理

1. 结构

传统的生物转盘主要由盘片、接触反应槽、转轴和驱动装置所组成，如图 7-18 所示。

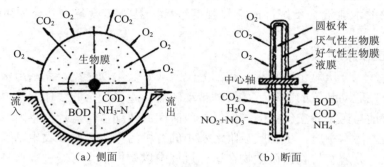

图 7-18　生物转盘构造示意

为了增强生物转盘的好氧条件，可增加供氧设施，形成好氧生物转盘；而为了增强其厌氧条件可密封接触反应槽，并使盘片大部分或全部处于淹没状态，形成厌氧生物转盘。下面主要介绍好氧生物转盘。

（1）盘片

盘片成组固定在转轴上并随转轴旋转。制作盘片的材质要求轻质、耐磨、不变形。盘片直径一般为 1～4 m，厚度一般为 2～10 mm。盘片间距要考虑运行时生物膜堵塞问题，并保持良好的通风条件，标准间距为 30 mm。如果采用多级转盘，则级数排在前面的盘片间距为 25～35 mm，级数排后面的盘片间距为 10～20 mm。有些转盘利用表面生长藻类处理污水，其盘片间距要增大到 50 mm。

（2）转轴

转轴是用来固定盘片并带动其旋转，一般为实心钢轴或无缝钢管，转轴两端固定安装在反应槽两端的支架上。转轴的强度和挠度必须满足盘体自重和运行过程中附加荷重的要求。转轴中心高度应高出水位 150 mm 以上，轴长通常小于 7.6 m，不能太长，否则往往由于同心度加工欠佳，易于挠曲变形，发生磨断或扭转。

（3）接触反应槽

接触反应槽一般由钢筋混凝土或钢板、塑料板制成，其结构形态与盘片外形相吻合，有半圆形、矩形或梯形等。反应槽底部设有排泥管和放空管，大型反应槽的转盘下部还设有刮泥装置。出水槽可设置于反应槽一侧，通过溢流堰控制水位及出水的均匀性。

（4）驱动装置

驱动装置包括动力设备、减速装置、传动链条等，动力设备分为电机机械传动、空气传动及水力传动等。驱动装置通过转轴带动生物转盘转动。盘体的旋转速度对氧的溶解程度和槽内水流状态影响很大，搅拌强度过小，影响充氧效果，并使槽内的水流混合不好；而搅拌强度过大，易损坏设备，并会使生物膜过早脱落。

2．工作原理

盘片浸入（厌氧生物转盘）或部分浸入（好氧生物转盘）充满污水的接触反应槽内，在驱动装置的驱动下，转轴带动转盘一起以一定的线速度不停地转动，转盘交替地与污水和空气接触，经过一段时间的转动后，盘片上将附着一层生物膜。在转入污水中时，生物膜吸附污水中的有机污染物，并吸收生物膜外水膜中的溶解氧，分解有机物，微生物在这一过程中以有机物为营养进行自身繁殖；转盘转出污水时，空气不断地溶解到水膜中去，增加其溶解氧。生物膜交替地与污水和空气接触，变成一个连续的吸氧、吸附、氧化分解过程。

（二）生物转盘的应用研究

1．处理城市污水

从生物转盘用于生活污水方面的中试研究及工程应用实例可知，生物转盘是一种高效的污水处理反应器，在水力停留时间小于 2.5 h 的情况下，对生活污水的处理效率平均能达到 90%左右；但在工程应用中生物转盘处理量不大，因此在大水量城市污水处理方面还需进一步研究。

2．用于污水的脱氮除磷

生物脱氮包含缺氧与好氧两个环境。Weng、Torpey 等采用多级生物转盘系统对合成污水及城市污水中的碳、氮去除进行了研究，结果表明，在碳氮比很低的情况下其氨氮的平均去除率可达 90%。

对于含磷污水处理，Ouyang 等采用 A^2/O 生物转盘对含磷为 4 mg/L 的合成污水进行了中试研究，该系统包括四级生物转盘，盘片为 PVC 材料，每级 12 个片，系统总体积是 160 L，最终处理后出水中含磷仅 0.6 mg/L，去除率达到了 85%。

3．其他工业废水的处理

生物转盘对高浓度染料污水的脱色效果很明显，对重金属和其他毒性化合物的去除更是有效，如对重金属的去除率可达 90%以上，对 SCN^- 的去除率高达 99.99%，对多环芳烃 PAH 的去除率也能达 90%以上；对高浓度有机污水的 COD 去除率能达 90%以上。因此，生物转盘在工业废水的处理中具有极其重要的作用。

二、生物流化床

生物流化床污水处理技术是以生物膜法为基础，吸收了化工操作中的流态化技术，形成了一种高效的污水处理工艺，是生物膜法的重要突破。

生物流化床基本特征是以砂、陶粒、活性炭等颗粒状物质作为载体，为微生物的生长提供巨大的表面积。污水或污水和空气的混合液由下而上以一定速度通过床层时使载体流化，彼此不接触的流化粒子具有很大的比表面积，一般可达 $2\,000 \sim 3\,000\ m^2/m^3$，生物栖息于载体表面，形成由薄薄的生物膜所覆盖的生物粒子，生物固体浓度可达普通活性污泥法的 $5 \sim 10$ 倍。由于该粒子与污水的比例有较大的差别，载体上丝状菌过度增长也不会出现活性污泥法中经常发生的污泥膨胀现象。生物载体在床层中被上升的污水和空气流化，不仅可防止生物滤池中生物膜堵塞，而且由于生物载体、污水、空气三者之间的密切接触，可大大改善传质状况，使有机物去除速率增大，所需反应器容积减小。此外，生物流化床采用的高径比远大于一般的污水生物处理构筑物，其占地面积可大大减小。

由于好氧生物流化床具有上述特点，具有很大的发展潜力。目前已有多种不同类型的好氧生物流化床应用于污水处理领域。

（一）生物流化床的构造

生物流化床由床体、载体、布水装置、充氧装置和脱膜装置等部分组成，床体平面大多呈圆形，多由钢板焊接而成，需要时也可由钢筋混凝土浇灌而成；载体是生物流化床的核心部件，通常采用细石英砂、颗粒活性炭、焦炭、无烟煤球、聚苯乙烯等，一般颗粒直径为 $0.6 \sim 1.0\ mm$；布水装置一般位于滤床的底部，能起到均匀布水和承托载体颗粒的作用，因而是生物流化床的关键环节；脱膜装置是为了及时脱除老化的生物膜，使生物膜经常保持一定活性，它是生物流化床维持正常净化功能的重要部分。

（二）生物流化床的类型

按照使载体流化的动力来源不同，生物流化床可分为以液流为动力的两相流化床和以气流为动力的三相流化床两大类。

1. 两相流化床

两相流化床是以液流（污水）为动力使载体流化，在流化床反应器内只有作为污水的液相和作为生物膜载体的固相相互接触。两相流化床主要由载体、布水装置和脱膜装置等组成，其工艺流程如图 7-19 所示。

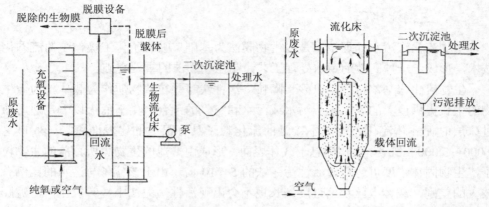

图 7-19　两相流化床工艺流程　　　　图 7-20　三相流化床工艺流程

按照进入流化床的污水是否预先充氧曝气，两相流化床可能处于好氧状态或厌氧状态，前者主要用于去除污水中的有机物和氨氮等，而后者主要用于处理污水中的有机物、亚硝酸盐和硝酸盐等。

2. 三相流化床

三相流化床是以气体为动力使载体流化，如图 7-20 所示。在流化床反应器内有作为污水的液相、作为生物膜载体的固相和作为空气或纯氧的气相三相相互接触。实际运行经验表明，三相流化床能高速去除有机物，BOD_5 容积负荷率可高达 5 kg BOD_5/($m^3 \cdot d$)，处理水 BOD_5 可保证在 20 mg/L 以下；便于维护运行，对水量和水质波动具有一定的适应性；占地少，在同一进水水量和水质条件下，并达到同一理想水质要求时，设备占地面积为活性污泥法的 20%以下。与好氧的两相流化床相比，由于空气直接从床体底部引入流化床，故不需另外再设充氧设备；又由于反应器内空气的搅动，载体之间的摩擦较强烈，一些多余的或老化的生物膜在流化过程中即已脱落，故亦不需另设专门的脱膜装置。

三、移动床生物膜反应器

移动床生物膜反应器（MBBR）是为解决固定床反应器需定期反冲洗、流化床需使载体流化的复杂操作而发展起来的，当连续流操作时，可用于初沉污水的硝化；当间歇流操作时，可用于反硝化。

移动床生物膜反应器好氧运行时，依靠曝气装置产生的气相扰动，促进固、液、气三相的混合、接触；移动床生物膜反应器也可缺氧运行，依靠搅拌机促进反应器内固、液相的混合、接触。其构造如图 7-21 所示。反应器内载体的相对密度常小于 1，在液流中易于漂浮。为了防止载体流失，反应器出口设有穿孔板栅网，网孔眼尺寸小于载体尺寸。研究表明，利用移动床生物膜反应器处理新闻纸厂废水，当水力停留时间 HRT=4～5 h 时，COD 和 BOD_5 去除率分别达到 65%～75%和 85%～90%；延长水力停留时间 HRT，COD 和 BOD_5 去除率可分别达到 80%和 95%。

移动床生物膜反应器亦可进行多池组合，形成硝化和反硝化脱氮工艺流程。

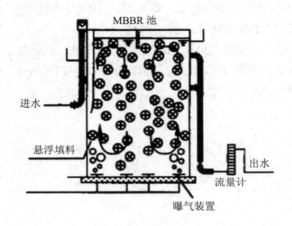

图 7-21　移动床生物膜反应器

四、复合式生物膜反应器

生物膜工艺不仅作为单独的污水处理工艺得到了广泛应用，而且与污水好氧与厌氧处理的其他工艺组合，形成了以活性污泥或生物膜工艺为原型的新型污水生物处理工艺——复合式生物膜反应器，该工艺主要是结合了活性污泥工艺与生物膜工艺的优点，达到对污水高效、低耗的处理效果。活性污泥过程与生物膜过程复合处理工艺主要有两种类型：一是活性污泥和生物膜存在于同一个构筑物内的复合式工艺，称为活性污泥过程和生物膜过程的一体化组合工艺，主要有序批式生物膜反应器、升流式厌氧污泥床-厌氧生物滤池（UFB）工艺；二是活性污泥系统与生物膜系统按串联方式组合，称为活性污泥过程和生物膜过程的多单元组合工艺，主要有活性污泥与生物膜单元组合的两相厌氧过程、厌氧活性污泥过程与曝气生物滤池组合等。

思考题

1. 什么是生物膜法？生物膜法具有哪些特点？并比较生物膜法与活性污泥法的优缺点。

2. 试述生物膜法处理污水的基本原理。
3. 生物膜法主要有哪几种形式？试比较其优缺点。
4. 讨论不同生物滤池的构造、工艺特点以及适合条件。
5. 影响生物滤池处理效率的因素有哪些？它们是如何影响的？
6. 某生活小区人口 1 000 人，全年平均气温大于 10℃，污水排放量按 150 L/（人·d）计，BOD_5 浓度为 300 mg/L，要求出水 BOD_5 浓度不大于 50 mg/L，拟采用普通生物滤池，试计算生物滤池的结构尺寸。
7. 某印染厂废水量为 1 500 m^3/d，废水平均 BOD_5 浓度为 170 mg/L，COD 为 600 mg/L，采用生物接触氧化池处理，要求出水 BOD_5≤20 mg/L，COD≤250 mg/L，试计算生物接触氧化池的尺寸。

第八章 厌氧生物处理法

厌氧生物处理是指在无氧情况下,利用兼性厌氧菌和专性厌氧菌的生物化学作用,对污水中的有机物进行生化降解的过程,最终产物是 CH_4、CO_2 以及少量的 H_2S、NH_3、H_2 等。厌氧生物处理也称为厌氧消化,主要用来处理剩余污泥和中、高浓度有机工业废水及城镇污水。

第一节 基本原理

一、厌氧生物处理过程

有机物厌氧消化过程是一个非常复杂的由多种微生物共同作用的生化过程,对厌氧处理原理的研究经历了从"两阶段"、"三阶段"到"四种群"的过程,目前,三阶段理论是对厌氧生物处理过程较全面和被普遍认同的描述。

1979 年 M. P. Bryant 根据对产甲烷菌和产氢产乙酸菌的研究结果,认为两阶段理论不够完善,提出了三阶段理论,如图 8-1 所示。该理论认为产甲烷菌不能利用除乙酸、H_2/CO_2 和甲醇以外的有机酸和醇类,长链脂肪酸和醇类必须经过产氢产乙酸菌转化为乙酸、H_2、CO_2 等后,才能被产甲烷菌利用。

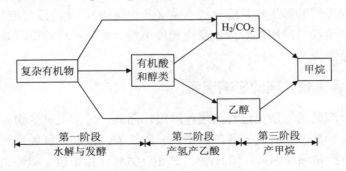

图 8-1 三阶段厌氧消化过程示意

(一)水解发酵阶段(第一阶段)

水解发酵阶段是将大分子不溶性复杂有机物在细胞胞外酶的作用下,水解成小分子溶解性高级脂肪酸(醇类、醛类、酮类等),然后渗入细胞内。参与的微生物主要是兼性细菌与专性厌氧菌,兼性细菌的附带作用是消耗污水带来的溶解氧,为专性厌氧菌的生长创造有利条件,此外还有真菌以及原生动物等,可统称为水解发酵菌。碳水化合物水解成单糖,是最易分解的有机物;脂肪的水解产物主要为甘油、醛等;含氮有机物水解较慢,因此蛋白质和非蛋白质的含氮化合物(嘌呤、嘧啶等)继碳水化合物和脂肪水解后水解为胨、肌酸、多肽等,然后形成氨基酸;三种有机物的水解速率常数:碳水化合物中纤维素为 0.04~0.13、半纤维素为 0.54,脂肪为 0.08~1.7,蛋白质为 0.02~0.03。不溶性有机物的水解发酵速度较缓慢。

(二)产氢产乙酸阶段(第二阶段)

产氢产乙酸阶段是将第一阶段的产物降解为乙酸、丙酸、丁酸等简单脂肪酸和醇类等,并脱氢,奇数碳有机物还产生 CO_2,如戊酸:

$$CH_3CH_2CH_2CH_2COOH + 2H_2O \longrightarrow CH_3CH_2COOH + CH_3COOH + 2H_2$$
$$CH_3CH_2COOH + 2H_2O \longrightarrow CH_3COOH + CO_2 + 3H_2$$

参与作用的微生物是兼性或专性厌氧菌(产氢产乙酸菌以及硝酸盐还原菌 NRB、硫酸盐还原菌 SRB 等)。因此第二阶段的主要产物是简单脂肪酸、CO_2、HCO_3^-、NH_4^+、HS^-、H^+ 等,此阶段速度较快。

(三)产甲烷阶段(第三阶段)

产甲烷阶段是产甲烷菌将第一阶段和第二阶段产生的乙酸、H_2 和 CO_2 等转化为甲烷,参与作用的微生物是绝对厌氧菌(产甲烷菌)。此阶段反应速度缓慢。

上述三个阶段,产甲烷阶段的反应速度最慢,所以产甲烷阶段是一般污水厌氧消化的限速阶段。

二、厌氧生物处理的影响因素

产甲烷反应是厌氧消化过程的限速阶段,因此,讨论厌氧生物处理的影响因素时主要讨论影响产甲烷菌的各项因素。一般认为,控制厌氧处理效率的基本因素有两类,一类是环境因素,如温度、pH 值、氧化还原电位、毒性物质等;另一类是基础因素,包括微生物量(污泥浓度)、营养比、混合接触状况、有机负荷等。

(一) 环境因素

1. 温度

温度对厌氧微生物的影响尤为显著。厌氧细菌可分为嗜热菌（或高温菌）和嗜温菌（中温菌），相应地，厌氧消化分为高温消化（55℃左右）和中温消化（35℃左右），高温消化的反应速率约为中温消化的 1.5~1.9 倍，产气率也较高，但气体中甲烷含量较低。因中温消化与人体温度接近，故对病原菌和寄生虫卵的杀灭率较低，而高温消化对寄生虫卵的杀灭率可达到 99%，但高温消化需要的热量比中温消化高得多。

厌氧消化系统对温度的突变比较敏感，温度的波动对去除率影响很大，如果突变过大，会导致系统停止产气。

2. pH 值和碱度

厌氧反应器中的 pH 值对不同阶段的产物有很大影响。产甲烷菌对 pH 值的变化非常敏感，一般认为，其最佳 pH 值为 6.8~7.2，在小于 6.5 或大于 8.2 时，产甲烷菌会受到严重抑制，产甲烷速率急剧下降；而产酸菌的 pH 值在 4.0~7.5。因此，当厌氧反应器运行的 pH 值不在甲烷菌的最佳 pH 值范围时，系统中的酸性发酵可能超过甲烷发酵，会导致反应器内出现"酸化"现象。

碱度曾在厌氧消化中被认为是一个至关重要的影响因素，但实际上其作用主要是保证厌氧体系具有一定的缓冲能力，维持合适的 pH 值。重碳酸盐和氨氮等是形成厌氧处理系统碱度的主要物质，碱度越高，缓冲能力越强，这有利于保持稳定的 pH 值，一般要求系统中的碱度在 2 000 mg/L 以上。

3. 氧化还原电位

厌氧环境是厌氧消化能够正常运行的重要条件，并主要以体系中的氧化还原电位来反映。不同的厌氧消化系统要求的氧化还原电位不尽相同，即使同一系统中，不同细菌菌群所要求的氧化还原电位也不同。非产甲烷菌可以在氧化还原电位为+100~−100 mV 的环境正常生长和活动；产甲烷菌的最适氧化还原电位为 −350~−400 mV。

一般情况下，氧的溶入是引起发酵系统的氧化还原电位升高的最主要和最直接的原因。但是，除氧以外，其他一些氧化剂或氧化态物质（如某些工业废水中含有的 Fe^{3+}、$Cr_2O_7^{2-}$、NO_3^-、SO_4^{2-} 以及酸性污水中的 H^+ 等）的存在，同样能使体系中的氧化还原电位升高。当其浓度达到一定程度时，同样会不利于厌氧消化过程的进行。

4. 有毒物质

凡对厌氧处理过程起抑制或毒害作用的物质，都可称为有毒物。常见的抑制性物质有硫化物、氨氮、重金属、氰化物和某些有机物。

(1) 硫化物和硫酸盐的毒害作用

硫酸盐和其他硫的氧化物很容易在厌氧消化过程中被还原成硫化物,而这种可溶的硫化物达到一定浓度时,会对厌氧消化过程主要是产甲烷过程产生抑制作用。投加某些金属如 Fe 可以去除 S^{2-},或从系统中吹脱 H_2S 可以减轻硫化物的抑制作用。

(2) 氨氮的毒害作用

氨氮是厌氧消化的缓冲剂,但浓度过高,则会对厌氧消化过程产生毒害作用,当 NH_4^+ 浓度超过 150 mg/L 时,消化受到抑制。

(3) 重金属离子的毒害作用

重金属被认为是使反应器失败的最普通和最主要的因素。它通过与微生物酶中的巯基、氨基、羧基等结合而使酶失活,或者通过金属氢氧化物凝聚作用使酶沉淀。

(4) 有毒有机物的毒害作用

对微生物来说,带醛基、双键、氯取代基、苯环等结构的物质往往具有抑制性,五氯苯酚和半纤维素衍生物主要抑制产乙酸菌和产甲烷菌的活动。有毒物质的最高容许浓度与处理系统的运行方式、污泥的驯化程度、污水的特性、操作控制条件等因素有关。

(二) 基础因素

1. 厌氧活性污泥的数量与性质

厌氧活性污泥主要由厌氧微生物及其代谢的和吸附的有机物和无机物组成,其浓度和性状与消化效能有密切的关系。厌氧处理时,污水中的有机物主要是靠活性污泥中的微生物分解去除,故在一定范围内,活性污泥浓度愈高,厌氧消化的效率也愈高,但到一定程度后,消化效率的提高不再明显。这主要是因为厌氧污泥的生长率低,增长速度慢,积累时间过长后,污泥中的无机成分比例增高,活性下降。厌氧活性污泥的性质主要表现在它的作用效能与沉淀性能,活性污泥的沉降性能是指污泥混合液在静止状态下的沉降速率,它与污泥的凝聚状态及密度有关,以 SVI 衡量。一般认为,在颗粒污泥反应器中,当活性污泥的 SVI 为 15~20 mL/g 时,可认为污泥具有良好的沉降性能。

2. 污泥龄

由于产甲烷菌的增殖速率较慢,对环境条件的变化十分敏感。因此,要获得稳定的处理效果就需要保持较长的污泥龄。

3. 有机负荷

在厌氧生物处理法中，有机负荷通常指容积有机负荷，即容积负荷，即消化器单位容积每天接受的有机物量（kg COD/m^3·d^{-1} 或 kg BOD$_5$/m^3·d^{-1}）。厌氧生物处理的有机物负荷较好氧生物处理更高，一般可达 5～10 kg COD/m^3·d^{-1}，甚至达到 50～80 kg COD/m^3·d^{-1}。有机负荷是影响厌氧消化效率的一个重要因素，直接影响产气量和处理效率。在一定时间内，随着有机负荷的提高，产气量增加，但处理程度下降，反之亦然。对于具体的应用场合，进料的有机物浓度是一定的，有机负荷的提高意味着水力停留时间缩短，有机物分解率将下降，势必使处理程度降低，但因反应器相对处理量增多了，单位容积的产量将提高。

4. 营养物与微量元素

厌氧微生物的生长繁殖需要一定比例地摄取碳、氮、磷等主要元素及其他微量元素，但其对 N、P 等营养物质的要求低于好氧微生物。不同的微生物在不同的环境条件下所需的碳、氮、磷的比例不完全一致，一般认为，厌氧法 C∶N∶P 控制在 200∶5∶1 为宜；此比值大于好氧法的 100∶5∶1。多数厌氧菌不具有合成某些必要的维生素或氨基酸的功能，因此为保持细菌的生长和活动，有时还需要补充某些专门的营养物，如：K、Na、Ca 等金属盐类；微量元素 Ni、Co、Mo、Fe 等；有机微量物质酵母浸出膏、生物素、维生素等。

三、厌氧生物处理的特点

厌氧生物处理技术是一种有效去除有机污染物的技术，能将有机化合物转为甲烷与二氧化碳。与好氧生物处理技术比较，厌氧处理具有如下优缺点。

（一）厌氧生物处理的优点

（1）应用范围较广

可用于处理污泥；处理不同浓度、不同性质的有机污水，如 COD 浓度为几百到几万甚至高达 3×10^5 mg/L，以悬浮 COD 为主或以溶解性 COD 为主的污水可用不同工艺的厌氧处理法处理；处理好氧法难降解的有机物（如蒽醌、偶氮染料等），也可处理含有毒有害物质较高的有机污水。

（2）能耗大大降低，而且还可以回收生物能（沼气）

厌氧生物处理工艺无需为微生物提供氧气，所以不需要曝气，减少了能耗，而且厌氧生物处理工艺在大量降解污水中有机物的同时，还会产生大量沼气，其中主要成分是甲烷和二氧化碳，具有很高的利用价值。

（3）污泥产量低

厌氧菌世代期长，如产甲烷菌的倍增时间为 4～6 d，增殖速率比好氧微生物低得多，因此厌氧微生物的产率系数 Y 比好氧小，厌氧微生物产酸菌的产率系数 Y 为 0.15～0.34 kg VSS/kg COD，产甲烷菌的产率系数 Y 为 0.03 kg VSS/kg COD 左右，而好氧微生物的产率系数为 0.25～0.6 kg VSS/kg COD。另外，有机物在好氧降解时产泥量高，而厌氧处理产泥量低，且污泥稳定，可降低污泥处理费用。

(4) 对氮和磷的需要量较低

氮、磷等营养物质是组成细胞的重要元素，采用生物法处理污水，如污水中缺少氮、磷元素，必须投加氮和磷，以满足细菌合成细胞的需要。厌氧生物处理要去除 1 kg BOD_5 所合成细胞量远低于好氧生物处理，因此可减少 N 和 P 的需要量，一般情况下只要满足 BOD_5：N：P＝（200～300）：5：1。对于缺乏 N 和 P 的有机污水采用厌氧生物处理可大大节省 N 和 P 的投加量，使运行费用降低。

(5) 厌氧消化对某些好氧处理难降解的有机物有较好的降解能力

随着化学工业的发展，越来越多的自然界本来没有的有机化合物被合成出来，据估计，总数超过 500 万种，这些人工合成的有机物大多产自制药、石油化工、有机溶剂和染料制造等工业，它们中有些可以生物降解，有些则难以生物降解或根本不能生物降解，甚至是有毒的。这些有机物进入常规的好氧污水生物处理系统，不仅得不到理想的处理效果，而且对微生物产生毒害，影响生物处理的正常运行。而采用厌氧生物法可取得较好的处理效果，厌氧微生物具有某些脱毒和降解有害有机物的功效，如多氯链烃和芳烃的还原脱氯，芳香烃还原成烷烃的环断裂等。

应用厌氧处理工艺作为前处理可以使一些好氧处理难以处理的难降解有机物得到部分降解，并使大分子降解成小分子，提高污水的可生化性，使后续的好氧处理变得比较容易。所以，常使用厌氧-好氧串联工艺来处理难降解有机污水。

(二) 厌氧生物处理的缺点

(1) 不能去除污水中的氮和磷

厌氧生物处理技术一般不能去除污水中的氮和磷等物质，含氮和磷的有机物通过厌氧消化，其所含的氮和磷被转化为氨氮和磷酸盐，由于只有很少的氮和磷被细胞合成利用，所以绝大部分的氮和磷以氨氮和磷酸盐的形式随出水排出。因此当被处理的污水含有过量的氮和磷时，不能单独采用厌氧法，而应采用厌氧和好氧工艺相结合的处理工艺。

(2) 启动过程较长

因为厌氧微生物的世代期长，增长速率低，污泥增长缓慢，所以厌氧反应器的启动过程长，一般启动期长达 3～6 个月，甚至更长。

(3) 运行管理较复杂

由于厌氧菌的种群较多,如产酸菌与产甲烷菌性质各不相同,但互相又密切相关,要保持这两大类种群的平衡,对运行管理较为严格。稍有不慎,可能使两类种群失去平衡,使反应器不能工作。如进水负荷突然提高,反应器的 pH 值会下降,如不及时控制,反应器就会出现"酸化"现象,使产甲烷菌受到严重抑制,甚至使反应器不能恢复正常运行,必须重新启动。

(4) 卫生条件差

一般污水中都含有硫酸盐,厌氧条件下会产生硫酸盐还原作用而放出硫化氢等气体,而硫化氢是一种有毒、恶臭的气体,如反应器不能做到完全密封,就会引起二次污染。因此,厌氧处理系统的各处理构筑物应尽可能做成密封,以防臭气散发。

(5) 去除有机物不彻底

厌氧方法处理污水中的有机物往往不够彻底,一般单独采用厌氧生物处理不能达到排放标准,所以厌氧处理往往需和好氧处理结合使用。

第二节 厌氧生物处理方法

一、第一代厌氧反应器

(一) 普通消化池 (CADT)

最早用于处理污水的厌氧消化构筑物为普通消化池,其构造见图 8-2。

借助消化池内的厌氧活性污泥对待处理的剩余污泥(在工艺中称为生污泥)进行降解。生活污泥从池顶部进入池内,通过搅拌与池中原有厌氧活性污泥混合接触,进行厌氧消化。使污泥中的有机污染物转化、分解。从消化池池顶收集厌氧消化产生的气体(沼气),消化后的污泥从池底排出。

(二) 厌氧接触法 (ACP)

在普通消化池的基础上,采取连续搅拌使污水中的有机物与厌氧污泥充分接触,并将间断进出水改为连续进出水;为解决由此产生的厌氧污泥流失问题,在原有消化池后增设一个沉淀池,将沉淀下来的污泥回流到消化池;为消除消化池出流污泥所携带的气泡,在沉淀池前增设一个脱气装置,保证沉淀池的沉淀效率。由此形成的新的厌氧消化处理工艺称为厌氧接触法,其工艺流程如图 8-3 所示。

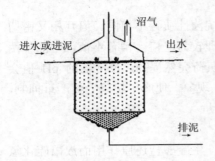
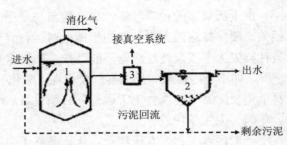

图 8-2　普通厌氧消化池的构造　　　　图 8-3　厌氧接触工艺流程

　　　　　　　　　　　　　　　　　　　1. 消化池；2. 沉淀池；3. 脱气器

厌氧接触法的特点是在厌氧消化池后设沉淀池，上清液排出，沉淀污泥回消化池，以增加消化池中的生物量，降低污泥的有机物负荷，加速消化过程。消化池中生物量的多少，可通过回流比进行适当控制，从而可克服传统消化池的缺点，处理负荷和效率显著提高。消化池内的污泥浓度（以 VSS 计）一般控制在 3～4 g/L。厌氧接触法对含悬浮固体高的有机污水（如肉类加工污水等）处理效果好，悬浮颗粒成为微生物的载体，并且很容易在沉淀池中沉淀。

二、第二代厌氧反应器

（一）厌氧生物滤池

厌氧生物滤池（Anaerobic Biofilter，AF）是公认的早期高效厌氧生物反应器，其结构如图 8-4 所示。厌氧生物滤池是一种内部装填有微生物载体（滤料）的厌氧生物反应器，厌氧微生物部分附着生长在滤料上，形成厌氧生物膜，部分在滤料空隙间悬浮生长。污水流经挂有生物膜的滤料时，水中的有机物扩散到生物膜表面，并被生物膜中的微生物降解转化为沼气，沼气被收集利用，净化后的水通过排水设备排至池外。厌氧生物滤池适用于不同类型、不同浓度有机污水的处理，其有机负荷取决于污水性质和浓度，一般为 $0.2 \sim 16 \ \text{kg COD}/(\text{m}^3 \cdot \text{d})$，滤池中生物膜厚度为 1～4 mm，生物量沿滤料层高度而变化，如升流式厌氧生物滤池底部的生物量浓度可达其顶部的几十倍。

厌氧生物滤池大多在中温条件（35℃）下运行，温度降低会影响处理效率，经验表明，温度骤降会使效率下降幅度增大，若长时间稳定在较低温的条件下运行，则会由于滤池中较长的固体停留时间而使温度影响减弱，因此为了节约加温所需能量，可在常温下运行。相同的温度条件下，AF 的负荷可高出厌氧接触工艺

2~3 倍，同时有很高的 COD 去除率，而且反应器内易于培养出适应有毒物质的厌氧微生物。

厌氧生物滤池的主要优点是处理污水能力高，滤池内可保留很高的微生物浓度而不需要搅拌设备；不需另设泥水分离设备，出水 SS 较低；无需回流污泥，设备简单，操作简便。其主要缺点是滤料费用较贵；滤料容易堵塞，尤其是下部，生物膜很厚，堵塞后没有简单有效的清洗方法。因此此方法不适用于处理含悬浮物浓度高的污水。

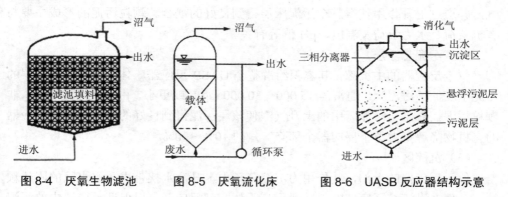

图 8-4　厌氧生物滤池　　图 8-5　厌氧流化床　　图 8-6　UASB 反应器结构示意

（二）厌氧流化床

厌氧流化床（AFB）与好氧流化床相似，但它是在厌氧条件下，封闭水力循环式的生物过滤式反应器，其构造见图 8-5。

固体流态化技术是一种改善固体颗粒与流体之间接触并使整个系统具有流体性质的技术，能使厌氧反应器中的传质得到强化，同时小颗粒生物填料具有很大的表面积，流态化避免了 AF 会堵塞的缺点。因此污水的处理效率高，有机容积负荷率大，占地少。AF 可充分处理易生物降解的污水，而 AFB 则更适用于处理含难降解有害废物的污水。如用 AFB（用颗粒活性炭作载体）处理含甲醛的高浓度有机污水，在持续负荷下去除率为 99.99%，而在循环负荷下为 97.4%~99.9%；AFB 系统处理发动机燃料污水的实验室及实地运行中 COD 负荷为 5 kg COD/$m^3 \cdot d^{-1}$ 时去除率达 90%；日本一家处理含酚污水的流化床反应器可使出水中酚浓度小于 1 mg/L。

AFB 的主要缺点是难以保证内部稳定的流化态；有些需要有单独的预酸化反应器及用大量的回流水来保证其高的上升速度，从而导致能耗加大，成本增加。

（三）升流式厌氧污泥床反应器

1974 年，荷兰 Lettinga 教授研究开发了升流式厌氧污泥床（UASB）反应器，

UASB 反应器集生物反应与污泥沉淀于一体，是一种结构十分紧凑的高效厌氧反应器。典型的 UASB 反应器沿高程从下至上可分为反应区（包括污泥床层、悬浮污泥层）、三相分离区和沉淀区，其构造如图 8-6 所示。

（1）污泥床层

位于反应器的底部，是一层由颗粒污泥组成的沉淀性良好的污泥，其浓度在 40 000～80 000 mg/L，容积约占整个 UASB 反应器的 30%，它对反应器的有机物降解量占整个反应器全部降解量的 70%～90%。因此，在污泥床层内产生大量沼气，并通过上升作用使得整个污泥床层得到良好的混合。颗粒污泥的形成主要与有机负荷、水力负荷及温度、pH 值等有关。

（2）污泥悬浮层

位于反应器的中上部，其容积约占整个 UASB 反应器床体的 70%。悬浮层的污泥浓度低于污泥床，通常为 15 000～30 000 mg/L 或更小，由絮状污泥组成，非颗粒污泥，靠来自污泥床中的上升气泡使该层污泥得到良好的混合。它对反应器的有机物降解量占整个反应器全部降解量的 10%～30%。

（3）沉淀区

位于反应器的上部，其作用为沉淀分离由上升流水挟带进入出水区的固体颗粒，并使之沿沉淀区底部的斜壁滑下，重新回到反应区，以保证反应器中的污泥不流失，维持污泥床中的污泥浓度；通过合理调整沉淀区的水位高度来保证整个反应器的集气室有效空间高度。

（4）三相分离器

三相分离器是 UASB 反应器的关键组成部分，由集气收集器和折流挡板组成，其基本构造见图 8-7，有时也可将沉淀区看作三相分离器的一个组成部分。三相分离器一般设在沉淀区的下部，但也可设在反应器的顶部，其主要作用是将反应过程中产生的气体、反应器中的污泥固体以及被处理的污水这三种物质加以分离，将沼气引入集气室，将处理的水引入出水区，将固体颗粒导入反应区。

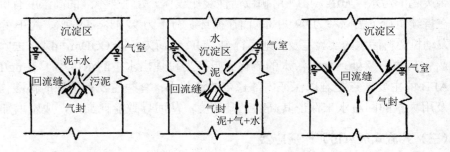

图 8-7　三相分离器的基本构造

UASB 在运行过程中,污水以一定的流速从反应器的下部向上依次经过污泥床、污泥悬浮层、三相分离器及沉淀区;UASB 反应器中的水流呈推流形式,进水与污泥中的微生物充分混合接触并进行厌氧分解;分解过程中产生的沼气在上升过程中将一部分小污泥冲起,随着反应器产气量不断增加,气泡上升所产生的搅拌和浮升作用日趋剧烈;气、水、泥三相混合液上升到三相分离器中、气体遇到反射板或挡板后折向集气室而被有效地分离排出;污泥和水进入上部沉淀区,在重力作用下进行泥水分离。由于三相分离器的作用,使得反应器混合液中的污泥拥有良好的沉淀、分离与再絮凝的环境,在一定的水力负荷条件下,大部分污泥能在反应器内保持较长的停留时间,使反应器有足够的污泥量。

UASB 反应器最大的特点是反应器内污泥颗粒化保证了高浓度的厌氧污泥层,并且反应器内有机负荷高,水力停留时间短,处理周期大为缩短;反应器无填料,无污泥回流装置,无搅拌装置,成本降低;初次启动后可直接以颗粒污泥接种。目前 UASB 反应器已成为应用最广泛的厌氧处理方法,在世界范围内 UASB 系统占厌氧处理系统的 67%。世界上最大的 UASB 反应器是墨西哥一处理工业污水和生活污水的反应器,容积为 83 700 m^3,可能会扩充到 133 920 m^3;还有荷兰 Paques 公司为加拿大建造的处理造纸污水的反应器,容积为 15 600 m^3,日处理能力为 COD 185 t。同时,UASB 也越来越多地应用于复合反应系统中。

UASB 反应器的主要缺点是会出现短流现象,影响处理能力;进水中的悬浮物如果比普通消化池高会对污泥颗粒化不利,减少反应器的有效容积,甚至引起堵塞;初次启动需要时间很长,且对水质和负荷的突然变化比较敏感。

三、第三代厌氧反应器

(一)膨胀颗粒污泥床反应器(EGSB)

目前厌氧接触法、UASB、AF 等一般只是用于处理中、高浓度工业废水,而对于较低浓度有机污水的处理则存在一些问题。膨胀颗粒污泥床反应器(EGSB)是在 UASB 的基础上研究开发的新型厌氧反应器,它通过采用出水循环回流获得较高的表面液体升流速度,典型特征是具有较大的高径比,液体的升流速度可达到 5~10 m/h,比 UASB 反应器的升流速度(一般在 1.0 m/h 左右)要高得多。在 UASB 反应器中,污泥床是静态的,反应区集中在反应器底部 0.4~0.6 m 的高度,污水通过污泥床时 90% 的有机物被降解;而在 EGSB 中,可以认为反应器内厌氧污泥完全混合,它比 UASB 有更高的有机负荷,因此产气量也大,这有利于加强泥水的混合程度,提高有机物处理效率。

1. EGSB 反应器的构造特点

EGSB 反应器由布水器、三相分离器、集气室和外部进水系统组成，其基本构造如图 8-8 所示。EGSB 反应器一般做成圆形，其顶部可以是敞开的，也可是封闭的，封闭的优点是防止臭味外溢。污水由底部配水管系统进入反应器，向上升流通过膨胀的颗粒污泥床，使污水中的有机物与颗粒污泥均匀接触被转化为甲烷和二氧化碳等。混合液升流至反应器上部，通过设在上部的三相分离器进行气、固、液分离，分离出来的沼气通过反应器顶或集气室的导管排出，沉淀下来的污泥自动返回膨胀床区，上清液通过出水渠排出反应器外。该反应器的特点是具有较大的高径比，一般可达 3~5，生产性装置反应器可高达 15~20 m。

2. EGSB 反应器的运行性能

在 EGSB 反应器中，溶解性有机物可以被高效去除，但由于水力流速很大，停留时间短，难溶解性有机物、胶体有机物、SS 的去除率都不高，一般 EGSB 的有机物负荷可达 40 kg COD/（m^3·d），HRT 1~2 h，COD 去除率为 50%~70%。与 UASB 反应器相比，EGSB 反应器特别适合于处理低温（10~25℃）、低浓度（≤1 000 mg/L）的城市污水。

EGSB 反应器不仅适于处理低浓度污水，而且可处理高浓度有机污水，但在处理高浓度有机污水时，为了维持足够的液体升流速度，使污泥床有足够大的膨胀率，必须加大出水回流量，其回流比大小与进水浓度有关，一般进水 COD 浓度越高，所需回流比越大。

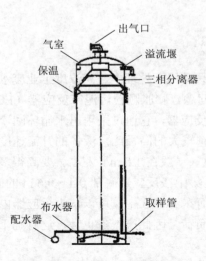

图 8-8 EGSB 反应器构造

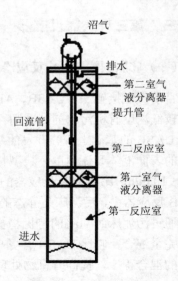

图 8-9 IC 反应器构造

目前 EGSB 厌氧技术已得到广泛应用，在实际运行中，EGSB 厌氧反应器对有机物的去除率高达 85% 以上，运行稳定，出水稳定。

（二）内循环膨胀污泥床反应器（IC）

IC 工艺是基于 UASB 反应器颗粒化和三相分离器的概念而改进的新型反应器，其基本构造如图 8-9 所示，特点是具有很大的高径比，一般为 4～8，反应器的高度可达 16～25 m。因此从外形上看，IC 反应器是个厌氧生化反应塔。

由图 8-9 可见，进水由反应器底部进入第一反应室，与厌氧颗粒污泥均匀混合。大部分有机物被转化为沼气，沼气被第一厌氧反应室的集气罩收集，并沿提升管上升，上升过程中将第一厌氧反应室中的混合液提升至反应器顶的气液分离器；被分离出的沼气从气液分离器的顶部导管排走，泥水混合液将沿着回流管返回到第一厌氧反应室的底部，与底部颗粒污泥和进水充分混合。以上过程即为 IC 反应器的内部循环，内部循环的结果使第一厌氧反应室不仅有很高的生物量，很长的污泥龄，并且具有很大的上升流速，使该室内的颗粒污泥完全达到流化状态，因此具有很高的传质速率，提高了生化反应速率和对有机物的去除能力。

污水经过第一厌氧反应室处理后，自动进入第二厌氧反应室继续进行处理。污水中剩余有机物可被第二厌氧反应室中的厌氧颗粒污泥进一步降解，使出水得到进一步净化；产生的沼气由第二厌氧反应室的集气罩收集，通过集气管进入气液分离器；第二厌氧反应室的泥水在混合液沉淀区进行固液分离，处理过的上清液由出水管排走，沉淀的污泥可自动返回第二厌氧反应室。

综上所述，IC 反应器实际上是由两个上下重叠的 UASB 反应器串联所组成，下面第一个 UASB 反应器产生的沼气作为提升的内动力，使升流管与回流管的混合液产生一个密度差，实现了下部混合液的内循环，使污水获得强化预处理；上面的第二个 UASB 反应器对污水继续进行后处理（或称精处理），使出水达到预期的处理要求。

（三）两相厌氧消化法

1. 两相厌氧消化原理及其特点

在厌氧消化过程中起消化作用的细菌主要由产酸菌群和产甲烷菌群组成，由于两类细菌的生理特点及对环境条件要求均不一致（如产甲烷菌对基质的反应速度低于产酸菌），两者共存于同一个厌氧池中时，需要维持严格的工艺运行条件，不利于管理。基于这种情况，根据厌氧消化分阶段性的特点，开发了两相厌氧消化法，即将水解酸化阶段和甲烷化阶段分在两个不同的反应器中进行，以使两类厌氧菌群各自在最佳条件下生长繁殖，充分发挥自身优势，其中，第一阶段主要作用为水解酸化有机基质,使之成为可被甲烷菌利用的有机酸,缓和由基质浓度和进水量引起的冲击负荷,截留进水中的难溶物质;第二阶段主要作用为在较为严格的厌氧条件和 pH 值条件下,降解有机物使之熟化稳定,产生含甲烷较多的消化气,截留悬浮固体,保证出水水质。与此相对应,第一阶段的容器为产酸相反应器,采用较高的负荷率,pH 值多在 5.0～6.0,采用常温或中温发酵;第二阶段的容器为产甲烷相反应器,主要进行汽化,负荷率较低,pH 值控制在中性或弱碱性范围,温度在 33℃为宜。

两相厌氧消化过程具有以下优点:当进水负荷有大幅度变动时,酸化反应器发挥一定的缓冲作用,对后续产甲烷化反应器影响小,因此两相厌氧过程具有一定耐冲击负荷能力;酸化反应器对 COD 去除率达 20%～25%,能够减轻产甲烷反应器的负荷;酸化反应器负荷率高,反应进程快,水力停留时间短,容积小,基建费用较低;两相厌氧工艺的启动可以在几周内完成,无需几个月。

两相厌氧消化具有以下不足:分相后原厌氧消化微生物共生关系被打破;设备较多、流程复杂,难以管理;缺乏对各种污水的运行经验;底物类型与反应器型式之间的关系不确定。

2. 两相厌氧消化处理过程及反应器

两相厌氧过程的处理流程及装置的选择主要取决于所处理污染物的理化性质及其生物降解性能,通常有两种工艺流程。

一种是处理易降解、含低悬浮物的有机工业污水,其中的产酸相反应器一般可以为完全混合式厌氧污泥反应池、UASB 以及厌氧滤池等不同的厌氧反应器,产甲烷相反应器主要为 UASB、IC、污泥床滤池 UBF,也可以是厌氧滤池等,不必设置沉淀池。

另一种是处理难降解、含高浓度悬浮物的有机污水或污泥的两相厌氧工艺流程,其中产酸相和产甲烷相反应器均主要采用完全混合式厌氧污泥反应池,产甲烷相反应器采用 UASB 也可以,反应器后需设置泥水分离构筑物,如沉淀池。流程如图 8-10 所示。

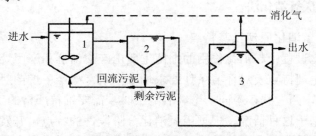

图 8-10 厌氧接触法和上流式厌氧污泥床串联的两段厌氧处理工艺

1. 混合接触池;2. 沉淀池;3. 上流式厌氧污泥反应器

3. 两相厌氧消化工艺的应用

两相厌氧工艺可用于处理多种污水，如：酒厂废水、垃圾渗滤液、大豆加工废水、酵母发酵废水、乳清废水、牛奶工业废水、淀粉废水、制浆造纸废水、染料废水等。至今，已经发展了三代厌氧生物反应器，部分典型的厌氧反应器及其特点详见表8-1。

表8-1 厌氧生物反应器发展历程及其特点

历程	反应器	反应器特点及有机负荷
第一代	普通厌氧消化池（CADT）	厌氧微生物生长缓慢，世代时间长，需要足够长的停留时间；主要用于污泥的消化处理；有机负荷<3.0 kg COD/（m^3·d）
第一代	厌氧接触工艺（ACP）	采用二沉池和污泥回流系统，提高了生物量浓度，泥龄较长，处理效果有所提高；有机负荷为 2.0~6.0 kg COD/（m^3·d）
第二代	厌氧滤池（AF）	池中放置填料，表面附着生厌氧性生物膜，泥龄较长，处理效果较好，适用于含悬浮物较少的中等浓度或低浓度有机污水；有机负荷为 5.0~10.0 kg COD/（m^3·d）
第二代	上流式厌氧污泥床反应器（UASB）	结构紧凑，处理能力大，效果好，工艺成熟；但不适宜处理高 VSS 污水；有机负荷为 8.0~30.0 kg COD/（m^3·d）
第二代	厌氧折流板反应器（ABR）	用一系列垂直安装的折流板使污水沿折流板上下流动，微生物固体借助消化气各个隔室内做上下膨胀和沉淀运动；优势在于产酸过程和产甲烷过程的部分分离，具有结构简单，系统的稳定性好，耐冲击负荷，出水水质好等优点
第二代	厌氧流化床（AFB）	依靠在惰性填料表面形成的生物膜来保留厌氧污泥，通过调整上流速度，使填料颗粒处于自由悬浮状态，因此具有良好的传质条件，处理效率较高，对高、低浓度有机污水均适用；有机负荷为 10.0~40.0 kg COD/（m^3·d）
第三代	内循环式反应器（IC）	由底部和上部 2 个 UASB 反应器串联叠加而成；利用沼气上升带动污泥循环，具有强烈搅拌作用和高的上流速度，有利于改善传质过程，抗冲击负荷能力强，结构紧凑，有很大的高径比，占地面积小；有机负荷为 20~40.0 kg COD/（m^3·d）
第三代	厌氧膨胀颗粒污泥床（EGSB）	在 UASB 基础上采用较大的高径比和出水循环，提高上流速度，引起颗粒污泥床膨胀，使颗粒污泥处于悬浮状态，传质效果更好，可以消除死区；可应用于含悬浮固体和有毒物质的污水处理，对低温、低浓度污水、含硫酸盐废水、毒性或难降解的废水的处理具有潜在优势
第三代	上流式污泥床-过滤器复合式厌氧反应器（UBF）	下部是高浓度颗粒污泥组成的污泥床，上部是填料及其附着的生物膜组成的滤料层，可以最大限度地利用反应器的体积，具有启动速度快，处理效率高，运行稳定等优点
第三代	上流式分段污泥床反应器（USSB）	在 UASB 基础上通过竖向添加多层斜板来代替 UASB 装置中的三相分离器，使整个反应器被分割成多个反应区间，相当于多个 USAB 反应器串联而成；抗有机负荷冲击能力较强，出水 VFA 浓度较低；目前尚处于试验研究阶段

第三节 厌氧生物处理的设计

厌氧生物处理的设计内容包括工艺流程与设备的选择,厌氧反应器设计,需热量的计算等。

一、流程和设备的选择

流程和设备的选择包括处理工艺和设备、消化温度、单级或两段消化等的选择。表 8-1 列举了几种厌氧处理方法的一般性特点,可供参考。

二、厌氧反应器的设计

第五章中所讨论的生化动力学和基本方程式,同样适用于厌氧生物处理,但一些动力学常数的数值有显著的差别。厌氧反应的速率显著低于好氧反应;厌氧反应大体可分为酸化和甲烷化两个阶段,甲烷化阶段的反应速率明显低于酸化阶段的反应速率,因此,整个厌氧反应的总速率取决于甲烷化的速率。但是在一般的单级完全混合反应器中,各类细菌是混合生长、相互协调的,酸化过程和甲烷化过程同时存在,所以在进行厌氧过程的动力学分析时,可以将反应器作为一个系统统一进行分析。

反应器的设计可以在模型试验的基础上,按照所得到的参数值进行计算,也可按照类似污水的经验值选择采用。

厌氧反应器有效容积可采用进水有机负荷 L 或消化时间 t 进行确定,计算公式如下:

$$V = \frac{QS_0}{L} \qquad (8\text{-}1)$$

$$V = Qt \qquad (8\text{-}2)$$

采用中温消化时,对于传统消化池,消化时间为 1~5 d,负荷为 1~3 kg COD/($m^3 \cdot$d),BOD_5 去除率可达到 50%~90%。对于厌氧生物滤池和厌氧接触法,消化时间可缩短至 0.5~3 d,负荷可提高到 3~10 kg COD/($m^3 \cdot$d)。对于上流式厌氧污泥床反应器,有时可采用更高的负荷,但上部的三相分离器应缜密设计,避免上升的消化气影响固液分离,造成污泥流失。

消化器的产气量一般可按 0.4~0.5 m^3/kg COD 进行估算。

三、消化池的热量计算

厌氧生物处理特别是甲烷化，需要较高的反应温度，因此一般需要对投加的污水加温和对反应池保温。加温所需的热量可以利用消化过程产生的消化气提供，例如：消化气的产气量一般可按 0.4~0.5 m³/kg COD 进行估算，消化气的热值大致为 21 000~25 000 kJ/m³。如果消化气所能提供的热量不足，则应由其他能源补充。

消化池所需的热量包括将污水提高到池温所需的热量和补偿池壁、池盖所散失的热量。

提高污水温度所需的热量 Q_1，可用下式计算：

$$Q_1 = Qc(t_2 - t_1) \qquad (8\text{-}3)$$

式中：Q —— 污水投加量，m³/h；
　　　c —— 污水的比热容，约为 4 200 kJ/(m³·℃)；
　　　t_2 —— 消化池温度，℃；
　　　t_1 —— 污水温度，℃。

通过池壁、池盖等散发的热量 Q_2 与池子的构造和材料有关，可用下式估算：

$$Q_2 = KA(t_2 - t_1) \qquad (8\text{-}4)$$

式中：K —— 传热系数，kJ/(h·m²·℃)；
　　　A —— 散热面积，m²；
　　　t_2 —— 消化池内壁温度，℃；
　　　t_1 —— 消化池外壁温度，℃。

对于一般的钢筋混凝土反应池，外面加设绝缘层，K 值为 20~25 kJ/(h·m²·℃)。

第四节　厌氧与好氧生物处理联用工艺

厌氧与好氧生物联合处理过程是指在单元生物处理系统或一套生物处理系统流程中既存在好氧生物降解转化，又存在缺氧或厌氧生物降解转化。厌氧与好氧方法相结合是污水生物处理有效的生化技术组合，不但能去除有机物，还能有效去除氮磷。

一、生物脱氮工艺

生物脱氮过程中，污水中的有机氮及氨氮经过氨化作用、硝化反应、反硝化反应，最后转化为氮气，在生物处理系统中应设置相应的好氧硝化段和缺氧反硝化段。生物脱氮技术同污水生化处理工艺一样，根据细菌在处理装置中存在的状态，可分为悬浮活性污泥系统和固着状态的生物膜处理系统两大类。

（一）传统活性污泥法脱氮工艺

1. Barth 三段生物脱氮工艺

此工艺是 1969 年由美国的 Barth 提出的三段生物脱氮工艺，其工艺流程如图 8-11 所示。

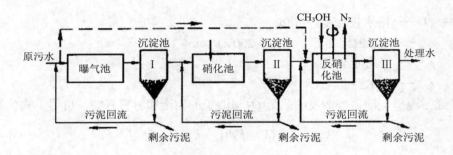

图 8-11 Barth 三段生物脱氮工艺

该工艺以氨化、硝化和反硝化 3 个不同过程为基础。曝气池为一般的二级生物处理曝气池，其功能主要是去除有机物和将有机物氨化；在硝化池中，氨氮被氧化成为亚硝酸盐氮和硝酸盐氮；在反硝化池中，亚硝酸盐氮和硝酸盐氮被转化为氮气而从水中逸出。

三段生物脱氮工艺的优点是使氨化、硝化和反硝化分别在各自的反应器内进行，各自回流污泥，反应进行速度快且彻底，可以获得非常好的脱氮和去除有机物的效果；缺点是流程长、构筑物多、基建费用高，而且需要外加碳源、运行费用高。

2. 缺氧-好氧（A/O）工艺

A/O 工艺于 20 世纪 80 年代初得到开发，其主要特点是将反硝化反应器前置，故又称为前置反硝化生物脱氮系统，是目前应用较多的一种脱氮工艺，典型的 A/O 工艺流程如图 8-12 所示。

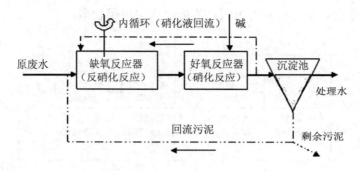

图 8-12 A/O 生物脱氮工艺

该工艺将缺氧和好氧反应器完全分离，沉淀池污泥回流到缺氧反应器，同时从好氧反应器到缺氧反应器增加混合液回流系统。该工艺反硝化反应器在前，反硝化在缺氧条件下完成；硝化反应器在后，在好氧条件下完成含碳有机物的去除、含氮有机物的氨化和氨氮的硝化反应。该工艺中硝化反应需较长的时间，一般设计时不应低于 6 h，而反硝化反应所需时间较短，在 2 h 之内即可完成。硝化与反硝化的水力停留时间比以 3∶1 为宜。工艺的内循环回流比不仅影响脱氮效果，而且也影响该工艺的动力消耗，是一项非常重要的参数，回流比的取值与要求达到的处理效果以及反应器类型有关，适宜的回流比，应通过试验或对运行数据的分析来确定，一般回流比取值不宜低于 200%。好氧反应器内的 MLSS 值，一般应控制在 3 000 mg/L 以上，低于此值，脱氮效果将显著降低。

该工艺的优点是硝化过程中所耗的碱度 50%可在反硝化中得到补偿，对城市污水、生活污水类的含氮不高的污水可不必另行投碱，且流程短，无需外加碳源，建设运行费用低等；其缺点是需要双循环系统，出水中含一定的硝酸盐氮，沉淀池运行不当时易发生二沉池污泥脱氮而使污泥上浮；欲提高脱氮率，须加大混合液回流比，导致运行费用增加，同时使反硝化反应器难以保持理想的缺氧状态，影响反硝化。

3. Bardenpho 脱氮工艺

Bardenpho 脱氮工艺是将三级生物脱氮工艺的中间沉淀池取消，由硝化段和反硝化段工序重复交替排列而组成的完整的脱氮工艺，如图 8-13 所示。

该工艺中有两个缺氧段，第一段以原水中的有机物为碳源与回流中的混合液进行反硝化反应，反应速率较快；第二段中不投加碳源，利用内源呼吸的碳源进行反硝化，速率较低。脱氮在第一缺氧区中已基本完成，系统末端的好氧池用于吹脱污水中的氮气，可提高污泥沉降性能，防止污泥上浮。Bardenpho 脱氮工艺中的硝化和反硝化可以在各自的反应器中进行，也可组合在一个推流式曝气池的不同区域内进行，后一种运行方式在实际工程中应用较多。

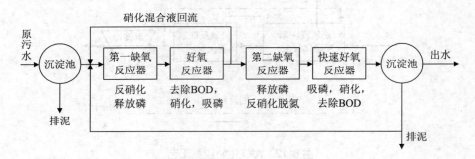

图 8-13 Bardenpho 脱氮工艺

(二) 生物膜脱氮系统

生物脱氮也可以采用生物膜法，只需进行混合液的回流以提供缺氧反应器所需的 NO_3^--N，由于生物膜无需回流污泥，因此生物膜用于脱氮较为经济。目前，已研究开发了浮动床生物膜反应器脱氮系统、浸没式生物膜反应器脱氮系统和三级生物滤池脱氮系统等，但大多处于小试、中试和半生产性实验阶段，因此，新的污水生物膜脱氮技术及其工程应用有待进一步研究。

此外，还有一些新开发的新型脱氮工艺，如：同步硝化-反硝化（SND）脱氮工艺、短程硝化-反硝化脱氮工艺、厌氧氨氧化（ANAMMOX）脱氮工艺、生物电极脱氮工艺等。

二、生物除磷工艺

生物除磷是在厌氧-好氧或厌氧-缺氧交替运行系统中，利用聚磷微生物具有厌氧释磷和好氧（缺氧）超量吸磷的特性，使磷在好氧或缺氧段中的含量大大降低，最终通过排放富磷污泥而达到除磷的目的。生物除磷具有运行成本低，污泥量少等优点，现已逐步在污水除磷处理中得到应用。常用生物除磷工艺主要有 Phostrip 工艺、A_2/O 组合除磷工艺和 AP 除磷工艺等。

(一) Phostrip 工艺

最早的生物除磷工艺是 1965 年 Levin 和 Shapiro 提出的"磷剥离"工艺即"Phostrip"工艺，他们发现在二沉池污泥浓缩池中，处于厌氧态的污泥释放磷，致使浓缩池上清液的含磷量很高，将其撤出加石灰沉淀，然后将释放出磷后的污泥再回流到曝气池，可以使之在好氧状态下再摄取磷，其工艺流程如图 8-14 所示。

第八章 厌氧生物处理法 **279**

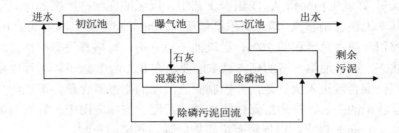

图 8-14 Phostrip 除磷工艺流程

该工艺主流是常规的活性污泥工艺，而在回流污泥过程中增设厌氧释磷池和上清液的化学沉淀池，称为旁路。一部分富含磷的回流污泥（回流比 0.1~0.2）送至厌氧释磷池，释磷后的污泥再回到曝气池进行有机物降解和磷的吸收，用石灰或其他化学药剂对释磷上清液进行沉淀处理。

Phostrip 工艺具有以下主要特点：
① 该工艺是生物除磷与化学除磷的组合工艺，除磷效果良好，出水含磷量一般低于 1 mg/L；
② 产生的污泥中含磷率比较高，为 1%~2%；
③ 可根据 BOD/TP 比值灵活地调节回流污泥与絮凝污泥量的比例；
④ 该组合工艺对污水水质、水量适应性强，稳定性好。

（二）A_2/O 组合除磷工艺

美国学者 Spector 在 1975 年研究活性污泥膨胀的控制问题时，发现厌氧-好氧（A_2/O）工艺不仅可有效地防止污泥的丝状菌膨胀问题，而且具有很好的除磷效果，由此开发了 A_2/O 组合除磷工艺，并于 1977 年获得专利。A_2/O 工艺的基本流程如图 8-15 所示。

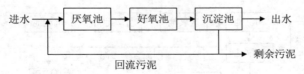

图 8-15 A_2/O 组合除磷工艺流程

在 A_2/O 工艺系统中，聚磷菌在厌氧条件下将细胞中的磷释放，然后在好氧条件下摄取磷，在此循环过程中，聚磷菌得以快速增殖。将吸磷后的增殖聚磷菌作为剩余污泥排出，即可达除磷的目的。

在厌氧-好氧生物除磷 A_2/O 组合工艺中,厌氧池应维持严格的厌氧状态,要求池内基本上没有硝态氮(硝态氮浓度低于 0.2 mg/L),溶解氧浓度低于 0.4 mg/L。厌氧池容积一般占总容积的 20%,厌氧池一般分格,每格都设有搅拌器,维持污泥悬浮状态,厌氧池第一格的硝态氮浓度要求在 0.3 mg/L 以下,运行中要避免好氧池的硝化混合液进入厌氧池,并控制回流污泥的硝态氮含量。厌氧池分格有利于抑制丝状菌的生长,产生沉降性能优越的污泥。实际应用中,好氧池溶解氧浓度控制在 1.0 mg/L 以上,以保障有机底物的降解和磷的吸收。

目前,A_2/O 法已经从单纯除磷向同时去除氮、磷的 A^2/O 法发展。A_2/O 法和 Phostrip 法的典型设计参数见表 8-2。

表 8-2 生物除磷工艺的典型设计参数

设计参数	A_2/O 法	Phostrip 法
污泥负荷/[kg BOD_5/(kg MLSS·d)]	0.2~0.7	0.2~0.5
泥龄/d	2~6	5~15
MLSS/(mg/L)	2 000~4 000	2 000~4 000
水力停留时间/h	—	—
厌氧段/h	0.5~1.5	10~20(放磷池)
好氧段/h	1~3	4~10
污泥回流/%	25~40	50 左右
内循环/%	—	10~20(放磷池)

(三)AP 除磷工艺

由于聚磷菌可直接利用的基质多为挥发性脂肪酸(VFA)类易降解有机基质,若原水中 VFA 类有机质含量较低,则传统 A_2/O 组合工艺除磷效能将受到影响。针对这一问题,Bernard 在传统 A_2/O 组合工艺的基础上提出了 AP(Activated Primary)组合工艺,如图 8-16 所示。

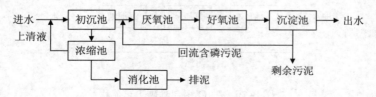

图 8-16 AP 除磷工艺流程示意

AP 组合工艺是通过对初沉污泥的发酵产生乙酸盐等利于聚磷菌利用的低分子量有机基质,进而有利于后面 A_2/O 系统的良好运行,使厌氧段的水力停留时间缩短至 1 h 或更短。

三、生物脱氮除磷工艺

生物脱氮需要好氧、缺氧交替的环境下完成，而生物除磷需要在好氧、厌氧交替的环境下才能完成。在厌氧区，如果存在较多的硝酸盐，反硝化菌会与聚磷菌争夺水中的有机碳源来完成反硝化，影响磷的释放和聚磷菌体内 PHB 的合成，从而影响后续除磷效果。因此，要达到同时脱氮除磷目的，就必须创造微生物需要的好氧、缺氧、厌氧 3 种生理环境。在传统的单泥系统中同时获得氮磷的高效去除，可将除磷和脱氮在空间或时间上分开，在不同反应器或同一反应器的不同时间段分别设置厌氧、缺氧、好氧环境来满足脱氮与除磷要求。通过变更 3 种环境的位置、改变进水或回流方式等手段，开发了以下几种代表性脱氮除磷工艺。

（一）A^2/O 脱氮除磷工艺

A^2/O 工艺是 Anaerobic-Anoxic-Oxic 的简称，其工艺流程如图 8-17 所示，它是生物脱氮工艺和生物除磷工艺的综合。污水首先进入厌氧池，厌氧菌将污水中易降解有机物转化为 VFAs，回流污泥带入的聚磷菌将体内贮存的聚磷分解，所释放的能量一部分可供好氧的聚磷菌在厌氧环境下维持生存，另一部分能量供聚磷菌主动吸收 VFAs，并在体内储存 PHB；其次进入缺氧区，反硝化菌就利用混合液回流带入的硝酸盐以及进水中的有机物进行反硝化脱氮；最后进入好氧区，聚磷菌除了吸收利用污水中残留的易降解 BOD 外，还要通过分解体内贮存的 PHB 产生能量供自身生长繁殖，并主动吸收环境中的溶解磷，以聚磷的形式在体内贮积。

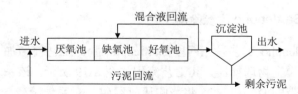

图 8-17 A^2/O 同步脱氮除磷工艺流程

A^2/O 工艺具有以下特点：

① 工艺中 3 种不同的环境条件和不同种类微生物菌群的有机配合，使其具有同时去除有机物、脱氮、除磷的功能；

② 该工艺流程简单，总水力停留时间较小；

③ 在厌氧-缺氧-好氧交替运行下，丝状菌不会大量繁殖，SVI 一般小于 100，不会发生污泥膨胀；

④ 污泥中磷的含量较高，一般达 2.5%以上；

⑤ 沉淀池要防止发生厌氧、缺氧状态以避免聚磷菌释放磷而降低出水水质和反硝化产生氮气而干扰沉淀；

⑥ 脱氮效果受混合液回流比大小的影响，除磷效果受回流污泥中挟带 DO 和硝酸盐氮的影响，因而脱氮除磷效率受到一定限制。

A^2/O 工艺的基本设计参数为：污泥负荷（F/M）$0.15\sim0.7$ kg BOD_5/(kg MLSS·d)，BOD/TN 一般大于 $3\sim5$，BOD/TP 一般大于 10；厌氧区、缺氧区、好氧区 3 池体积比为 1∶2∶4；污泥龄（SRT）为 $4\sim25$ d，MLSS 为 $3\,000\sim5\,000$ mg/L；污泥回流比为 $40\%\sim100\%$。

（二）VIP 脱氮除磷工艺

VIP 脱氮除磷工艺流程如图 8-18 所示，其主要特点是厌氧、缺氧和好氧 3 个反应器都是由多个完全混合反应器串联组成的，形成了有机物的梯度分布，从而提高了厌氧池释磷和好氧池摄磷的速度，降低了反应器总容积。

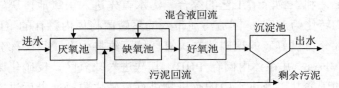

图 8-18　VIP 脱氮除磷工艺流程

（三）改良 Bardenpho 脱氮除磷工艺

五阶段 Bardenpho 工艺是在四段 Bardenpho 脱氮工艺前增加一个厌氧段，前置厌氧池也可作为生物选择器，其工艺流程如图 8-19 所示。该系统回流污泥直接进入厌氧池，挟带的 DO 和 NO_3^- 将影响厌氧释磷，对系统除磷效果有较大影响。同时，该工艺处理单元多，运行繁琐，前期投资与运行管理费用均较高。

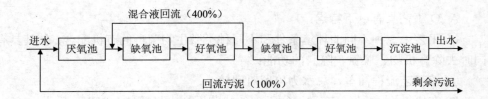

图 8-19　五阶段 Bardenpho 脱氮除磷工艺

(四) SBR 脱氮除磷工艺

通过 SBR 工艺运行工序的控制操作，合理调节运行周期，可在时间上形成厌氧、缺氧、好氧交替运行环境，从而实现污水的脱氮除磷。

1．SBR 脱氮除磷运行工序

SBR 脱氮除磷运行工序如图 8-20 所示，该工序能同时去除污水中有机污染物、脱氮和除磷。在阶段Ⅰ污水流入时，启动潜水搅拌设备，以保持厌氧状态（DO 小于 0.2 mg/L），污水与前一周期留在池内的污泥充分混合，聚磷菌释放磷；阶段Ⅱ进行有机物生物降解、氨氮硝化和聚磷菌好氧摄磷，一般曝气时间应大于 4 h，以保证充分硝化；阶段Ⅲ生化池处于缺氧状态，进行反硝化脱氮，该阶段一般历时在 2 h 以上；阶段Ⅳ沉淀排泥，该阶段先进行泥水分离，然后排放剩余高磷污泥。一个运行周期一般为 10~14 h。

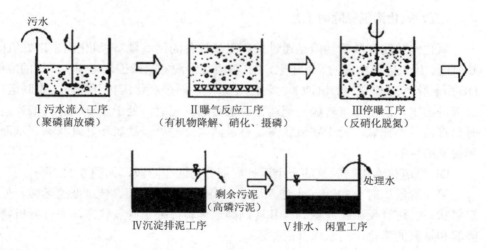

图 8-20　SBR 脱氮除磷运行工序

2．SBR 脱氮除磷过程的特点

SBR 在全程周期中，厌氧、缺氧、好氧状态交替出现，可以最大限度地满足生物脱氮除磷的环境条件。在进水期后段和反应期的好氧状态下，可以根据需要提供曝气量、延长好氧时间与污泥龄，来强化硝化反应，并保证聚磷菌过量吸磷。在停止曝气的沉淀期和排水期，系统处于缺氧或厌氧状态，可发生反硝化脱氮和厌氧释磷过程，为了延长周期内的缺氧或厌氧时段，增强脱氮除磷效能，也可在进水期和反应后期采用限制曝气或半限制曝气，或进水搅拌以促使聚磷菌充分释磷。

3. SBR 工艺的改进

传统 SBR 工艺脱氮除磷效果不理想,在工程应用中存在一定的局限性,因此发展了各种新形式的 SBR 变形工艺,如 CAST(CASS)工艺,它将传统的 SBR 池分为生物选择器(又称为预反应区)、缺氧区和好氧区 3 个功能区,且可连续进水,提高了脱氮除磷效果。再如 ICEAS 工艺,是在 CASS 基础上改进而来的,其反应池只分为预反应区和主反应区两个功能区,运行更为简单,主反应区与预反应区之间没有隔墙,底部有较大的涵孔,污水以较低流速由预反应区连续进入主反应区。当主反应区排泥时,先排放剩余污泥,然后将部分污泥回流至预反应区,这种运行方式具有以下优点:一是当主反应区处于停止曝气进行反硝化时,连续进入的污水可提供反硝化所需的碳源,从而提高了脱氮效果;二是当主反应区处于沉淀或滗水阶段,连续进入的污水可进入厌氧污泥层,为聚磷菌释放磷提供所必需的碳源,因而可提高系统的除磷效率。

(五)氧化沟脱氮除磷工艺

氧化沟的脱氮除磷功能是通过控制曝气设备的供氧量,使氧化沟出现好氧区、缺氧区、厌氧区而实现的。近年来,DE 型氧化沟脱氮除磷工艺得到了广泛的应用。DE 型氧化沟有独立的二沉池和污泥回流系统,两个氧化沟相互连通,串联运行,交替进出水,沟内曝气转刷高速运行时进行曝气充氧,处于好氧状态;低速运行时只推流、不充氧,处于缺氧状态。通过两沟交替处于缺氧和好氧状态,从而达到脱氮的目的。

DE 型氧化沟生物脱氮的一个运行周期分为四个阶段,如图 8-21 所示。

第一阶段历时 1.5 h。污水进入沟Ⅰ,沟Ⅰ出水堰关闭、转刷低速运转,处于缺氧状态,进行反硝化脱氮。沟Ⅱ转刷高速运转,处于好氧状态,进行有机物的降解和氨氮的硝化,出水堰开启排水。

第二阶段为过渡期,历时较短,仅为 0.5 h。污水进入沟Ⅰ,沟Ⅰ和沟Ⅱ内转刷均处于高速运转。沟Ⅰ出水堰关闭,沟Ⅱ出水堰开启排水。在该阶段,沟Ⅰ和沟Ⅱ均为好氧区,进行硝化。

第三阶段与第一阶段相反,沟Ⅰ为好氧硝化区,沟Ⅱ为缺氧反硝化区,沟Ⅱ出水堰关闭,沟Ⅰ出水堰开启排水。该阶段历时为 1.5 h。

第四阶段历时与第二阶段相同,两沟状态与第二阶段相反。

根据实际情况,改变运行周期(4~8 h)与运行工序,就可得到不同的脱氮效果。

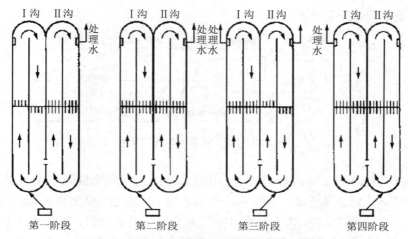

图 8-21 DE 型氧化沟生物脱氮的运行周期

如在氧化沟前增设厌氧池，如图 8-22 所示，则可同时达到脱氮除磷的目的。

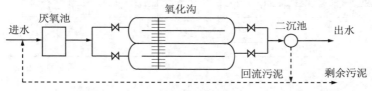

图 8-22 DE 氧化沟生物脱氮除磷工艺流程

（六）反硝化脱氮除磷工艺

由于传统的生物脱氮除磷工艺存在着硝酸盐影响释磷等问题，为了解决脱氮除磷的矛盾，国内外学者提出了一些新的理论与工艺，其中最受重视的就是反硝化除磷技术。反硝化除磷是用厌氧、缺氧交替环境来代替传统的厌氧、好氧环境，驯化培养出一种以硝酸根作为最终电子受体的反硝化聚磷菌，通过它们的代谢作用来同时完成过量吸磷和反硝化过程，从而达到脱氮除磷的双重目的。

反硝化除磷工艺处理城市污水，不仅可节省曝气量，而且还可减少剩余污泥量，使投资和运行费用得以降低。反硝化脱氮除磷反应器分为单污泥和双污泥系统，目前较典型的双污泥系统有 A_2N 工艺、Dephanox 工艺和 HITNP 工艺，单污泥系统的代表则是 UCT 工艺。

UCT（Uni-versity of Cape Town）组合工艺如图 8-23 所示。该工艺的最终沉淀池污泥回流到缺氧池，通过缺氧反硝化作用使硝酸盐氮大大减少，再增加缺氧池到厌氧池的缺氧池混合液回流，可以防止硝酸盐氮的进入破坏厌氧池的厌氧状态而影响系统的除磷效率。

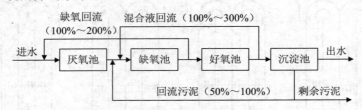

图 8-23　UCT 脱氮除磷工艺流程

A_2N（Anaerobic-Anoxic-Nitrification）连续流反硝化脱氮除磷工艺流程如图 8-24 所示，它是基于缺氧吸磷的理论而开发的新工艺，是生物膜法和活性污泥法相结合的双污泥系统。与传统的生物脱氮除磷工艺相比较，A_2N 工艺具有"一碳两用"、曝气和回流所耗费的能量少、污泥产量低、稳定性好、效率高以及各种不同菌群各自分开培养等优点，已受到人们的高度重视。

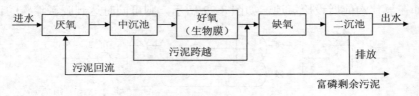

图 8-24　A_2N 反硝化脱氮除磷工艺流程

思考题

1．厌氧生物处理的基本原理是什么？影响厌氧生物处理的主要因素有哪些？
2．试比较几种厌氧处理方法的优缺点及适用条件。
3．试述 UASB 反应器的构造和运行特点。
4．试述三相分离器的种类、结构及其设计要点。
5．IC 反应器有何特点？与传统工艺相比有哪些改进？
6．对比单相厌氧过程和两相厌氧过程的不同，指出两相厌氧过程相对于单相厌氧过程的优点。
7．厌氧、好氧、缺氧有哪些异同点？
8．某地区设计人口为 80 000 人，人均日污水量为 100 L，污泥含水率为 95%，试估算完全混合污泥消化池的有效容积。
9．请概括各种厌氧、缺氧、好氧组合工艺的特点，指出传统生物脱氮与生物除磷过程的矛盾，如何解决？

第九章 自然净化处理

污水排入自然环境后，在水体或土壤微生物作用下，其中的有机污染物被氧化分解，污水得到净化。利用这种生物化学转化的自净原理对有机污水进行净化处理的方法称为自然生物处理法或自然条件下的生物处理法，通常包括水体净化处理（稳定塘）和土地净化处理两大类型。

第一节 稳定塘

稳定塘又称为氧化塘或生物塘，是一种天然的或经过一定人工修整的污水处理构筑物。稳定塘对污水的净化过程与自然水体的自净过程相似，是一种利用天然净化环境或简单工程，主要依靠自然生物净化过程使污水得到净化的一种生物处理技术。

一、稳定塘的净化原理

稳定塘是由生物和非生物两部分构成的复杂的半人工生态系统，其中生物生态系统部分主要有细菌、藻类、原生动物、后生动物、水生植物和高等水生动物等组成，这些生物在稳定塘中生存，并对污水起净化作用；非生物部分主要包括光照、风力、温度、有机负荷、pH 值、溶解氧、二氧化碳、氮和磷等营养元素等。

稳定塘内存在不同类型的生物，构成了不同特点的生态系统，最基本的生态结构为菌藻共生体系，其他水生植物和水生动物都只起辅助净化的作用。正是菌藻共生关系的存在，使得生物塘中可以同时进行有机物的好氧氧化分解、厌氧消化和光合作用，前两个过程以好氧细菌和厌氧细菌的作用为主，而后者则以藻类和水生植物的作用为主。水中的溶解性有机物被好氧细菌分解，其所需的溶解氧通过大气扩散作用进入水体或通过人工曝气方式加以补充，还有相当一部分溶解氧是由藻类和水生植物进行光合作用释放提供的。藻类光合作用所需的二氧化碳则可由细菌分解有机物过程中的代谢产物提供。悬浮状的有机物和稳定塘中生物残骸沉积到塘底形成污泥,在厌氧细菌作用下分解成有机酸、醇、氨等,其中一部分可进入上层好氧层被继续氧化分解,另一部分被污泥中的甲烷细菌分解成甲烷。

稳定塘生态系统中的非生物组成部分也起着重要作用,光照影响藻类的生长及水中溶解氧的浓度,温度会影响微生物的代谢作用,有机负荷则对塘内细菌的繁殖及氧、二氧化碳含量产生影响,pH 值、营养元素等其他因子也可能成为制约因素。

总的来说,污水在稳定塘停留过程中,污染物质(主要是有机污染物)经过稀释、沉淀、絮凝、好氧微生物的氧化或厌氧微生物分解作用以及浮游生物的光合作用而被去除或稳定。

二、稳定塘的类型

根据水中溶解氧状况不同,以及其中主体微生物属性及相应生物化学反应的不同,稳定塘分为好氧塘、兼性塘、厌氧塘和曝气塘 4 种类型,而由不同类型稳定塘组合成的塘称为复合稳定塘。

(一)好氧塘

好氧塘是一类在有氧状态下净化污水的稳定塘,依靠藻类光合作用和塘表面风力搅动自然复氧供氧,全部塘水呈好氧状态,塘内的好氧型异养细菌利用水中的氧,通过好氧代谢氧化分解有机污染物并合成本身的细胞质(细胞增殖),其代谢产物 CO_2 则是藻类光合作用的碳源。其净化机理如图 9-1 所示。

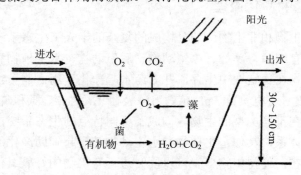

图 9-1 好氧塘作用机理示意

藻类光合作用使塘水的溶解氧和 pH 值呈昼夜变化。白昼,藻类光合作用释放的氧,超过细菌降解有机物的需氧量,此时塘水的溶解氧浓度高,可达到饱和状态;夜间,藻类停止光合作用,且由于生物的呼吸消耗氧,水中的溶解氧浓度下降，凌晨时达到最低。好氧塘的 pH 值与水中 CO_2 浓度有关，白天，藻类光合作用使 CO_2 降低，pH 值上升；夜间，藻类停止光合作用，细菌降解有机物的代谢没有中止，CO_2 累积，pH 值下降。

通常好氧塘水深一般为 0.5 m 左右，不大于 1 m，污水停留时间一般为 2~6 d，适用于处理 BOD_5 小于 100 mg/L 的污水，其出水溶解性 BOD_5 低而藻类固体含量高，因而往往需要补充除藻处理工程。

（二）兼性塘

兼性塘是指在上层有氧、下层无氧的条件下净化污水的稳定塘，是最常用的塘型。兼性塘的有效水深一般为 1.0~2.0 m，通常由三层组成，上部好氧层、中部兼性层和底部厌氧层，如图 9-2 所示。

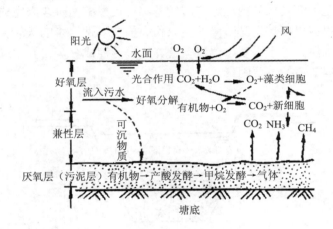

图 9-2 兼性塘净化机理示意

阳光对塘水的透射深度小于 0.4~0.5 m，上层阳光可透入，藻类的生长不受限制，藻类光合作用供氧充足，水中溶解氧含量较高，尤其在白天能达到饱和，为好氧生物的生命活动提供了良好的环境条件，形成好氧微生物活动带，称为好氧层；而底层为沉淀物和藻类及细菌等生物残体，由于缺氧，主要发生厌氧发酵反应，称为厌氧层；在好氧层和厌氧层中间存在兼性层，此层存活兼性微生物，既能利用分子氧进行好氧反应，又能在无分子氧条件下进行无氧代谢。兼性区的塘水溶解氧较低，且时有时无，一般白天光合作用较强时有溶解氧存在，而在夜间处于厌氧状态。

兼性塘中的上述 3 个区域并不是截然分开的，而是通过物质与能量的转化形成相互利用的关系。在厌氧层产生的代谢产物向上扩散运动经过其他两层时，所生成的有机酸可被兼性菌和好氧菌吸收降解，CO_2 被好氧层的藻类利用，CH_4 则逸散进入大气；好氧层的藻类死亡之后沉淀到厌氧层，由厌氧菌对其进行分解。

兼性塘去除污染物的范围比好氧塘广，它不仅可去除一般的有机污染物，还可有效地去除氮、磷等营养物质和某些难降解的有机污染物，常被用于处理小城镇的原污水以及中小城市污水处理厂一级沉淀处理后出水或二级生化处理后的出水，也可用于处理石油化工、有机化工、印染、造纸等工业污水，接在曝气塘或厌氧塘之后作为二级处理塘使用。

（三）厌氧塘

厌氧塘是一类在无氧状态下净化污水的稳定塘，其净化机理与污水的厌氧生物处理相同，如图 9-3 所示。厌氧塘对有机污染物的降解，与所有的厌氧生物处理工艺相同，是由两类厌氧菌通过产酸发酵和甲烷发酵两阶段来完成的。厌氧塘的设计和运行也应以甲烷发酵阶段的要求作为控制条件。影响厌氧塘处理效率的因素有气温、水温、进水水质、浮渣、营养比、污泥成分等，其中气温和水温是影响厌氧塘处理效率的主要因素。

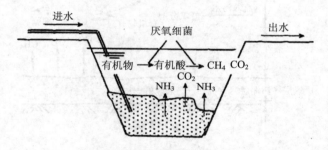

图 9-3　厌氧塘作用机理示意

厌氧塘深度一般在 2.5 m 以上，有的深达 4~5 m，一般作为预处理工段与其他稳定塘组成厌氧-好氧（兼性）稳定塘系统，即厌氧塘通常设置于稳定塘系统的首端，以减少后续各处理单元的有机负荷。厌氧塘主要用于处理水量小、浓度高的有机污水，如屠宰废水、禽蛋废水、制浆造纸废水等，也可用于处理城市污水。

（四）曝气塘

曝气塘采用人工曝气向塘内供氧，塘深在 2 m 以上，全部塘水具有溶解氧，由好氧微生物起净化作用，污水停留时间较短，是一种人工强化和自然净化相结合的形式，适用于土地面积有限、不足以建成完全以自然净化为特征的塘系统。

曝气塘 BOD_5 的去除率为 50%～90%，但由于出水中常含有大量活性或惰性微生物体，因而曝气塘出水不宜直接排放，一般需后接其他类型的稳定塘或生物固体沉淀分离设施进一步处理。

以上四种稳定塘的特点和适用条件见表 9-1。

表 9-1　常用稳定塘的比较

项目	好氧塘	兼性塘	厌氧塘	曝气塘
优点	① 池塘浅、溶解氧高，菌藻共生、活跃 ② 基建投资少，运行费用低 ③ 处理效果较好 ④ 管理方便	① 基建投资和运行费用低 ② 塘中分不同区域，有不同的作用，耐冲击负荷 ③ 处理效果较好 ④ 管理简便	① 耐冲击负荷 ② 占地少 ③ 所需动力少 ④ 储泥多，且起到一定的浓缩消化作用	① 耐冲击负荷较强 ② 体积较小，占地省 ③ 所产生气味小 ④ 处理程度高
缺点	① 池面大、占地多 ② 出水中藻类含量高，需进行后处理 ③ 产生一定臭味	① 池面大、占地较多 ② 出水水质不稳定，有波动 ③ 夏季运行常有漂浮污泥 ④ 产生一定臭味	① 对温度要求较高 ② 产生臭味大	① 出水中含固体物质高 ② 运行费用高 ③ 易起泡沫
适用条件	① 去除营养物 ② 去除溶解性有机物 ③ 处理生化二级出水	① 适于城市污水和工业污水 ② 适于小城镇污水处理	适宜处理温度高、有机物浓度高的污水	适宜处理城市污水和工业污水

三、稳定塘的设计

（一）稳定塘的设计要点

（1）城市规划或现状中有池塘、洼地等可供污水处理利用，且在城镇水体下游，并应设在居民区下风向 200 m 以外，以防止散发的臭气影响居民区。此外，不应设在距机场 2 km 以内的地方，以防鸟类到塘中觅食、聚集，对飞机航行构成危险。

（2）稳定塘至少应分为两格。

（3）污水进入稳定塘前，宜经过一定预处理。

（4）稳定塘可接在其他生物处理工序之后，也可用作二级生物处理，稳定塘可单塘运行，也可多级串联运行。

（5）当稳定塘多级串联运行时，未经过沉淀处理后的污水，串联级数一般不少于 3 级；经过处理后的污水，串联运行可为 1～3 级。

（6）稳定塘的超高不小于 0.9 m，稳定塘应采用防止污染地下水源和周围环境的防渗措施，并应妥善处理污泥。

（7）塘的衬砌应在设计水位上下各 0.5 m 以上，若需防止雨水冲刷时，塘的衬砌应做到堤顶。

（8）在有冰冻的地区，背阴面的衬砌应注意防冻。若筑堤土为黏土时，在结冰水位以上应置换为非黏性土。

（9）设计时应注意配水、集水均匀，避免短流、沟流及混合死区。为此可采用多点进水和出水，并使进口、出口之间的直线距离尽可能大，进口、出口的方向避开当地主导风向等。

（二）设计参数

设计中参数的选择应根据试验或相近地区污水氧化塘的运行资料，在无资料的情况下，则要结合本地区具体实际，参考以下所列参数进行选择。

1. 好氧塘设计参数

好氧塘相关设计参数见表 9-2。

表 9-2 典型好氧稳定塘设计参数

项目	普通好氧塘	高负荷好氧塘	熟化好氧塘（深度处理塘）
BOD_5 负荷/[kg/（万 $m^2 \cdot d$）]	40~120	80~160	<5
水力停留时间/d	10~40	4~6	5~20
水深/m	0.5~1	0.3~0.45	0.5~1
pH 值	6.5~10.5	60.5~10.5	6.5~10.5
温度范围/℃	0~30	5~30	0~30
BOD_5 去除率/%	80~95	80~90	60~80
藻类浓度/（mg/L）	40~100	100~260	5~10
出水悬浮固体/（mg/L）	80~140	150~300	10~30

2. 兼性塘设计参数

采用兼性塘处理城市污水时，设计参数见表 9-3。

表 9-3 兼性塘面积负荷与水力停留时间

冬季最冷月年均气温/℃	≥15	10~15	0~10	-10~0	-20~-10	<-20
BOD_5 负荷/[kg/（万 $m^2 \cdot d$）]	70~100	50~70	30~50	20~30	10~20	<10
水力停留时间/d	≥7	20~7	40~20	120~40	150~120	180~150

3. 厌氧塘设计参数

厌氧塘作为预处理与好氧塘或兼性塘组成稳定塘系统，能较好地应用于处理小量高浓度有机污水。BOD_5 面积负荷 200～2 000 kg/（万 $m^2·d$）[一般选用 200～400 kg/（万 $m^2·d$）]，BOD_5 去除率为 50%～70%。城市污水在厌氧塘的水力停留时间 2～6 d，有效水深 3～6 m。

（三）稳定塘计算公式

稳定塘最常用的设计方法是根据表面有机负荷设计塘的面积，然后再相应确定塘结构的其他尺寸，校核停留时间，表 9-4 列出了稳定塘的基本计算公式。

表 9-4 稳定塘基本计算公式

计算内容	计算公式	符号说明
①塘的总面积	$A = \dfrac{QS_0}{N_S}$	A —— 氧化塘的有效面积，m^2； Q —— 进水设计流量，m^3/d； S_0 —— 进水 BOD_5 浓度，mg/L； N_S —— BOD_5 面积负荷，g/（$m^2·d$）
②单塘有效面积	$A_1 = \dfrac{A}{n}$	A_1 —— 氧化塘的有效面积，m^2； n —— 稳定塘个数
③单塘水面长度	$L_1 = \sqrt{RA_1}$	L_1 —— 单塘水面长度，m^2； R —— 池水面的长宽比例
④单塘水面宽度	$b_1 = \dfrac{1}{R}L_1$	b_1 —— 单塘水面宽度，m
⑤单塘有效容积（有斜坡的长方形塘）	$V_1 = \dfrac{[(L_1 b_1) + (L_1 - 2sh_1)(b_1 - 2sh_1) + 4(L_1 - sh_1)(b_1 - sh_1)]h_1}{6}$	V_1 —— 单塘有效容积，m^3； h_1 —— 单塘有效深度，m； s —— 水平坡度系数，例如坡度为 3∶1 时，$s=3$
⑥水力停留时间	$HRT = \dfrac{nV_1}{Q}$	HRT —— 水力停留时间，d
⑦单塘长度	$L = L_1 + 2s(h - h_1)$	L —— 单塘长度，m； H —— 塘总深度，m
⑧单塘宽度	$b = b_1 + 2s(h - h_1)$	b —— 单塘宽度，m
⑨单塘容积	$V_2 = \dfrac{[Lb + (L_1 - 2sh)(b - 2sh) + 4(L - sh)(b - sh)]h}{6}$	V_2 —— 单塘容积，m^3
⑩塘总容积	$V = nV_2$	V —— 塘的总容积，m^3

出水有机物的浓度 S_e（mg/L）可根据以下经验公式计算：

$$S_e = 16.3 S_0^{0.7} (\text{HRT})^{-0.44} t^{-0.66} \qquad (9\text{-}1)$$

（四）设计计算举例

【例 9-1】已知条件：污水量 Q=6 000 m³/d；进水 BOD$_5$ 值 S_0=150 mg/L；出水 BOD$_5$ 值 S_e≤30 mg/L；冬季平均气温为 -6℃。试用面积负荷法计算兼性塘。

【解】选用 2 个相同系统，每个系统由 3 个塘串联。一塘 BOD$_5$ 面积负荷 N_S' 选用 50 kg/（万 m²·d），总塘负荷 N_S 选用 30 kg/（万 m²·d）。

（1）BOD$_5$ 总量

$$\text{BOD}_5 \text{总量} = QS_0 = 6\,000 \times 0.15 = 900 \text{（kg/d）}$$

（2）塘水面面积 A

一塘水面有效面积：

$$A_1' = \frac{\text{BOD}_5\text{总量}}{N_S'} = \frac{900}{50} \times 10^4 = 18 \times 10^4 \text{（m}^2\text{）}$$

总塘水面有效面积：

$$A = \frac{\text{BOD}_5\text{总量}}{N_S} = \frac{900}{30} \times 10^4 = 30 \times 10^4 \text{（m}^2\text{）}$$

每个系统一塘水面有效面积：

$$A_1 = \frac{A_1'}{2} = \frac{18 \times 10^4}{2} = 9 \times 10^4 \text{（m}^2\text{）}$$

每个系统其他二、三塘有效面积相同，则：

$$A_2 = A_3 = \frac{(A - A_1')}{2 \times 2} = \frac{30 \times 10^4 - 18 \times 10^4}{4} = 3 \times 10^4 \text{（m}^2\text{）}$$

（3）塘尺寸

设塘长宽比 R=3，边坡系统 s=2.5，一塘有效水深 d_1'=2 m，二、三塘有效水深 $d_2'=d_3'$=2.5 m，超高 1 m；一塘总深 d_1=3 m，二、三塘总深 $d_2=d_3$=3.5 m。第一氧化塘有效面积与水面长和宽的关系为：

$$A_1 = L_1' B_1' = L_1' \times \frac{L_1'}{3} = \frac{L_1'^2}{3}$$

式中，L_1' 为氧化塘水面长，B_1' 为水面宽。

解出水面长：

$$L_1' = \sqrt{3 A_1} = \sqrt{3 \times 9 \times 10^4} = 519.6 \approx 520 \text{（m）}$$

氧化塘水面宽：

$$B_1' = \frac{520}{3} = 173.3 \approx 173 \text{（m）}$$

塘长：

$$L_1 = L_1' + 2s(d_1 - d_1') = 520 + 2 \times 2.5 \times (3-2) = 525 \text{（m）}$$

塘宽：

$$B_1 = B_1' + 2s(d_1 - d_1') = 173 + 2 \times 2.5 \times (3-2) = 178 \text{（m）}$$

二、三塘尺寸：

塘水面长：

$$L_2' = \sqrt{3A_2} = \sqrt{3 \times 3 \times 10^4} = 300 \text{（m）}$$

塘水面宽：

$$B_2' = \frac{300}{3} = 100 \text{（m）}$$

塘长：

$$L_2 = L_2' + 2s(d_2 - d_2') = 300 + 2 \times 2.5 \times (3.5 - 2.5) = 305 \text{（m）}$$

塘宽：

$$B_2 = B_2' + 2s(d_2 - d_2') = 100 + 2 \times 2.5 \times (3.5 - 2.5) = 105 \text{（m）}$$

三塘与二塘尺寸相同。

（4）塘容积 V

一塘单塘有效容积：

$$V_1' = [L_1'B_1' + (L_1' - 2sd_1')(B_1' - 2sd_1') + 4(L_1' - sd_1')(B_1' - 2sd_1')] \times \frac{d_1'}{6}$$

$$= [520 \times 173 + (520 - 2 \times 2.5 \times 2) \times (173 - 2 \times 2.5 \times 2) + 4 \times (520 - 2.5 \times 2) \times (173 - 2.5 \times 2)] \times \frac{2}{6} \approx 173\,057 \text{（m}^3\text{）}$$

一塘单塘总容积：

$$V_1 = [525 \times 178 + (525 - 2 \times 2.5 \times 3) \times (178 - 2 \times 2.5 \times 3) + 4 \times (525 - 2.5 \times 3) \times (178 - 2.5 \times 3)] \times \frac{3}{6} \approx 264\,758 \text{（m}^3\text{）}$$

二、三塘有效容积：
$$V_2' = V_3' = [300 \times 100 + (300 - 2 \times 2.5 \times 2.5) \times (100 - 2 \times 2.5 \times 2.5) +$$
$$4 \times (300 - 2.5 \times 2.5) \times (100 - 2.5 \times 2.5)] \times \frac{2.5}{6} \approx 68\,880 \; (m^3)$$

二、三塘单塘容积：
$$V_2 = V_3 = [305 \times 105 + (305 - 2 \times 2.5 \times 3.5) \times (105 - 2 \times 2.5 \times 3.5) +$$
$$4 \times (305 - 2.5 \times 3.5) \times (105 - 2.5 \times 3.5)] \times \frac{3.5}{6} \approx 99\,889 \; (m^3)$$

（5）水力停留时间 t

一塘停留时间：
$$t_1 = \frac{2V_1'}{Q} = \frac{2 \times 173\,057}{6\,000} \approx 58.7 \,(d)$$

二、三塘停留时间：
$$t_2 = \frac{4V_2'}{Q} = \frac{4 \times 68\,880}{6\,000} \approx 45.9 \,(d)$$

总停留时间：$t = t_1 + t_2 = 104.6$（d）（在推荐范围内）

（6）兼性塘占地面积
$$\sum A = 2 \times L_1 \times B_1 + 4 \times L_2 \times B_2$$
$$= 2 \times 525 \times 178 + 4 \times 305 \times 105 = 315\,000 \,(m^2) = 472.5 \,(亩)$$

第二节 土地处理系统

土地处理系统也称土地灌溉系统和草地灌溉系统，此系统是将经适当预处理的污水有控制地投配到土地上，利用土壤－微生物－植物生态系统的自净功能和自我调控机制，通过一系列物理、化学和生物化学等过程，使污水达到预定处理效果的一种污水处理系统。该系统由污水预处理、水量调节与储存、配水与布水、土地处理田间工程、排水和监测等6部分组成，其中土地处理田间工程是其核心环节。土地处理系统具有以下优点：① 处理成本低廉，基建投资少，运行费用低；② 运行简便，易于操作管理，节省能源；③ 污水处理与农业利用相结合，能够充分利用水肥资源；④ 能绿化土地，促进生态系统的良性循环；⑤ 污泥得到充分利用，二次污染小。

一、土地处理的机理及过程

（一）净化机理

污水流经土壤得以净化的过程极为复杂，其净化机理是多种作用、多种过程的综合过程。

1. 土壤的物理作用

（1）过滤

污水流经土壤，其中的悬浮态污染物质被土壤团聚颗粒间的孔隙所截留，污水得到净化。影响土壤物理过滤效果的因素有团聚颗粒的大小、颗粒间孔隙的形状和大小、孔隙的分布以及污水中悬浮颗粒的性质、多少与大小等。

（2）沉淀

土层本身相当于一个有巨大比表面积的沉淀池，因此污水中的污染物可以在土壤团聚颗粒表面上沉淀而被去除。

（3）吸附

在非极性分子间范德华力的作用下，土壤中黏粒能吸附土壤溶液中的中性分子；污水中的部分重金属离子可因阳离子交换作用而被置换，吸附并生成难溶性物质被固定在矿物晶格中；土壤中的黏粒、腐殖质和矿物质具有强烈的吸附活性，能吸附污水中多种溶解性污染物。

2. 土壤的化学作用

土壤层是一个能容纳各种物质和催化剂的化学反应器，并始终保持动态平衡。当污水进入土壤层时，污染物导致土层中的平衡体系被破坏，则土层内发生一系列的氧化还原、吸附、离子交换、络合等反应，使进入的污染物质或被氧化、还原，或被吸附、吸收，或变为难溶性的沉淀等，重新建立新的平衡，在这一过程中，污水得以净化。例如金属离子可与土壤中的无机和有机胶体颗粒生成螯合化合物；有机物与无机物的复合而生成复合物；调整、改变土壤的氧化还原电位，能够生成难溶性硫化物；改变 pH 值，能够生成金属氢氧化物；某些化学反应还能够生成金属磷酸盐等物质，沉积于土壤之中。

3. 土壤的物理化学作用

土壤中的黏土、腐殖质构成了复杂的胶体颗粒体系，而各种污染物大多是以胶体状态存在于污水中，当污水进入土层，原来两个各自独立的体系便构成新的胶体体系。由于电解质平衡体系的破坏和土壤层中腐殖质等高分子物质的不饱和特性，导致在新的体系中发生一系列的胶体颗粒的脱稳、凝聚、絮凝和相互吸附等物理化学过程，从而使污水得到净化。

4. 土壤的生物作用

在土壤环境中生长着大量的细菌、真菌、酵母菌、原生动物、后生动物、腔肠动物、各种昆虫等，并存在一个丰富的土壤微生物酶系，通过微生物的降解和吸收，污水中的有机质及氮和磷等营养素部分转化为有机质贮存在生物体内，从而与水分离。

（二）主要污染物的去除途径

1. BOD_5 的去除

BOD_5 的去除机理包括过滤、吸附和生物氧化作用。污水进入土地处理系统以后，BOD_5 经过土壤表层区的过滤、吸附作用被截留下来，然后通过土层中的微生物（如细菌、真菌、酵母、霉菌、原生动物、后生动物等）氧化作用将其降解，并合成微生物新细胞。

2. 氮和磷的去除

在土地处理中，氮主要通过植物吸收，微生物脱氮（氨化、硝化、反硝化），挥发、渗出（氨在碱性条件下逸出、硝酸盐的渗出）等方式被去除，其去除率受作物的类型、生长期、对氮的吸收能力以及土地处理工艺等因素影响。

磷主要通过植物吸收、化学反应和沉淀（与土壤中的钙、铝、铁等离子形成难溶的磷酸盐）、物理吸附和沉积（土壤中的黏土矿物对磷酸盐的吸附和沉积）、物理化学吸附（离子交换、络合吸附）等方式被去除，其去除效果受土壤结构、阳离子交换容量、铁铝氧化物和植物对磷的吸收等因素影响。

3. 悬浮物质的去除

污水中的悬浮物质是依靠作物和土壤颗粒间的孔隙截留、过滤去除的。土壤颗粒的大小、颗粒间孔隙的形状、大小、分布和水流通道，以及悬浮物的性质、大小和浓度等都影响对悬浮物的截留过滤效果。

4. 病原体的去除

污水经土壤过滤后，水中大部分的病菌和病毒可被去除，去除率可达 92%～97%。其去除率与选用的土地处理系统工艺有关，其中地表漫流的去除率略低，但若有较长的漫流距离和停留时间，可达到较高的去除效率。

5. 重金属的去除

重金属主要通过物理化学吸附、化学反应与沉淀等途径被去除，比如，重金属离子在土壤胶体表面进行阳离子交换而被置换、吸附，并生成难溶性化合物被固定于矿物晶格中；重金属与某些有机物生成可吸性螯合物被固定于矿物晶格中；重金属离子与土壤的某些组分进行化学反应，生成金属磷酸盐和有机重金属等沉积于土壤中。

二、土地处理的工艺类型

土地处理工艺类型较多,主要有慢速渗滤系统、快速渗滤系统、地表漫流系统、地下渗滤系统和湿地处理系统等,其中湿地处理系统在本章第三节中介绍。

(一) 慢速渗滤系统

慢速渗滤系统(SR)是将污水投配到种有作物的土壤表面,污水在流经地表土壤-植物系统时得到充分净化的一种土地处理工艺类型,如图9-4所示。在慢速渗滤系统中,植物可吸收污水中的水分和营养成分,通过土壤-微生物-作物对污水进行净化,部分污水蒸发和渗滤,流出处理场地的水量一般为零,是土地处理技术中经济效益最大、水和营养成分利用率最高的一种类型。

图 9-4 慢速渗滤系统

慢速渗滤系统有农业型和森林型两种,适用于渗水性良好的土壤、砂质土壤及蒸发量小、气候润湿的地区,对于村镇生活污水和季节性排放的有机工业废水的处理比较合适。慢速渗滤系统的污水投配负荷一般较低,投配方式可采用畦灌、沟灌及可升降的或可移动的喷灌系统,渗滤速度慢,故污水净化效果好,出水水质优良。

(二) 快速渗滤系统

快速渗滤系统(RI)是将污水有控制地投配到具有良好渗滤性的土壤表面,污水在向下渗滤的过程中,借生物氧化、沉淀、过滤、氧化还原和硝化、反硝化等过程而得到净化的一种污水土地处理系统,如图9-5所示。

快速渗滤的作用机理与间歇运行的"生物砂滤池"相似,通常淹水、干化交替运行,以便使渗滤池处于厌氧和好氧交替运行状态,依靠土壤微生物将被土壤截留的溶解性和悬浮有机物进行分解,使污水得以净化。污水快速渗滤系统是污水土地处理系统的一种基本类型,其BOD_5、COD、氨氮及磷的去除率都比较高,而且系统的水力负荷和有机负荷较其他类型的土地处理系统高得多,且投资少,管理方便,土地面积需求量小,可常年运行。但其对水文水质条件的要求更为严格,场地和土壤条件决定了快速渗滤系统的适用性;而且它对总氮的去除率不高,处理出水中的硝态氮可能导致地下水污染,因此污水应进行适当预处理。

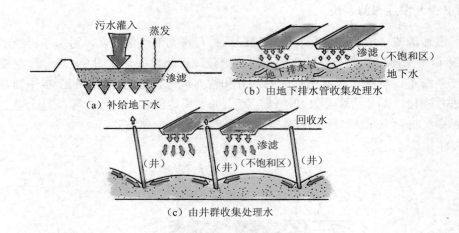

图 9-5 快速渗滤系统

(三) 地表漫流系统

地表漫流系统(OF)是将污水有控制地投配在生长着茂密植物、具有和缓坡度且土壤渗透性较低的土地表面上,污水呈薄层缓慢而均匀地在土表上流经一段距离后得到净化的一种污水处理工艺,如图9-6所示。

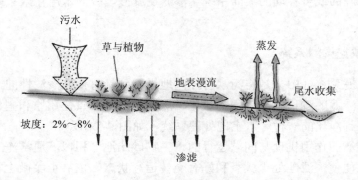

图 9-6 地表漫流系统

地表漫流系统适用于渗透性低的黏土或亚黏土，用于处理分散居住地区的生活污水和季节性排放的有机工业废水。它对污水预处理程度要求低，出水以地表径流收集为主，对地下水的影响最小，处理过程只有少部分水量因蒸发和渗入地下而损失，大部分径流水汇入集水沟；出水水质可达二级或高于二级处理的出水水质；投资省，管理简单；地表可种植经济作物，处理出水也可回用。但该系统受气候、作物需水量、地表坡度的影响大，气温降至冰点和雨季期间，其应用受到限制，而且通常还需考虑出水在排入水体以前的消毒问题。

（四）地下渗滤系统

地下渗滤系统（SWI）是将污水有控制地投配到距地表一定深度（约 0.5 m）、具有一定构造和良好扩散性能的土层中，使污水在土壤的毛细管浸润和渗滤作用下，向周围运动且达到净化污水要求的土地处理系统。

地下渗滤系统适用于无法接入城市排水管网的小水量污水处理，如分散的居民点住宅、度假村、疗养院等，但污水进入处理系统前须经化粪池或酸化池预处理。该系统处理污水的负荷较低，停留时间长，因此净化效果好且稳定；可与绿化和生态环境的建设相结合，运行管理简单；氮磷去除能力强，处理出水水质好，可用于回用。缺点是受场地和土壤条件的影响较大；如果负荷控制不当，土壤会堵塞；进、出水设施埋设地下，工程量较大，投资相对于其他土地处理系统要高。

（五）土地处理工艺类型比较

污水土地处理系统各种工艺类型的特性与场地特征见表 9-5。在工艺的选择过程中，可根据各种工艺的特性，结合土壤及植物的实际情况，选择适用的污水土地处理工艺。

表 9-5　污水土地处理系统各种工艺的特性及场地特征

工艺类型	慢速渗滤	快速渗滤	地表漫流	地下渗滤
投配方式	表面布水或高压喷洒	表面布水	表面布水或高低压布水	地下布水
水力负荷/（cm/d）	1.2～1.5	6～122	3～21	0.2～4.0
预处理最低程度	一级处理	一级处理	格栅筛滤	化粪池、一级处理
投配污水最终去向	下渗、蒸散	下渗、蒸散	径流、下渗、蒸散	下渗、蒸散
植物要求	谷物、牧场、森林	无要求	牧草	草皮、花木
适用气候	较温暖	无限制	较温暖	无限制
达到处理目标	二级或三级	二、三级或回注地下水	二级、除氮	二级或三级

工艺类型	慢速渗滤	快速渗滤	地表漫流	地下渗滤
占地性质	农、牧、林	征地	牧业	绿化
土层厚度/m	>0.6	>1.5	>0.3	>0.6
地下水埋深/m	0.6～3.0	淹水期：>1.0 干化期：1.5～3.0	无要求	>1.0
土壤类型	沙壤土、黏壤土	沙、沙壤土	黏土、黏壤土	沙壤土、黏壤土
土壤渗滤系数	≥0.15，中	≥5.0，快	≤0.5，慢	0.15～5.0，中

三、污水土地处理系统的设计

（一）设计内容

污水土地处理系统的设计内容包括：收集、分析场地及其土壤物理性质；根据处理对象确定处理工艺；依据当地气候、土壤条件、污水性质选择植物；确定渗流速度及计算水力负荷；计算所需要的土地面积；设计布水和排水系统；分析对地下水及土壤的影响，运行及管理情况等。

（二）设计计算（以慢速渗滤系统设计为例）

1. 水力负荷

水力负荷可根据土壤的渗透力、滤水中含氮量以及淋溶这 3 方面限制因素进行计算。

（1）所投配污水的水力负荷

$$L_w = E_T - P_r + P_w \tag{9-2}$$

式中：L_w —— 所投配污水的水力负荷，mm/a；

E_T —— 蒸发量，mm/a；

P_r —— 降水量，mm/a；

P_w —— 污水渗滤率，mm/a；由污水日渗滤速度 P'_w 累积而得。

$$P'_w = K \times 24 \times (0.04 \sim 0.10) \tag{9-3}$$

式中：P'_w —— 污水日入渗速度，mm/d；

K —— 限制土层的水传导率，mm/h。

（2）所投配污水的氮负荷量

$$L_N = U + fL_N + 100C_p P_w \tag{9-4}$$

式中：L_N —— 所投配污水中氮的负荷量，kg/（万 m²·a）；

U —— 植物对氮的利用量，kg/（万 m^2·a）；
f —— 污水中的氮因挥发、脱氮、土壤储存等造成的损失系数；
C_p —— 渗滤水中氮的浓度，mg/L；
P_w —— 污水年渗滤值，mm/a。

（3）根据淋溶限制计算水力负荷

在一些水资源缺乏而土地资源相对充足的干旱地区，可通过漫流满足植物生长需要。在此场合下需根据淋溶限制计算水力负荷，其计算公式如下：

$$L_w = (E_T - P_r)(1 + L_R)\frac{100}{E} \tag{9-5}$$

式中：L_R —— 淋溶系数，范围为 0.05～0.3，取决于植物类型、降水量和废水中总溶解固体；
E —— 灌溉系数。

2. 土地面积

慢速渗滤系统所占土地面积包括慢速渗滤处理田和辅助面积两部分，其中，慢速渗滤处理田的计算公式为：

$$A_w = \frac{Q \times 365 \times \Delta V_s}{L_w \times 100} \tag{9-6}$$

式中：A_w —— 慢速渗滤处理田面积，万 m^2；
ΔV_s —— 预处理单元和储存塘中因降水、蒸发、渗漏引起的水量增减量，m^3/d。

第三节 人工湿地系统

湿地是地球表层的地理综合体，是陆生生态与水生生态之间的过渡地带，是地球上的重要自然资源。湿地可以分为天然湿地和人工湿地两大类，天然湿地生态系统极其珍贵，其承担的污染负荷能力有极大的局限性，不能大规模开发利用。因此人工湿地越来越受到重视，在污水处理中已得到广泛应用。

人工湿地系统相对于传统的二级处理系统而言，具有以下优点：① 建造、操作及维护费用低；② 节省能源，无二次污染；③ 处理过的水可循环再利用；④ 提供许多湿地生物的栖息地；⑤ 容易实现中水回用；⑥ 可承受进水流量的大幅度变化；⑦ 水资源的永续管理；⑧ 具有一定的景观观赏功能；⑨ 在海岸地区具有防风的功能；⑩ 可提供一些非直接的效益，如绿色空间及教育研究等。但存在以下缺点：① 土地面积需求大；② 净化处理速度缓慢；③ 污水需经过预处理；④ 易滋生蚊蝇；⑤ 关于人工湿地的设计、建设和运行还缺少统一的规范，缺乏精确的参数；⑥生物组织对毒性化学物质敏感等。

一、人工湿地净化机理

人工湿地（Constructed Wetlands）也叫构建湿地，是人工建造的、可控制的和工程化的污水生态处理系统，由水、填料以及水生生物组成。

（一）填料、植物和微生物在人工湿地系统中的作用

1. 填料

人工湿地常用的填料有土壤、砾石、砂、沸石、碎瓦片、灰渣等。填料在人工湿地中不仅为植物提供生长介质，为各种化合物和复杂离子提供反应界面及对微生物提供附着载体，而且可通过离子交换、沉淀、过滤和专性与非专性吸附、整合等作用直接去除污染物。污水中磷和重金属的净化主要通过上述反应实现，其反应产物最终吸附或沉降在土壤内。

2. 水生植物

水生植物是人工湿地的重要组成部分，具有以下作用：①将污水中的部分污染物作为自身生长的养料而吸收；②能将某些有毒物质富集、转化、分解成无毒物质；③向根区输送氧气创造有利于微生物降解有机污染物的良好根区环境；④增加或稳定土壤的透水性。

可用于人工湿地的植物有芦苇、香蒲、灯心草、风车草、水葱、香根草、浮萍等，其中芦苇应用最广。

3. 微生物

微生物是人工湿地净化污水不可缺少的重要部分，在湿地养分的生物化学循环过程中起核心作用，它们不仅对污染物起吸收和降解作用，而且还能捕获溶解性成分给自身或植物共生体利用。人工湿地系统中的微生物主要去除污水中的有机质和氮。

（二）人工湿地系统对污水的作用机理

人工湿地系统对污水的净化机理十分复杂，净化过程综合了物理、化学和生物的三重协同作用。物理作用，主要是对可沉固体、BOD_5、氮、磷、难溶有机物等的沉淀作用，填料和植物根系对污染物的过滤和吸附作用；化学作用是指人工湿地系统中由于植物、填料、微生物及酶的多样性而发生的各种化学反应过程，包括化学沉淀、吸附、离子交换、氧化还原等；生物作用则主要是依靠微生物的代谢、细菌的硝化与反硝化、植物的代谢与吸收等作用，实现对污染物的去除。最后通过对湿地填料的定期更换或对栽种植物的收割，而使污染物最终从系统中

去除。下面分别对人工湿地系统中有机物、氮和磷的去除进行阐述。

1. 人工湿地对有机物的去除过程

人工湿地处理系统的显著特点之一就是对有机物有较强的降解能力。水体中的不溶性有机物通过湿地的沉淀、过滤作用，可以很快地被截留而被微生物利用，而出水中的可溶性有机物则可通过植物根系生物膜的吸附、吸收及生物代谢而被去除。因此湿地对有机物的去除是物理的截留沉淀和生物的吸收降解共同作用的结果。水中大部分有机物最终是被异养微生物转化为微生物体及 CO_2 和 H_2O，通过对填料床的定期更换及对湿地植物的收割而将新生的有机体从系统中去除。

2. 人工湿地对氮的去除过程

人工湿地系统对氮的去除作用包括填料的吸附、过滤、沉淀，氨的挥发，植物的吸收以及微生物硝化、反硝化作用。氮在湿地系统中呈现一个复杂的生物地球化学循环，它包括了7种价态的多种转换。水体中的氮通常是以有机氮和氨的形式存在，在土壤-植物系统中，有机氮首先被截留或沉淀，然后在微生物的作用下转化为氨态氮。由于土壤颗粒带有负电荷，氨离子很容易被吸附，土壤微生物通过硝化作用将氨离子转化为 NO_3^-，土壤又可恢复对氨离子的吸附功能。同时水中的无机氮可作为植物生长过程中不可缺少的物质而直接被植物摄取，并合成植物体内的蛋白质等有机氮，通过植物的收割而从污水和湿地系统中去除。但氮的去除主要还是通过湿地中微生物的硝化和反硝化作用。研究表明，微生物的反硝化是人工湿地脱氮的主要途径，植物吸收总氮量仅占入水氮量的15%左右。如果通过选择有效的植物组合，能够对脱氮起到良好效果，研究报道芦苇具有较强的输氧能力，茭白具有较强的吸收氮、磷的能力，将两种植物混种对 TN 和氨氮的去除率可分别达到 60.6%和 80.9%。

3. 人工湿地对磷的去除过程

人工湿地系统对磷的去除是由植物吸收、微生物去除及填料的物理化学作用而完成的。如同无机氮一样，污水中的无机磷在植物吸收及同化作用下，可变成植物的有机成分（如 ATP、DNA、RNA 等），通过植物的收割而得以去除。植物的生长状况直接影响到去除效果：在春季和夏季，植物生长迅速，生物量增加，对磷的吸收加快，出水中磷含量减少；而在秋季植物枯萎后，吸收速度放慢，冬季死亡的植株会释放磷到湿地中，致使出水磷含量上升，无机磷含量甚至高于进水。因此，对植物的及时收割和填料的定期更换有助于延长湿地系统的处理寿命。

填料的物理化学作用主要是填料对磷的吸收、过滤和与磷酸根离子的化学反应，因填料不同而存在差异。填料中含有较多 Fe、Al 和 Ca 的离子时有利于对磷的去除。据研究报道，以花岗石和黏性土壤为主要介质的湿地能高效去除水中的磷物质，就是因为土壤中含有较丰富的铁、铝离子，而花岗石含较多钙离子能与磷酸根离子结合形成不溶性盐固定下来。但填料对磷的这种吸附和沉淀作用不是永久性的,而是可逆的。

微生物对磷的去除,包括对磷的正常同化作用(将磷纳入其分子组成)和对磷的过量积累。一般二级污水处理中,当进水磷含量为 10 mg/L 时,微生物对磷的正常同化去除,仅是进水总量的 4.5%～19%。所以,微生物除磷主要是通过强化后对磷的过量积累来完成。对磷的过量积累,得益于湿地植物光合作用中光反应、暗反应,形成根毛输氧多少的交替出现,以及系统内部不同区域对氧消耗量的差异,而导致了系统中厌氧、好氧状态的交替出现。

二、人工湿地系统的类型

根据水在湿地中流动的方式不同,人工湿地系统分为地表流湿地(Surface Flow Wetland, SFW)和潜流湿地(Subsurface Flow Wetland, SSFW)。工程化应用时可以根据各种类型湿地的优缺点,结合不同污水的特点进行科学、合理的有机组合。

(一)地表流湿地系统

地表流湿地系统也称为水面湿地系统,与自然湿地最为接近,但它受人工设计和监督管理的影响,其去污效果优于自然湿地系统,如图 9-7 所示。

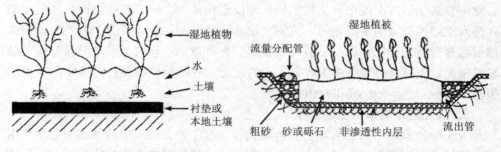

图 9-7 地表流湿地系统示意　　图 9-8 潜流湿地系统示意

污水在湿地的表面流动,水位较浅,在 0.1～0.9 m,通过生长在植物水下部分茎、秆上的生物膜去除污水中的大部分有机污染物,氧的来源主要靠水体表面扩散、植物根系的传输和植物的光合作用,但传输能力十分有限。这种类型的湿地系统具有投资少、操作简单、运行费用低等优点,但占地面积大,负荷小,处理效果较差,易受气候影响,卫生条件差。

(二)潜流湿地系统

潜流湿地系统也称为渗滤湿地系统,污水在填料表面下流动,填料床底层为小豆石，中层为砾石，上层覆盖表层土壤层，种植耐水植物，为保证潜流污水在床内的均匀流态，需布置合理的床内配水系统和集水系统，如图9-8所示。

污水在湿地床的内部流动，水位较深，它是利用填料表面生长的生物膜、丰富的植物根系及表层土和填料截留的作用来净化污水。由于水流在地表以下流动，具有保温性能好，处理效果受气候影响小，卫生条件较好的特点。与水面流湿地相比，潜流湿地的水力负荷大和污染负荷大，对BOD、COD、SS、重金属等污染指标的去除效果好，出水水质稳定，不需适应期，占地面积小，但投资要比水面湿地高，控制相对复杂。

潜流湿地系统可分为水平流潜流系统、垂直流潜流系统和潮汐潜流系统。

（1）水平流潜流系统

水平流潜流人工湿地因污水从一端水平流过填料床而得名，与自由表面流人工湿地相比，水平潜流人工湿地的水力负荷高，对BOD、COD、SS、重金属等污染物的去除效果好，且很少有恶臭和孳生蚊蝇现象。但其脱氮、除磷效果不及下述的垂直流潜流人工湿地。

（2）垂直流潜流系统

垂直流潜流人工湿地中，污水从湿地表面垂直向下流过填料床的底部或从底部垂直向上流进表面，床体处于不饱和状态，氧可通过大气扩散和植物传输进入人工湿地。垂直流潜流人工湿地的硝化能力高于水平流潜流人工湿地，用于处理氨氮浓度较高的污水更具优势，但对有机物的去除能力不如水平流潜流湿地，且控制相对复杂，基建要求较高，夏季有孳生蚊蝇的现象。

（3）潮汐潜流系统

潮汐潜流人工湿地的湿地床按时间顺序交替地被充满水和排干，床体出水过程中空气被挤出，给排水过程中新鲜的空气被带入床内。通过这种交替的进水和空气运动，氧的传输速率和消耗量大大提高，极大地提高了湿地床的处理效果。但潮汐潜流湿地运行一段时间后，床体可能会被大量的生物堵塞，从而限制水和空气在床体内的流动，降低了处理效果，因此设计中可考虑采用备用床交替运行。

思考题

1. 稳定塘有哪几种主要类型？各适用于什么场合。
2. 试述好氧塘、兼性塘和厌氧塘净化污水的基本原理。
3. 稳定塘在设计计算时一般采用什么方法？应注意哪些问题？
4. 污水土地处理系统有几种类型？各有什么特点？
5. 污水土地处理系统的设计内容和设计计算主要有哪些？
6. 人工湿地脱氮除磷的机理是什么？

第十章 一体化污水处理及中水回用设备

污水处理系统从大规模集中式向中小规模分散式转变,形成了"以大型为主,中小型为补充"的布局。对于相对独立的新建住宅小区、高速公路服务区、旅游景点、宾馆、饭店、医院、学校和工厂等,配置小型一体化污水处理设备既经济合理,又便于管理。另一方面,污水的再生回用已经成为全世界的共识,中水回用技术在污水资源化方面占有重要地位,一体化中水回用设备具有明显市场优势。

第一节 一体化污水处理设备

根据使用场合不同,一体化污水处理设备一般分为以处理生活污水为主和以工业有机污水为主两类,主要用来处理低浓度有机污水,在工艺流程设计上大多以好氧生物处理作为主要处理单元,在各处理单元的反应器设计上选用体积小的高效反应器。因此一体化污水处理设备净化程度高,污泥产生量少,自动化程度高,能耗低,运行管理方便,不仅可以大大减少占地面积,还可避免巨大的管网建设投资,符合我国城镇化发展需求。目前,一体化污水处理设备已广泛应用于生活污水及医院、啤酒、食品、酿造废水等污水处理领域。

一、典型一体化污水处理设备

(一) 生物接触氧化法一体化生活污水处理设备

1. WSZⅠ型地埋式生活污水处理设备

生活污水属于低浓度有机污水,可生化性好且各种营养元素比较全,同时受重金属离子污染的可能性小,在一体化处理设备中以好氧生物处理为主要处理单元。WSZⅠ型地埋式生活污水处理设备主要工艺流程如图 10-1 所示,该工艺流程适合于分流式排水系统,调节池一般不包含在一体化设备中,其有效停留时间一一般为 4~8 h；初沉池为竖流式沉淀池，污水上升流速控制在 0.2~0.3 mm/s，对于处理量很小的设备（小于 5 m³/h），一般不设初沉池；生化反应池常用三级接触氧化池，总停留时间为 2.3~3.0 h，常用梯形、多面空心球等填料；二沉池也为竖流式结构，上升流速为 0.1~0.15 mm/s；污泥池用来消化初沉池和二沉池的污泥，其上清液输送至生化反应池进行再处理，消化后的剩余污泥量少，一般 1~2 年清理一次，清理方法可用吸粪车从检查孔伸入污泥池底部进行抽吸；由二沉池排出的上清液经消毒池消毒后排放，按规范消毒池接触时间为 30 min。

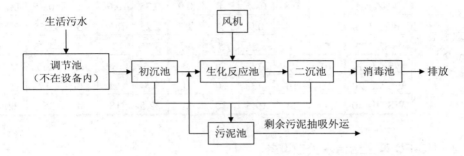

图 10-1　WSZⅠ型地埋式生活污水处理设备工艺流程

该工艺适合于 BOD$_5$≤200 mg/L 的进水，能保证出水 BOD$_5$≤20 mg/L。整个系统运行稳定，管理方便，根据本工艺制造的一体化污水处理设备已成系列化，设计处理量为 0.5~30 m³/h，主要技术参数见表 10-1，可广泛应用于生活小区的污水处理。

表 10-1　WSZⅠ型地埋式生活污水处理设备技术参数

项目	WSZⅠ-0.5	WSZⅠ-1	WSZⅠ-3	WSZⅠ-5	WSZⅠ-10	WSZⅠ-20	WSZⅠ-30
标准处理量/（m³/h）	0.5	1	3	5	10	20	30
进水 BOD$_5$/（mg/L）	200	200	200	200	200	200	200
出水 BOD$_5$/（mg/L）	20	20	20	20	20	20	20
风机功率/kW	0.75	0.751	1.5	1.5	2.2	4	7.5
水泵功率/kW	1.1	1.1	1.1	1.1	1.1	2.2	2.2
设备件数	1	1	1	1	3	3	3
设备重量/t	3	5	6.5	10	27	35	43
平面面积/m²	4.6	6	11	15	44	79	89

注：① 设备重量为 A3 钢板制造时的重量，不包括水重，不锈钢制造时重量减半。
　　② 进水 BOD$_5$ 均按平均值计算。

在选型时,若进、出水质与水量和设计参数不一致,还需查设备处理量与进出水水质关系表,见表10-2。

表10-2 WSZⅠ型地埋式生活污水处理设备处理量与进出水 BOD_5 关系

	进水 BOD_5/(mg/L)	200	200	400	200	300	400	500	300	400	500
	出水 BOD_5/(mg/L)	20	20	20	30	30	30	30	60	60	60
处理水量/ (m^3/h)	WSZⅠ-0.5	0.5	0.4	0.33	0.5	0.4	0.38	0.3	0.5	0.43	0.38
	WSZⅠ-1	1	0.8	0.65	1	0.9	0.75	0.6	1	0.85	0.75
	WSZⅠ-3	3	2.4	10.95	3	2.7	2.25	1.8	3	2.55	2.25
	WSZⅠ-5	5	4	3.25	5	4.5	3.75	3	5	4.25	3.75
	WSZⅠ-10	10	8	6.5	10	9	7.5	6	10	8.5	7.5
	WSZⅠ-20	20	16	13	20	18	15	12	20	17	15
	WSZⅠ-30	30	24	19.5	30	27	22.5	18	30	25.5	22.5

2. NS-FC 型生活污水处理设备

NS-FC 型生活污水处理设备是具有去除氮、磷、硫化物等功能的一体化污水处理设备,其工艺流程如图 10-2 所示,与图 10-1 的工艺相比较,该工艺主要增加了缺氧池,在缺氧池中放置填料作为反硝化细菌的载体,经过格栅分离后的污水进入缺氧池与二沉池中的回流硝化液相混合,反硝化处理能有效地去除氮、磷、硫化物,该处理单元的停留时间为 2 h。表 10-3 为 NS-FC 型污水处理设备的主要技术参数。

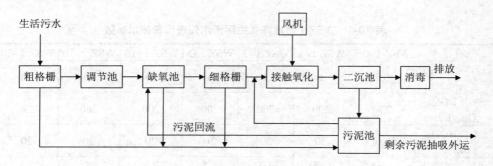

图 10-2 NS-FC 型生活污水处理设备工艺流程

表 10-3　NS-FC 系列设备主要技术参数

项目	NS-3	NS-5	NS-7.5	NS-10	NS-15	NS-20	NS-30	NS-40	NS-50
进水 COD_{Cr}/(mg/L)	200～450								
出水 COD_{Cr}/(mg/L)	60								
进水 BOD_5/(mg/L)	150～250								
出水 BOD_5/(mg/L)	20								
进水 SS/(mg/L)	200～400								
出水 SS/(mg/L)	30								
进水 NH_3-N/(mg/L)	50								
出水 NH_3-N/(mg/L)	15								
标准处理量/(m^3/h)	3	5	7.5	10	15	20	30	40	50
装机总容量/kW	2.8	2.8	3.5	5	6.1	8.0	10	11	11
重量/t	5.5	7.5	8.5	14	16	20	30	50	58
平面面积/m^2	30	45	50	80	105	150	220	265	320

从表 10-3 可以看出，该产品适于去除低浓度生活污水中的氮、磷、硫化物等污染物。该设备采用玻璃钢结构，具有质轻、耐腐蚀、抗老化等优点，使用寿命在 50 年以上，全套装置施工简单，全部安装于地表以下，设备配有微机全自动控制系统，管理维护方便。为了保证装置长期稳定运行，内部管路采用 ABS 管，格栅选用不锈钢制造、栅条间距为 2 mm，具有自动清污、不易堵塞、分离效果好等特点。

3. 具有节能效应的一体化生活污水处理设备

在南方地区，由于污水温度不低，在处理 BOD_5 为 1 000 mg/L 左右的生活污水或工业有机污水时，可选用具有节能效应的一体化污水处理设备（工艺流程见图 10-3），将能有效地节省能源。好氧生物处理虽然能比较有效地去除污水中的有机物，但是采用三级接触氧化法能耗较高，为了节能，可采用部分厌氧技术即水解-酸化工艺处理低浓度生活污水。该工艺在水解反应器中设置填料，污水在反应器中进行一系列物理化学和生物反应过程，其中的悬浮固体和胶体物质被反应器的污泥层和附着在填料上的微生物截留、吸附后，在水解酸化菌作用下被降解为溶解性物质。由于采用了水解-酸化处理单元，在接触氧化过程中只需要一级接触氧化就能保证污水达标排放，因而大大节省了能源。

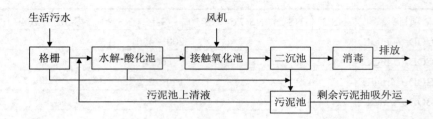

图 10-3　具有节能效应的一体化生活污水处理设备工艺流程

4．SWD 型无动力一体化生活污水处理设备

对于人数特别少的生活区，如别墅、小社区等场合，可选用图 10-4 所示以厌氧和过滤为处理单元的无动力小型生活污水处理设备，如 SWD 型产品，表 10-4 列出了该产品的主要参数。

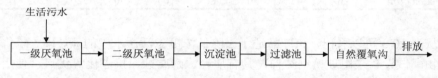

图 10-4　SWD 型无动力一体化生活污水处理设备工艺流程

表 10-4　SWD 小型生活污水处理设备主要参数

型号	SWD-6	SWD-10	SWD-20	SWD-30	SWD-40	SWD-50	SWD-75	SWD-100
人数/人	6	10	20	30	40	50	75	100
直径/mm	1 200	1 200	1 500	1 800	1 800	2 000	2 500	2 500
深度/mm	1 740	2 000	1 850	1 950	2 250	2 250	2 050	2 550

图 10-4 的工艺流程中，污水在一级厌氧池的停留时间为 24～48 h，污水中的有机污染物变成一种半胶体状的物质，同时放出热能，在一定程度上使水温升高；在二级厌氧池内，由于厌氧菌的作用，污水中大量的有机污染物在短时间内（一般为 24 h）分解成无机物；从二级厌氧池出来的污水经过沉淀后，进入生物过滤池，池中大量厌氧菌对残留于水中的有机污染物进行高效分解，处理水经过过滤栅向外排放；从设备中排放出来的水经过内置碎石的覆氧沟，进一步得到净化，同时也增加水中的溶解氧。

5．可再生利用 YY 型一体化生活污水处理设备

如果对处理后的生活污水有更高的排放要求或有再生利用的需要，例如用于

农田灌溉和城市绿化、消防、洗车、冲厕、建筑工地等城市杂用，则可选用 YY 型一体化分散生活污水处理站，其系统图见图 10-5，工艺流程见图 10-6，技术参数见表 10-5，产品规格型号见表 10-6。

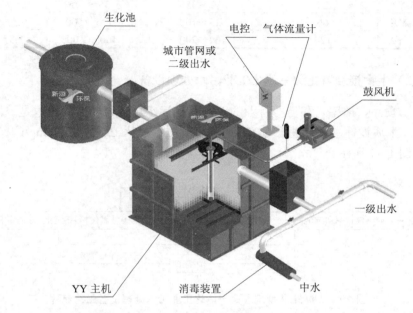

图 10-5　YY 型一体化分散生活污水处理系统

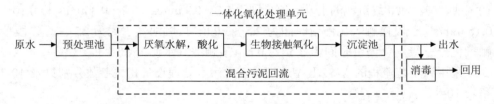

图 10-6　YY 型一体化分散生活污水处理站工艺流程

表 10-5　YY 型一体化分散生活污水处理站技术参数

项目	原水	化粪池出水即 YY 进水	YY 出水	城市杂用水标准规定出水
BOD_5/（mg/L）	40～200	50～150	≤6	10～20
COD/（mg/L）	80～400	150～400	≤30	未规定
SS/（mg/L）	935	40～150	≤10	未规定
NH_3-N/（mg/L）	130	25～36	≤5	10～20

表 10-6　YY 型一体化分散生活污水处理站产品规格型号

型　号	处理能力/(m³/d)	许用处理范围/(m³/d)	服务人数/人	风机功率/kW
YY-10-YX	10	2～15	1～75	0.37
YY-25-YX	25	7～35	35～175	0.37～0.55
YY-60-YX	60	25～100	125～500	0.37～2.2
YY-120-YX	120	60～200	400～1 000	1.5～4.0

（二）生物接触氧化法一体化工业污水处理设备

对于食品、屠宰、酿造等行业的工业有机污水，较为成熟的技术是二段接触氧化法，水质设计参数：进水 BOD_5 为 800 mg/L，出水 BOD_5 为 60 mg/L，其工艺流程如图 10-7 所示。

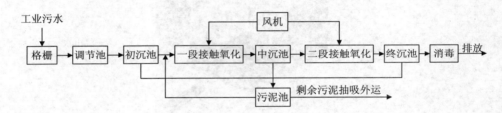

图 10-7　WSZⅡ型地埋式一体化工业污水处理设备工艺流程

该工艺流程和图 10-1 的工艺流程相似，所有的沉淀池均采用竖流式沉淀池，初沉池、中沉池和终沉池的上升流速分别为 0.2～0.3 mm/s、0.2～0.3 mm/s 和 0.10～0.15 mm/s。一段接触氧化停留时间为 2.5～3.0 h，接触池气水比为 25∶1，二段接触氧化分三级，总停留时间为 2.5～3.0 h，接触池气水比为 10∶1。

采用该工艺流程的 WSZⅡ型地埋式工业污水处理设备相关参数分别见表 10-7 和表 10-8。

表 10-7　WSZⅡ型地埋式工业污水处理设备技术参数

项目	WSZⅡ-1	WSZⅡ-3	WSZⅡ-5	WSZⅡ-10	WSZⅡ-20	WSZⅡ-30
标准处理量/(m³/h)	1	3	5	10	20	30
进水 BOD_5/(mg/L)	800	800	800	800	800	800
出水 BOD_5/(mg/L)	60	60	60	60	60	60
风机功率/kW	0.75	2.2	3	7.5	11	15
水泵功率/kW	1.1	1.1	1.1	1.1	2.2	2.2
设备件数	1	1	2	4	4	4
设备重量/t	7	13	19	38	50	65
平面面积/m²	10	18	15.6	59	104	125

表 10-8　WSZⅡ型地埋式工业污水处理设备处理量与进水 BOD_5 关系

进水 BOD_5/（mg/L）		600	800	1 000	1 200	800	1 000	1 200	1 400
出水 BOD_5/（mg/L）		60	60	60	60	100	100	100	100
处理水量/(m^3/h)	WSZⅡ-1	1	1	0.85	0.75	1	1	0.85	0.75
	WSZⅡ-3	3	3	2.55	2.55	3	3	2.55	2.55
	WSZⅡ-5	5	5	4.25	3.75	5	5	4.25	3.75
	WSZⅡ-10	10	10	8.5	7.5	10	10	8.5	7.5
	WSZⅡ-20	20	20	17	15	20	20	17	15
	WSZⅡ-30	30	30	25.5	22.5	30	30	25.5	22.5

对于高浓度有机污水直接采用好氧处理是不经济的，需设计以厌氧处理工艺为主的一体化工业污水处理设备，工艺流程如图 10-8 所示，其中调节池可以不包含在一体化处理设备中；厌氧反应池一般选用 UASB，该反应器运行比较稳定，出水水质好。通过以上工艺流程处理后的污水，需进入工厂恶臭污水处理站进行好氧处理后才能排放。

图 10-8　高浓度工业污水一体化设备工艺流程

（三）生物过滤法一体化污水处理设备

生物过滤法一体化污水处理设备工艺流程见图 10-9，污水由自动细格栅分离污物后流入流量调节池，流量调节池将污水的峰值流量调整到 1.2 m^3/h 以下，以减缓峰值流量对生物处理的冲击；流量分配器使进入生物过滤塔的流量基本恒定，确保生物处理的稳定性；处理水消毒后排放；生物过滤塔采用处理水池中的水进行反冲洗，反冲洗排水进入污泥浓缩池，上清液返回流量调节池。

（四）SBR 一体化污水处理设备

SBR 一体化污水处理设备工艺流程及设备分别见图 10-10、图 10-11。污水经粗格栅和沉砂池除去粗颗粒物后进入调节池，以适应水质水量变化的冲击负荷；污水经计量槽计量后进入 SBR 池，通过曝气、沉淀、滗水等过程达到去除有机污染物的目的；SBR 池出水经消毒后排放或回用。

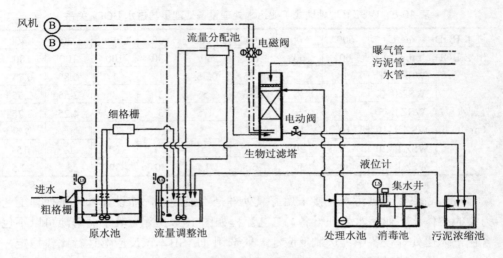

图 10-9 生物过滤法一体化污水处理设备工艺流程

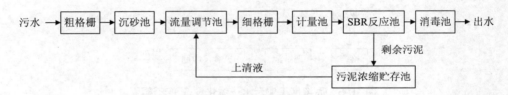

图 10-10 SBR一体化污水处理设备工艺流程

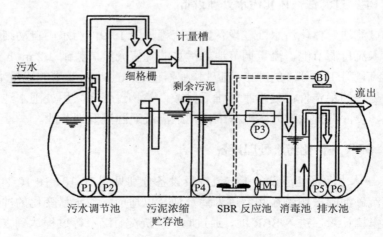

图 10-11 SBR一体化污水处理设备示意

二、一体化污水处理工艺新进展

一体化污水处理工艺的研究主要集中在主体工艺的改进、工艺流程的优化组合和填料性能提高等几个方面，以凸显一体化污水处理设备的优势。

一体化设备的主体工艺多采用生物膜法，该方法污泥浓度高，容积负荷大，耐冲击能力强，处理效率高，其中最常用的是接触氧化法，该方法能耗低、投资省，比活性污泥法有一定的优势。但近年来，生物流化床成为研究热点，相比接触氧化法，生物流化床污泥浓度更高，耐冲击能力更强，剩余污泥率更低，且无堵塞、混合均匀，具有较好的脱氮效果，配置形式也比接触氧化法更灵活，已越来越受到重视。随着 BASE 三相生物流化床、生物半流化床、Circox 汽提式生物流化床等新型流化床的不断涌现，其水流状态、污泥浓度、充氧特性及脱氮效果等得到较大改进，处理效率也更高。此外 SBR、MBR 和 DAT-IAT 等作为主体工艺的一体化设备也已有报道。

近年来，高效絮凝剂的不断发展促进了物化工艺在污水处理中的应用，污水处理趋于物化与生化工艺相结合。化学絮凝剂可以强烈吸附水中的悬浮物和胶体，并进一步减少生化处理时间，从而更大限度地减少占地面积，现已出现完全采用物化方法的处理设备和物化/生化相结合的一体化污水处理设备。

填料是生物膜法的主体，直接关系到处理效果。一体化设备生化池常用的填料包括蜂窝填料、束网填料、波纹填料、颗粒填料等。近年来，悬浮的颗粒状或立体状填料得到迅速发展和广泛应用，其主要优点为：① 孔隙率大，表面附着的微生物数量和种类多；② 比重接近于水，可以全池流化翻动。填料上的生物膜、水流和气流三相充分接触混合，增大了传质面积，提高了传质速率，强化了传质过程，缩短了污水的生化停留时间；③ 多采用聚乙烯、聚丙烯材料，既具有一定的强度，又不失弹性，使用寿命大大延长，且无浸出毒性。

三、一体化污水处理设备的应用

一体化污水处理设备主要用来处理小水量生活污水以及低浓度的工业有机污水，由于该类产品采用机电一体化全封闭结构，无需专人管理，因而得到广泛的使用。但是，设备在使用过程中，应从安装、运行、维护等几个方面合理使用才能达到设计的处理效果。

1. 设备的安装

一体化污水处理设备一般提供 3 种安装方式：地埋式、地上式和半地埋式，在选择安装方式时应结合当地的气候以及周围的环境，对于年平均气温在 10℃ 以下的地区，用生物膜法处理污水的效果较差，应将污水处理设备安装在冻土层以下,可利用地热的保温作用,提高处理效果;在其他地区,从安装、维护角度出发应选择地上式或半埋式,从节省土地角度出发应选择地埋式,如果对周围环境影响不太大时应首选地上式,因为地埋式存在设备安装、维修、维护保养不方便;设备可能因为进入基础的地下水的浮力作用而损坏;在地下的电气系统因长期处于潮湿环境会影响其使用寿命,电气安全性也将受到影响。

在设备安装过程中应注意以下事项:

(1)设备的混凝土基础的大小规格应与设备的平面安装图相同,基础的平均承压必须达到产品说明书的要求。基础必须水平,如设备采用地埋式安装,基础标高必须小于或等于设备标高,并保证下雨时不积水,为防止设备上浮,基础应预埋抗浮环。

(2)设备应根据安装图将各箱体依次安装,箱体的位置、方向不能错,彼此间距必须准确,以便连接管道。设备安装就位后,应用绷带把设备和基础上的抗浮环相连接,以防设备上浮。

(3)为保证设备管路畅通,应按产品说明书要求保证某些设备或管路的倾斜度。

(4)设备安装后,应在设备内注入清水,检查各管道有无渗漏,对于地埋式设备,在确定管道无渗漏时,在基础内注入清水 30~50 cm 深后,即在箱体四周覆土,覆土高度到设备检查孔,并平整地面。

(5)在连接水泵、风机等设备的电源线时,应注意风机和电机的转向。

2. 设备的调试

一体化污水处理设备安装完毕后可进行系统调试,即培养填料上的生物膜。污水泵按额定的流量把污水抽入设备内,启动风机进行曝气,每天观察接触池内填料的情况。如填料上长出橙黄或橙黑色的膜,表明生物膜已培养好,这一过程一般需要 7~15 d。如是工业污水处理设备,最好先用生活污水培养好生物膜后,再逐渐流入工业污水进行生物膜驯化。

3. 设备的运行

一体化污水处理设备一般为全自动控制或无动力型,不需要配备专门的管理人员,但在设备运行过程中应注意以下事项:

(1)开机时必须先启动曝气风机,逐渐打开曝气管阀门,然后启动污水泵(或开启进水阀门);关机时必须先关污水泵(或关闭进水阀门),再关闭曝气风机。

(2)如污水较少或没有污水,为保证生物膜的正常生长,使生物膜不死亡脱落,风机可间歇启动,启动周期为 2 h,每次运行时间为 30 min。

(3)严禁砂石、泥土和难以降解的废物(如塑料、纤维织物、骨头、毛发、木材等)进入设备,这些物质很难进行生物降解,且会造成管路堵塞。

（4）防止有毒有害化学物质进入设备，这些物质将影响生化过程，会破坏生化反应系统。

（5）对于地埋式设备，在运行过程中，必须保证下雨不积水；设备上方不得停放大型车辆；设备一般不得抽空内部污水，以防地下水把设备浮起。

4．设备维护

一体化污水处理设备投入运行后，必须建立定期维护保养制度，维护保养的内容主要有：

（1）出现故障必须及时排除。主要故障为管路堵塞和风机水泵损坏，如果不及时排除故障将影响生物膜的生长，甚至会导致设备生化系统的破坏。

（2）按产品说明书的要求，定期清理污泥池内的污泥。

（3）设备的主要易损部件为风机和水泵，风机每运行 10 000 h 必须保养一次，水泵每运行 5 000～8 000 h 必须保养一次；平时在运行过程中，必须保证不能反转，如进污水，必须及时清理，更换机油后方能使用。

（4）设备内部的电气设备必须正确使用，非专业人员不能打开控制柜，应定期请专业人员对电气设备的绝缘性能进行检查，以防发生触电事故。

第二节　一体化中水回用设备

许多发达国家和地区非常重视污水资源的再利用，污水经过适当的处理进行回用和循环，已经有许多成熟经验供借鉴。"中水"一词源于日本，也称"中水道"，它是将生活污水作为水源，经过适当处理达到一定水质标准后，回用作为杂用水，其水质介于上水和下水之间而得名。日本的"中水道"系统一直被认为是典型的城市污水回用，相应的技术称为"中水道"技术，现已在许多国家推广应用。对于淡水资源缺乏，城市供水严重不足的缺水地区，采用中水回用技术既能节约水资源，又能消除污染。

一、中水水源与水质

（一）中水水源

中水水源可以按下列顺序进行选取：冷却排水、淋浴排水、盥洗排水、洗衣排水、厨房排水、厕所排水。一般不采用工业污水、医院污水作为中水水源，严禁传染病医院、结核病医院污水和放射性污水作为中水水源。对于住宅建筑可考虑除厕所生活污水外其余排水作为中水水源；对于大型的公共建筑、旅馆、商住楼等，采用冷却排水、淋浴排水和盥洗排水作为中水水源；公共食堂、餐厅的排水及生活污水的水污染程度较高，处理比较复杂，不宜采用；大型洗衣房的排水由于含有各种不同的洗涤剂，能否作为中水水源须经试验确定。

（二）中水水质

中水作为生活杂用水，其水质必须满足下列基本条件：① 卫生上安全可靠，无有害物质，其主要衡量指标有大肠菌群数、细菌总数、悬浮物量、生化需氧量、化学需氧量等；② 外观上无不快的感觉，其主要衡量指标有浊度、色度、臭气、表面活性剂和油脂等；③ 不引起设备、管道等严重腐蚀、结垢和维护管理的困难，其主要衡量指标有 pH 值、硬度、溶解性固体物等。我国现行的中水水质标准有：《生活杂用水水质标准》(CJ 25.1—89)、《生活杂用水标准检验法》(CJ 25.2—89)。主要中水水源的水质指标见表 10-9。

表 10-9　主要中水水源水质指标　　　　　（单位：mg/L）

类别	住宅			宾馆、饭店			办公楼		
	BOD	COD	SS	BOD	COD	SS	BOD	COD	SS
冲便器	200~260	300~360	250	250	300~360	200	300	360~480	250
厨房	500~800	350~900	250	—	—	—	—	—	—
淋浴	50~60	120~135	100	40~50	120~150	80	—	—	—
盥洗	60~70	90~120	200	70	150~180	150	70~80	120~150	200

二、中水回用处理工艺的选择

（一）工艺流程

污水经处理达到中水水质标准，一般要经过以下 3 个阶段：

（1）预处理：主要有格栅和调节池两个处理单元，以去除污水中的固体杂质和均匀水质。

（2）主处理：该阶段是中水回用处理的关键，主要作用是去除污水的溶解性有机物。

（3）后处理：主要以消毒处理为主，对出水进行深度处理，保证出水达到中水水质标准。

（二）主处理方法

主处理方法大致分为 3 类：

(1) 生物处理法：包括好氧和厌氧生物处理，在中水回用一体化设备中大多采用好氧生物膜处理技术。

(2) 物理化学处理法：以混凝沉淀（气浮）技术及活性炭吸附相组合为基本方式，与传统的二级处理相比，提高了出水水质。

(3) 膜处理：采用超滤（UF）或反渗透膜处理，其优点是不仅 SS 的去除率高，而且对细菌及病毒也能进行很好的分离。

上述各种方法的比较见表 10-10。

表 10-10　主处理各种方法比较

	项目	生物处理法	物理化学处理法	膜处理法
1	回收率	90% 以上	90%以上	70%～80%
2	适用原水	杂排水、厨房排水、污水	杂排水	杂排水
3	重复用水的适用范围	冲厕所	冲厕所、空调	冲厕所、空调
4	负荷变化	小	稍大	大
5	间隙运转	不适合	稍适	适合
6	污泥处理	需要	需要	不需要
7	装置的密封性	差	稍差	好
8	臭气的产生	多	较少	少
9	运转管理	较复杂	较容易	容易
10	装置所占面积	最大	中等	最小

（三）工艺流程选择

确定工艺流程时必须掌握中水原水的水量、水质和中水的使用要求，应根据上述条件选择经济合理、运行可靠的处理工艺；在选择工艺流程时，应考虑装置所占的面积和周围环境的限制以及噪声和臭气对周围环境带来的影响；中水水源的主要污染物为有机物，目前大多以生物处理为主处理方法，其中又以接触氧化法和生物转盘法为主；在工艺流程中消毒灭菌工艺必不可少，一般采用氯、碘联用的强化消毒技术。目前国内已设计的流程见表 10-11。

表 10-11　国内常用的中水回用工艺流程

序号	简称	预处理	主处理	后处理
1	直接过滤	加氯或药 格栅 → 调节池 →	直接过滤 →	消毒剂 消毒 → 中水

序号	简称	预处理	主处理	后处理
2	接触过滤	格栅→调节池	→(混凝剂↓)直接过滤→活性炭吸附	→(消毒剂↓)消毒→中水
3	混凝气浮	格栅→调节池	→(混凝剂↓)混凝气浮→过滤	→(消毒剂↓)消毒→中水
4	接触氧化	格栅→调节池	→(空气↓预曝气)曝气接触氧化→沉淀→过滤	→(消毒剂↓)消毒→中水
5	氧化槽	格栅→调节池	→氧化槽接触氧化→过滤	→(消毒剂↓)消毒→中水
6	生物转盘	格栅→调节池	→生物转盘→沉淀→过滤	→(消毒剂↓)消毒→中水
7	综合处理	格栅→调节池	→生物处理(一级、二级)(污泥法、氧化法)→混凝→沉淀→过滤	→活性炭吸附→(消毒剂↓)消毒→中水
8	二级处理+深处理	二级处理出水	→接触氧化→混凝→沉淀→过滤	→活性炭吸附→(消毒剂↓)消毒→中水

（四）运行方式选择

根据处理规模、工艺流程及回用要求确定运行方式，一般处理能力超过 30 m³/h 的中水处理站宜采用 24 h 连续运行；小于 30 m³/h 的中水处理站宜采用每日 16 h 间歇运行；当处理能力为 5～10 m³/h，每日运行时间应根据日处理水量计算来确定。

三、中水回用工艺设计

（一）预处理工艺设计

1. 中水原水系统设计

应根据中水水源来确定中水原水系统：

（1）当采用优质杂排水或杂排水作为中水水源时，应采用污、废分流制系统。

（2）以生活污水为原水的中水处理系统，应在生活污水排水系统中装置化粪池，化粪池的容积按污水在池内停留时间不少于 24 h 计算。

（3）以厨房排水作为部分原水的中水处理系统，厨房排水应经隔油池后再进入调节池。

2. 格栅设计

中水处理系统应设置格栅，有条件时可采用自动格栅，设置一道格栅时，格栅间隙宽度应小于 10 mm；设置粗细两道格栅时，粗格栅间隙宽度为 10~20 mm，细格栅间隙宽度为 2.5 mm。当中水原水中有沐浴排水时，应加设毛发聚集器。

3. 调节池设计

为使处理设施连续、均匀稳定地工作，必须将不均匀的排水进行贮存调节，污水贮存停留时间最多不宜超过 24 h，调节池的容积应按排水的变化情况、采用的处理方法和小时处理量计算确定：连续运行时，调节池的容积应不小于连续 4~5 h 最大排水量或日处理量的 30%~40%；间歇运行时，调节池的容积可按处理工艺的运行周期计算。

为防止污物在调节池内沉淀和腐败，调节池内宜设曝气器或预曝气管，曝气量为 0.6~0.9 $m^3/(m^3 \cdot h)$。

（二）沉淀（气浮）工艺设计

在中水处理系统中进行固液分离时，应采用效率高、占地少的设备，如竖流式沉淀池、斜板（管）沉淀池。斜板沉淀池的设计数据如下：斜板间净距 80~100 mm，斜管孔径一般 ≥80 mm，斜板（管）长度 1~1.2 m，倾角 60°，底部缓冲层高度 ≥1.0 m，上部水深 0.7~1.0 m，进水采用穿孔板（墙），锯齿形出水堰负荷应大于 1.70 L/(s·m)，作为初沉池停留时间不超过 30 min，作为二沉池停留时间不超过 60 min，排泥静水头不得小于 1.5 m。

气浮处理由空气压缩机、溶气罐、释放器以及气浮池（槽）组成，有关设计参数如下：溶气压力为 0.2~0.4 MPa，回流比为 10%~30%；进入气浮池（槽）接触室的流速宜小于 0.1 m/s，接触室水流上升流速为 10~20 mm/s，停留时间不宜小于 60 s；分离室的水流向下流速取 1.5~2.5 mm/s，即分离室的表面负荷为 5.4~9.0 m³/(h·m²)；气浮池的有效水深为 2.0~2.5 m，池中停留时间一般为 10~20 min；气浮池可采用溢流排渣或刮渣机排渣。

（三）接触氧化工艺设计

当中水进行生物处理时宜采用接触氧化法，有关设计参数如下：有效面积不宜大于 25 m²，填料层总高度一般为 3 m，采用蜂窝填料时，蜂窝孔径不小于 25 mm，填料分层装填，每层高度为 1 m，使用软性或半软性纤维填料时，采用悬挂支架或框架式支架；进水 BOD_5 浓度控制在 100~250 mg/L，容积负荷一般为 2.5~4.0 kg BOD_5/(m³·d)，水力负荷率为 100~160 m³/(m³·d)，处理效率为 85%~90%；曝气装置气水比为 10~15：1，溶解氧维持在 2.5~3.5 mg/L；接触氧化池的水力停留时间为 2~3 h，处理生活污水时，取上限值。

（四）过滤工艺设计

中水的过滤处理宜采用机械过滤或接触过滤，滤料一般为石英砂、无烟煤、纤维球和陶粒等，滤层一般有单层、双层和三层滤料组成，常采用压力式过滤罐，具体设计参数如下：下层滤料粒径为 0.5~1.2 mm 的石英砂，砂层厚度为 300~500 mm，上层滤料直径为 0.8~1.8 mm 的无烟煤，厚度为 500~600 mm；滤速为 8~10 m/h，水头损失为 5~6 mH₂O，反冲洗强度为 15~16 L/(s·m²)。

（五）消毒工艺设计

中水虽不饮用，但中水的原水是经过人的直接污染，含有大量的细菌和病毒，必须设置消毒工艺。中水消毒的消毒剂一般有液氯、次氯酸钠、漂白粉、氯片、臭氧、二氧化氯等，具体工艺参数如下：加氯量一般为 5~8 mg/L，接触时间大于 30 min，余氯量应保持 0.5~1 mg/L。

（六）贮存水池设计

处理设施后应设计中水贮存池（箱），中水贮存池的调节容积应按处理中水用量的逐时变化曲线求算，在缺乏资料时，其调节容积可按如下方法计算：

（1）连续运行时，中水贮存池的调节容积可按日中水用量的 20%~30% 计算。

（2）间歇运行时，中水贮存池的调节容积按处理设备运行周期计算：

$$V = 1.2t(q - q_0) \qquad (10-1)$$

式中：V —— 中水贮存池有效容积，m³；

t —— 处理设备连续运行时间，h；
q —— 处理设备处理水量，m^3/h；
q_0 —— 中水平均用量，m^3/h。

（3）处理设备直接送水至中水供水箱时，其供水箱的调节容积不小于日中水用量的 5%。

中水贮存池宜采用耐腐蚀、易清洗的材料制作，用钢板制造时其内壁应作防腐处理；中水贮存池应设置的溢流管和泄水管均应采用间接排水方式排水，溢流管应设置铜制隔网。

四、典型一体化中水回用设备

一体化中水回用设备是将中水回用处理的几个单元集中在一台设备内进行，其特点是结构紧凑、占地面积小、自动化程度高，一般的处理量小于 1 500 m^3/d，主要适用于某一单体建筑物的生活污水处理，一般人口少于 3 000 人。对于某一建筑物当决定选用一体化中水回用设备后，应采用雨水管和污水管分流制；当污水量和水质波动比较大时，需要设置一定容积的调节池，此时调节池一般不包含在中水回用设备内，在进行设备布置设计时，应考虑调节池所占的面积。

在选用一体化中水回用设备时，首先应根据污水的类型、所需处理的量、运行管理的要求以及能提供的场地，选择合适的工艺流程，确定设备的型号，然后根据污水的量（或人数）来选择相应的规格。下面列举几种典型的一体化中水回用设备供参考。

（一）HYS 型高效一体化中水回用设备

组合式 HYS 型高效一体化中水回用设备主要工艺流程见图 10-12，具有以下技术特点：① 接触氧化池采用球形填料，表面积大，易挂膜，使用寿命长，安装管理简便；② 一、二级接触氧化生化处理采用先进的双膜好氧法；③ 采用陶粒滤料直接过滤效果更好。该设备的主要水质参数及处理效果见表 10-12。

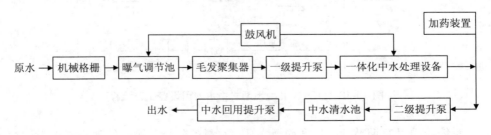

（a）低噪声鼓风机工艺流程

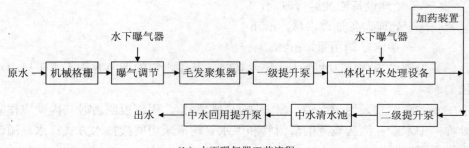

(b) 水下曝气器工艺流程

图 10-12　HYS 型高效一体化中水设备工艺流程

表 10-12　HYS 一体化设备主要水质参数及处理效果

项目	COD/(mg/L)	BOD/(mg/L)	SS/(mg/L)	余氯(mg/L)
进水	200	120	100	—
出水	50	10	10	0.2～0.5
去除率/%	>75	>90	>90	—

(二) 以生物接触氧化为主体工艺的中水回用设备

1. HCTS-Ⅱ型地埋式中水回用设备

HCTS-Ⅱ型地埋式中水回用设备工艺流程见图 10-13，该设备将大部分处理单元通过组合的方式设置在地下，操作及维修量稍多的处理单元设置在室内或露天，地面可用于绿化等，既节省土地，又能保证系统高效有序运行。

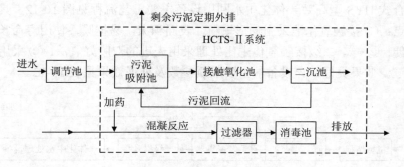

图 10-13　HCTS-Ⅱ型地埋式中水回用设备工艺流程

系统前端设有调节池，起到均衡水质、水量的作用，保证处理装置稳定运行。由于回用水使用具有间隙性，为保证使用效率，可根据用途设置适当容积的清水池和回用水提升装置。吸附池接收高浓度回流污泥，利用吸附过程负荷高、时间短的特点对有机物进行去除。接触氧化池中的填料为 SNP 型无剩余污泥悬浮型生物填料，无需固定，安装简便。在沉淀池出水与过滤器之间投加絮凝剂，形成的细小矾花通过改进的压力式过滤器去除，改进后的过滤器布水更均匀，处理效果更好，实现深度处理。消毒池采用玻璃钢材质，二氧化氯作为消毒剂，投资省、运行费用低。

2．MHW-ZS 型中水成套化设备

MHW-ZS 型中水成套化设备工艺流程见图 10-14，该设备具有如下特点：① 将接触氧化池、二沉池、中间水池进行一体化设计，结构紧凑、大大减少占地面积；② 采用简单方便的水下曝气器，充氧能力强、效率高、噪声小；③ 采用石英砂过滤器、活性炭过滤器进行深度处理，有效降低水的浊度、色度，出水清澈、无异味；④ 安全可靠、自动投加消毒剂的消毒系统，保证管网中一定的余氯量；⑤ 根据调节池水位等参数自动启闭水泵和曝气机，自动化程度高。

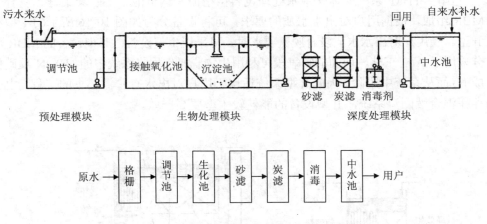

图 10-14　MHW-ZS 型中水成套化设备工艺流程

（三）以膜生物反应器为主体工艺的中水回用设备

目前 SMBR（一体式 MBR、淹没式 MBR）已在污水处理与中水回用设备市场中占有较大份额。图 10-15 为 MHW-ZM 型中水成套化设备工艺流程，该设备可在污泥浓度超过 10 g/L 时运行，COD 可在高污泥浓度的 MBR 中被较为彻底地生化降解，几乎没有剩余污泥。

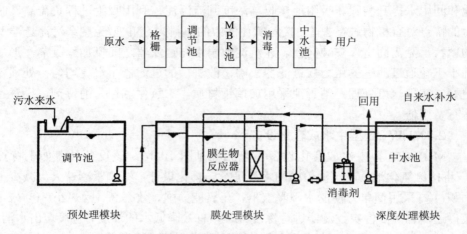

图 10-15　MHW-ZM 型中水成套化设备工艺流程

国产 THM 系列一体化中水处理设备由格栅、调节池、毛发聚集器、复合式 MBR 组成，根据用户对出水水质的要求，可将设备分为如图 10-16 所示的 I 型和 II 型。当用户对出水水质没有脱氮要求时，可采用 I 型设备；II 型设备的 MBR 部分采用了 A/O 工艺，前面的缺氧段可利用生物脱氮作用将系统中的 $NO_3\text{-}N$ 反硝化成 N_2 而从系统中脱除，因此 II 型系统适用于用户对出水有脱氮要求的工程。由于存在混合液回流系统，II 型设备的能耗较 I 型要高一些。

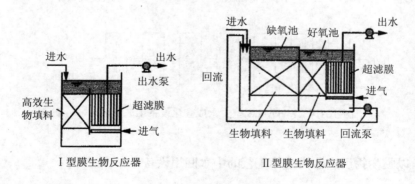

图 10-16　THM 系列一体化中水设备 MBR 示意

THM 系列中水回用设备的主要水质参数及净化效果见表 10-13。

表 10-13　THM 系列中水系统主要水质参数及净化效果

项目	COD/(mg/L)	BOD$_5$/(mg/L)	TSS/(mg/L)	NH$_4^+$-N/(mg/L)	ABS/(mg/L)	pH 值	浊度/度	色度/度	细菌总数/(个/mL)	大肠杆菌/(个/mL)
原水	150～400	60～200	80～200	6～25	2.5～5	6～9	6～120	80～160	—	—
出水	≤20	≤5	≤2	≤1	≤0.5	6.5～8.5	≤3	≤15	≤100	≤3

(四) 组装式中水回用设备

将不同的处理工艺流程段设计成单体,如初处理器、好氧处理单体、厌氧处理单体、气浮单体等,根据不同的水质和处理深度要求,选择不同的单体进行连接,组成一个完整的工艺。表 10-14 为北京朝阳锅炉厂、鞍山软水设备厂生产的组装式中水处理设备表。表中各处理单元将处理技术和设计技术融为一体,可组成好氧物化处理、好氧生物膜处理和厌氧水解酸化等不同流程,可按其技术要求进行连接。

表 10-14　组装式中水处理设备

项目		初处理器	好氧处理体	厌氧处理体	浮滤池	加药器	深度处理器
组合内容		格栅、滤网、分溢流计量	调贮、曝气、氧化提升	调贮、厌氧水解、曝气回流	溶气气浮过滤	溶药、投加、计量	吸附交换供水
处理量/(t/h)	10	GF-1	OQ-10	AQ-10	LF-10	JY-500	SC-10
	20	GF-1	OQ-20	AQ-20	LF-20	JY-500	SC-20
	30	GF-2	OQ-30	AQ-30	LF-30	JY-800	SC-30
	50	GF-2	OQ-50	AQ-50	LF-50	JY-800	SC-50

思考题

1. 简述一体化污水处理设备的特点及其适用范围。
2. 某屠宰厂有机污水,进水 BOD$_5$ 为 900 mg/L,要求出水 BOD$_5$ 为 50 mg/L 以下,拟采用二段接触氧化法处理,试设计其工艺流程。
3. 简述一体化污水处理设备安装和运行注意事项。
4. 简述中水水质应满足的基本条件。
5. 简述中水回用设备中的接触氧化工艺设计。

第十一章 污水处理厂设计

第一节 设计程序与厂址选择

一、设计程序

污水处理厂的设计具体包括以下 4 个阶段：设计前期准备阶段、初步设计阶段、施工图设计阶段和设计后期工作阶段。

（一）设计前期准备阶段

设计前期准备阶段的主要工作是收集设计所需的技术资料，主要包括：

（1）污水处理项目的基本资料。包括国家有关水污染防治的法律法规及标准规程；地方政府关于水污染防治的各项规划；城市排水系统现状及建设规划；污水处理工程的服务范围、产排污特征、工程建设范围、规模和地址；污水处理后拟达到的排放标准；处理后污水和污泥的综合利用目标；受纳水体的水文资料；工程地质、地形地貌和气象等资料；城市概况及自然条件建设现状、分期计划及有关情况。

（2）设计任务书和委托书。由建设单位出具的设计任务书和委托书应包括委托设计工程的地点、处理规模、进出水水质、设计范围、设计文件交付进度等。

（3）污水处理项目的技术资料。对于采用新工艺、新设备和新材料的污水处理工程，应有工艺、设备和材料的技术资料或针对性的实验资料，或效果保证合同，此外还应有工程地质、水文地质等方面的勘测报告。

（4）污水处理项目的设计资料。工程范围内的地形图、污水处理厂进水管道断面图、工程用水、用电、征地及交通等方面的协议书、环保部门的同意书、区域水环境和重点水污染源治理可行性研究报告等。对于改扩建工程，应提供现有工程的设计资料或实测资料。

（二）初步设计阶段

污水处理工程初步设计的主要任务是明确工程规模、设计原则和标准，深化可行性研究报告提出的推荐方案，并进行必要的局部方案比较，提出拆迁、征地范围和数量，以及主要工程数量、主要材料设备数量、编制设计文件及工程概算。初步设计的主要依据是批准的可行性研究报告（方案设计），对没有可行性研究（方案设计）的设计项目，应进行方案比选工作，并应达到规定的设计深度。

（三）施工图设计阶段

污水处理工程施工图设计的主要任务是提供能满足施工、安装、加工和使用要求的设计图纸、说明书、材料设备表和要求设计部门编制的施工预算。施工图设计应以批准的初步设计为依据，如与批准的初步设计有较大变动，需经原审批部门批准；若建设单位提出重大变更，需通过计划管理部门，重新安排任务。

（四）设计后期工作阶段

污水处理工程设计后期工作的主要任务是配合施工以及参加工程试运转、设计回访、设计质量复评与设计总结。项目施工开始后，应安排有关设计人员定期到现场配合做好以下工作：施工图设计交底，加工及安装交底，解决与设计有关的施工问题，局部变更设计或会签施工洽商单，处理施工中发生的质量事故，参加隐蔽工程、工程竣工验收以及配合编写施工报告等。

对于大型或技术复杂的工程，待工程完成后，应组织设计人员参加污水处理厂的调试等试运行过程，进行必要的测试验证设计和优化运行参数；工程运行一定时间后，应组织设计人员进行回访，了解工艺运行及设备运转情况，征求对设计的意见，并应编写设计回访报告；在施工、试运行、设计回访的基础上，全面总结设计的优缺点和经验教训，做出设计质量复评。

二、厂址选择

污水处理厂厂址的选择与城市总体规划、排水规划、污水管网布局、污水走向、城区地形及污水处理后排放出路密切相关，应根据城市功能区布局、地形、地势、风向等自然条件以及现有空地情况而定。一般应考虑以下因素：

（1）符合城市或企业现状和规划对厂址的要求，并与选定的污水处理工艺相适应。

（2）尽量做到少占农田或不占良田，并选择有扩建条件的地方，为今后发展留有余地。

（3）必须位于给水水源下游，设在城镇、工厂厂区及生活区的下游和夏季主风向的下风向，并保持 300 m 以上的距离，但不宜太远，以免增加管道长度，提高造价。

（4）应选在工程地质条件较好的地方，尽可能减少基础处理和排水费用，降低工程造价，有利于施工，并考虑抗震。一般应选在地下水位较低，地基承载力较大，湿陷性等级不高，岩石无断裂带，以及对工程抗震有利的地段。

（5）尽量选在交通方便的地方，以利施工运输和运行管理，避免因增建道路，增加工程量和工程造价。

（6）尽量靠近供电电源，以利安全运行和降低输电线路费用。对大型或不允许间断污水处理工程需要连接两路电源。

（7）当处理后的污水或污泥用于农业、工业或市政时，厂址应考虑与用户靠近，或方便运输；当处理水排放时，应与受纳水体靠近；不宜设在雨季易受水淹的低洼处，靠近水体的处理厂，要考虑不受洪水威胁。

（8）充分利用地形，选择有适当坡度的地区，以满足污水处理构筑物高程布置的需要，减少土方工程量。

第二节　污水处理工艺流程选择

一、工艺流程选择依据

污水处理工艺流程选择的基本原则：保证处理出水水质达到要求；处理效果稳定，技术成熟可靠、先进适用；降低基建投资和运行费用，节省电耗；减小占地面积；运行管理方便，运转灵活；污泥需达到稳定；适应当地的具体情况；可积极稳妥地选用污水处理新技术。

（一）城市污水处理厂工艺流程选择依据

（1）城市污水的处理程度是污水处理工艺流程选定的主要依据，取决于原污水水质和处理后出水水质。设市城市和重点流域及水资源保护区的城市应建设二级污水处理或深度处理设施；受纳水体为封闭或半封闭水体时，为防止富营养化，城市污水必须进行二级强化处理或深度处理，增强脱氮、除磷效果；非重点流域和非水源保护区的城市，根据当地的经济条件和水污染控制要求以及国家有关标准确定。一般以完整的二级处理技术所能达到的处理程度为依据。

（2）处理规模和污水水质水量变化规律。某些处理工艺，如完全混合曝气池、塔式生物滤池和竖流沉淀池只适用于水量不大的小型城市污水处理厂。污水水质水量变化很大时，应考虑设调节池或事故贮水池，或选用承受冲击负荷能力较强的处理工艺。

（3）工程造价和运行费用。受批准的占地面积，征地价格，基建投资，运行成本，自动化水平，操作难易程度，当地运行管理能力等因素的影响，防止污水处理厂建成后因运行费用过高而无法正常运转。

（4）当地的各项条件。地形、气候等自然条件对污水处理工艺流程的选定具有一定影响，原材料与电力供应等也是选定处理工艺流程应当考虑的因素。

（5）污泥处理工艺的影响。污泥处理工艺作为污水处理方案的一部分，取决于污泥的性质与出路。

（6）对水量水质检验与自控的要求也对处理工艺的选择有一定影响。

（二）工业废水处理站工艺流程选择依据

（1）工业废水中污染物种类。工业废水是指工业生产过程中排出的废水，包括工艺过程用水、机器设备冷却水、烟气洗涤水、设备和场地洗涤水等。由于工业类型繁多，产生的废水性质完全不同，成分也非常复杂，因此应根据废水中所含污染物种类的不同有针对性地选择处理工艺。

（2）污染物在废水中存在状态。选择废水处理方法前，必须了解废水中污染物的形态。一般来说，易处理的污染物是悬浮物，而胶体和溶解物则较难处理。悬浮物可通过沉淀、过滤等与水分离，而胶体和溶解物则必须利用特殊的物质使之凝聚或通过化学反应使其粒径增大到悬浮物的程度，或利用微生物或特殊的膜等将其分解或分离。

（3）工业废水的处理程度。不同工业废水其排放标准不同，选择工艺时应首先确定废水的排放标准。

（4）工业废水的源头治理。可优先选用无毒生产工艺代替或改革落后生产工艺，尽可能在生产过程中杜绝或减少有毒有害废水的产生。在使用有毒原料以及产生有毒中间产物和产品过程中，应严格操作、监督，消除滴漏，清污分流，减少流失，尽可能采用合理流程和设备。

（5）工业废水的分质处理。对于含有剧毒物质的废水，如含有重金属、放射性物质、高浓度酚、氰等的废水，应与其他废水分流，以便处理和回收有用物质；对于流量较大而污染较轻的废水，应经适当处理循环使用，不宜排入下水道，以免增加城市下水道和城市污水处理负荷。对于类似城市污水的有机废水，如食品加工废水、制糖废水等，可排入城市污水系统进行处理。

二、工艺方案的比较与选择

进行工艺流程选择时，可以先根据污水处理厂的建设规模，进水水质特点和排放所要求的处理程度，排除不适用的处理工艺，初选 2~3 种流程，然后再针对初选的处理工艺进行全面的技术经济对比后确定最终的工艺流程。

（一）技术比较

在初选时可以采用定性的技术比较，城市污水处理工艺应根据处理规模、水质特性、排放方式和水质要求、受纳水体的环境功能以及当地的用地、气候、经济等实际情况和要求，经全面的技术比较和初步经济比较后优选确定。工艺比较时需要考虑的主要技术经济指标包括处理单位水量投资、削减单位污染物投资、处理单位水量电耗和成本、削减单位污染物电耗和成本、占地面积、运行性能可靠性、管理维护难易程度、总体环境效益等。定性比较时可以采用有定论的结论或经验值，不必进行详细计算。

（二）经济比较

（1）年成本法。将各方案的基建投资和年经营费用按标准投资收益率换算成使用年限内每年年末等额偿付的成本（考虑复利因素），年成本最低者为经济可取的方案。

（2）净现值法。将工程使用整个年限内的收益和成本（包括投资和经营费）按照适当的贴现率折算为基准年的现值，收益与成本现行总值的差额即净现值，净现值大的方案较优。

（3）多目标决策法。多目标决策是根据模糊决策的概念，采用定性和定量相结合的系统评价法。按工程特点确定评价指标，一般可以采用 5 分制评分，效益最好的为 5 分，最差的为 1 分。同时，按评价指标的重要性进行级差量化处理（加权），分为极重要、很重要、重要、应考虑、意义不大 5 级。取意义不大权重为 1 级，其他依次为 3、5、7、9 级，再按加权数算出评价总分，总分最高的为多目标系统的最佳方案。评价指标项目及权重应根据项目具体情况合理确定。

三、典型流程

（一）城市污水处理厂典型工艺流程

典型的城市污水处理工艺流程主要包括一级（机械）处理、生化处理、污泥处理等工段，如图 11-1 所示。由一级处理以及生化处理构成的系统属于二级处理系统,其 BOD_5 和 SS 去除率可达到 90%~98%。处理效果介于一级和二级处理之间的一般称为强化一级处理、一级半处理或不完全二级处理,主要有高负荷生物处理法和化学法两大类,BOD_5 去除率可达到 45%~75%。具有生物脱氮除磷功能的二级处理系统通常称为深度二级处理(如图 11-2 所示的 A^2/O 工艺、图 11-3 所示的 SBR 工艺)。为了进一步去除污水中的污染物质,在二级处理之后设置的处理系统属三级处理,如化学除磷、絮凝过滤、活性炭吸附等。

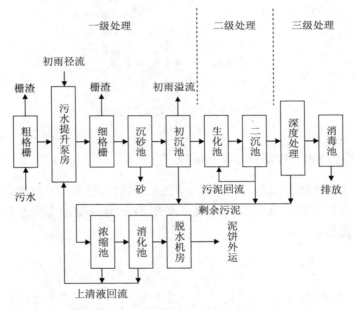

图 11-1 城市污水处理典型工艺流程

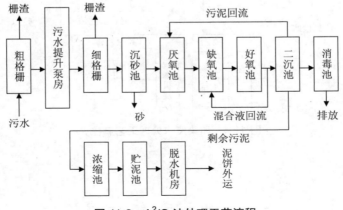

图 11-2 A^2/O 法处理工艺流程

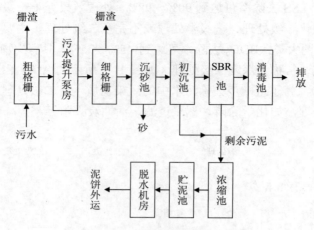

图 11-3　SBR 法处理工艺流程

(二) 工业废水处理站典型工艺流程

常规的工业废水处理站典型流程一般包括水质水量调节、预处理、生化处理和深度处理及污泥处理几部分，图 11-4 和图 11-5 分别是印染废水和啤酒废水处理典型工艺流程。

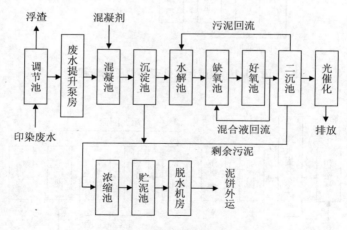

图 11-4　印染废水处理工艺流程

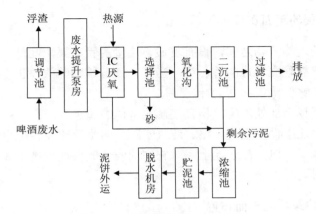

图 11-5　啤酒废水处理工艺流程

第三节　污水处理厂平面与高程布置

一、平面布置

污水处理厂的平面布置主要包括：各种构（建）筑物的平面定位；各种输水（泥）管道、阀门的布置；排水管渠及检查井的布置；各种管道交叉位置；供电线路位置，道路、绿化、围墙及辅助建筑的布置等。

（一）各处理构筑物的平面布置

处理构筑物是污水处理厂的主体建筑物，在做平面布置时应根据各构筑物的功能要求和水力要求，结合地形和地质条件，确定它们在厂区内的平面位置，应考虑以下几个方面：

（1）贯通、连接各处理构筑物之间的管、渠，使之便捷、直通，避免迂回曲折。

（2）土方量做到基本平衡，并避开劣质土壤地段。

（3）在处理构筑物之间，应保持一定距离，以保证敷设连接管、渠的要求，一般间距可取 5~10 m，某些有特殊要求的构筑物，如污泥消化池、沼气贮罐等，其间距应按有关规定确定。

（4）各处理构筑物在平面布置上应尽量紧凑。

（5）污泥处理构筑物应考虑尽可能单独布置，以便管理，并布置在厂区夏季主导风向的下风向。

(二) 管、渠的平面布置

(1) 在各处理构筑物之间,设有贯通、连接的管、渠,此外,还应设有能使各处理构筑物能够独立运行的管、渠,当某一处构筑物因故停止工作时,其后接处理构筑物仍能够保持正常的运行。

(2) 应设超越全部处理构筑物直接排放水体的超越管。

(3) 厂区内还应设有空气管路、沼气管路、给水管路及输配电线路。这些管线有的敷设在地下,但大都在地上,对它们的安装既要便于施工和维护管理,又要紧凑、少占用地。

(三) 辅助建筑物的平面布置

污水处理厂内的辅助建筑物有中央控制室、配电间、机修间、仓库、食堂、宿舍、综合楼等。

(1) 辅助建筑物的设置应根据方便、安全等原则确定,其建筑面积的大小应按具体情况条件而定。

(2) 生活居住区、综合楼等建筑物应与处理构筑物保持一定距离,并位于厂区夏季主风向的上风向。

(3) 操作工人的值班室应尽量布置在使工人能够便于观察各处理构筑物和运行情况的位置。

(四) 厂区绿化

平面布置时应安排充分的绿化地带,改善卫生条件,为污水处理厂工作人员提供优美的环境。绿化面积不宜小于全厂总面积的30%。

(五) 道路布置

污水处理厂内应合理修建道路,方便运输,应设置通向各处理构筑物和辅助建筑物的必要通道,道路设计应符合如下要求:① 主要车行道的宽度:单车道为3~4 m,双车道为6~7 m,并应有回车道;② 车行道的转弯半径不宜小于 6 m;③ 人行道的宽度为1.5~2.0 m;④ 通向高架构筑物的扶梯倾角不宜大于45°;⑤ 天桥宽度不宜小于1 m。

二、高程布置

污水处理工程的高程布置包括确定各处理构筑物和泵房的标高,处理构筑物之间连接管渠的尺寸及其标高;通过计算确定各部位的水面标高,从而使污水能在处理构筑物之间畅通地流动，保证污水处理工程正常运行。

（一）高程布置方法

（1）计算管道沿程损失，局部损失，各处理构筑物、计量设备及连接管渠的水头损失；考虑最大时流量、雨天流量和事故时流量的增加，并留有一定余地；还应考虑当某座构筑物停止运行时，与其并联运行的其余构筑物及有关连接管渠能通过全部流量。

（2）考虑远期发展，水量增加的预留水头。

（3）避免处理构筑物之间跌水等浪费水头的现象，充分利用地形高差，实现自流。

（4）在留有余量的前提下，力求缩小全程水头损失及提升泵站扬程，以降低运行费用。

（5）处理后的污水在常年大多数时间里能够自流排放水体。注意排放水位不一定选取水体多年最高水位，因为其出现时间较短，易造成常年水头浪费，而应选取经常出现的高水位作为排放水位，当水体水位高于设计排放水位时，可进行临时提升排放。

（6）应尽可能使污水处理工程的出水管渠高程不受水体洪水顶托，并能自流。

（二）构筑物的水头损失

为降低运行费用和便于维护管理，污水在处理构筑物之间的流动应按重力流考虑，为此，必须精确计算污水流动中的水头损失。污水流经各处理构筑物的水头损失按照表 11-1 进行估算。

表 11-1 构筑物的水头损失

构筑物名称		水头损失/m	构筑物名称	水头损失/m
格栅		0.1~0.25	氧化沟	0.5~0.6
沉砂池		0.1~0.25	生物滤池（装有旋转式布水器）	2.7~2.8
沉淀池	平流	0.2~0.4	曝气生物滤池	2.5~3.5
	竖流	0.4~0.5	混合池或接触消毒池	0.1~0.3
	辐流	0.5~0.6	污泥干化场	2~3.5
双层沉淀池		0.1~0.2	配水井	0.1~0.3
曝气池	污水潜流入池	0.25~0.5	集水井	0.1~0.2
	污水跌水入池	0.5~1.5	计量堰	0.2~0.4

(三)连接管渠水头损失

污水流经连接前后两处理构筑物的管渠(包括配水设施)时产生的水头损失包括沿程和局部水头损失。

(1) 沿程水头损失的计算公式如下:

$$h_1 = iL \tag{11-1}$$

式中:i —— 坡度,由给水排水设计手册可查得;
L —— 管长,单位为 m。

(2) 局部水头损失的计算公式如下:

$$h_2 = \sum \xi \frac{v^2}{2g} \tag{11-2}$$

式中:ξ —— 局部阻力系数,可查给水排水设计手册;
v —— 管内流速,一般取 0.6~1.2 m/s。

对于初步设计,局部水头损失可按 0.2 倍的沿程水头损失计算,即

$$h_2 = 0.2 h_1 \tag{11-3}$$

(四)计算实例

某污水处理厂内污水在处理流程中的水头损失选最长的流程进行计算,结果见表 11-2。

表 11-2 污水处理厂水头损失计算

名称	流量/(L/s)	管径/mm	i/‰	V/(m/s)	L/m	h_1/m	$\sum \xi$	h_2/m	$\sum h$/m
出厂管	1169	1200	1.48	1.03	80	0.118	1.00	0.054	0.172
计量堰									0.34
接触池									0.3
集配水井									0.2
集配水井至二沉池	292	700	3.08	0.76	100	0.308	6.18	0.182	0.49
二沉池									0.5
二沉池至配水井	292	700	3.08	0.76	10	0.031	3.84	0.113	0.144
配水井									0.2
氧化沟									0.5
氧化沟至配水井	292	700	2.82	0.76	13	0.037	5.00	0.147	0.184

名称	流量/(L/s)	管径/mm	i/‰	V/(m/s)	L/m	h_1/m	$\Sigma\xi$	h_2/m	Σh/m
配水井									0.2
配水井至沉砂池	585	900	2.41	0.92	30	0.072	7.26	0.313	0.385
沉砂池									0.25
细格栅									0.25
提升泵房									2.0
粗格栅									0.1
进水井									0.2
Σ									Σ=6.415

第四节 城市污水处理厂设计实例

一、概况

某市总面积 265 km², 总人口 104.57 万, 属亚热带海洋性季风气候。冬暖夏长而不酷热, 阳光充足, 雨量充沛且多暴雨, 温差振幅小, 季风明显。年平均气温 22.1℃, 多年平均降雨量 1 724 mm（71 年平均），盛行东风、东北风次之。该市地形属平原丘陵型，地势自东南向西北倾斜。境内地形多样，有低山、丘陵、台地、平原、滩涂和水域等。

二、处理规模和进出水水质

（一）处理规模

据城市规划部门的预测，该污水处理工程的处理规模为：近期 5×10^4 m³/d，中期 10×10^4 m³/d，远期 20×10^4 m³/d。

（二）进水水质

污水处理厂设计进水水质 BOD_5=150 mg/L, SS=150 mg/L, COD=300 mg/L, NH_3-N=30 mg/L, TP=4 mg/L。

（三）出水水质

参照国家《城镇污水处理厂污染物排放标准》（GB 13898—2002）的一级 B 标准，本工程出水水质应为：BOD_5≤20 mg/L, COD≤40 mg/L, SS≤20 mg/L,

NH$_3$-N≤10 mg/L，TP≤0.5 mg/L。

三、处理工艺

按照进、出水水质情况，结合当地自然经济现状，经多方案比选，确定采用改良氧化沟作为该厂的处理工艺。该处理工艺主要包括：粗格栅、进水泵房、细格栅、涡流沉砂池、改良氧化沟、配水井、二次沉淀池、鼓风机房、污泥泵房、污泥调节池、污泥脱水机房以及远期考虑建设的加氯消毒池，具体处理工艺流程见图 11-6。

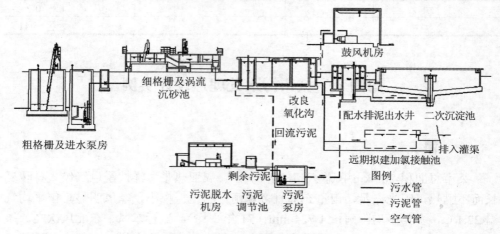

图 11-6　某污水处理厂工艺流程

四、主要构筑物

（1）进水泵房：进水泵房按照 5×10^4 m^3/d 规模进行设计，总变化系数 1.2，采用潜污泵，该泵房与粗格栅间合建。

（2）涡流沉砂池：水力表面负荷为 164 m^3/（m^2·h），水力停留时间为 40 s。

（3）改良氧化沟：厌氧区停留时间 1.5 h，缺氧区停留时间 2.0 h，好氧区停留时间 8.6 h，好氧区污泥负荷 0.12 kg BOD$_5$/（kg MLSS·d），容积负荷 0.42 kg BOD$_5$/（m^3·d）。

（4）二沉池：采用周边进水、周边出水辐流式二沉池 2 座，设计表面负荷 q_{max}=1.33 m^3/（m^2·h）。

（5）配水排泥井：1 座，直径 5 m，负责将改良氧化沟出水均匀地分配至各座二沉池，各池的排泥经管道排至污泥泵房。

（6）污泥浓缩脱水机房：1 座，尺寸：33 m×28.2 m，安装带式浓缩压滤机 2 台（一用一备），单机能力为 20～40 m^3/h。

（7）鼓风机房：鼓风机房的土建按远期规模（20×10⁴ m³/d）一次建成，主要设备按近期规模（5×10⁴ m³/d）配置。罗茨鼓风机：近期3台，2用1备，其中一台变频；风量 Q=86.8 m³/min，最大风压 0.065 MPa。

五、平面布置

该污水处理厂厂址拟选在该市科技产业园区西北角，厂址的西侧即为某水库的泄洪渠，规划控制用地为 12 hm²。厂区现状多为水塘及农田，地势较为平坦。

污水处理厂平面布置分为污水处理区、污泥处理区及辅助生产区。生活区布置在北侧，污水处理区布置在厂区中部，南部为污泥处理区，该厂平面布置如图11-7所示。

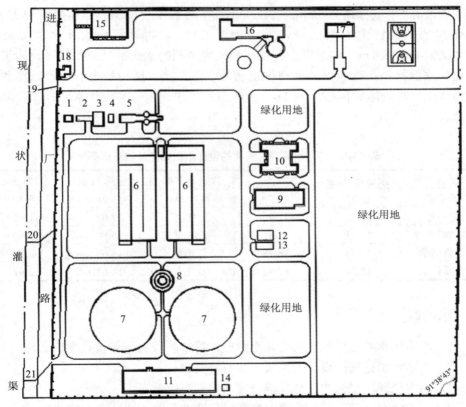

图 11-7 某污水处理厂平面布置

1. 进水阀门井；2. 粗格栅；3. 污水提升泵房；4. 泵房出水阀门井；5. 细格栅与涡流沉砂池；
6. 改良氧化沟；7. 二沉池；8. 配水井；9. 鼓风机房；10. 配电房；11. 污泥脱水机房；
12. 污泥泵房；13. 污泥泵阀阀门井；14. 污泥池；15. 设备维修间、车库；16. 办公楼；
17. 食堂；18. 门卫；19. 大门；20. 围墙；21. 侧门

六、高程确定

（一）设计水面标高

根据设计资料，总排水口河底标高 10.50 m，正常水位 10.90 m，最高洪峰水位 13.8 m。污水处理厂内的自然地面标高 14.8 m，高于最高洪峰水位 1.0 m。污水经提升泵后自流排出，由于不设污水处理厂终点泵站，从而布置高程时，确保接触池的水面标高大于 10.90 m。

（二）各处理构筑物的高程确定

进水干管管底标高 11.70 m，管径 900 mm，充满度 0.7，算得水面标高 12.33 m；氧化沟按结构稳定的原则确定池底埋深−2.0 m，再计算出设计水面标高为 14.8−2.0+4.0=16.8 m，然后根据各处理构筑物之间的水头损失，推算其他构筑物的设计水面标高；再根据各处理构筑物的水面标高、结构稳定的原理推算各构筑物地面标高及池底标高，表 11-3 为各污水处理构筑物的设计水面标高和池底标高。

表 11-3　各污水处理构筑物的设计水面标高及池底标高

构筑物名称	水面标高/m	池底标高/m	构筑物名称	水面标高/m	池底标高/m
进水管	12.33	11.70	沉砂池	18.26	15.10
粗格栅	12.03	11.70	厌氧池	17.02	11.98
泵房吸水井	11.83	7.00	氧化沟	16.80	12.80
细格栅前	18.64	18.18	二沉池	15.60	8.53
细格栅后	18.39	17.82	接触池	14.67	12.97

思考题

1．城市污水处理厂设计共分几个阶段，每个阶段的工作重点是什么？
2．城市污水处理厂设计的主要内容有哪些？
3．污水处理厂平面布置与高程布置的原则有哪些？
4．城市污水处理厂与工业废水处理站工艺选择的主要区别有哪些？

参考文献

[1] 缪应祺. 水污染控制工程[M]. 南京：东南大学出版社，2002.

[2] 郭茂新，孙培德，楼菊青. 水污染控制工程学[M]. 北京：中国环境科学出版社，2005.

[3] 高廷耀，顾国维，周琪. 水污染控制工程（下册）. 第3版[M]. 北京：高等教育出版社，2007.

[4] 王宝贞. 水污染控制工程[M]. 北京：高等教育出版社，1990.

[5] 上海市建设和交通委员会. 室外排水设计规范（GB 50014—2006）[S]. 北京：中国计划出版社，2011.

[6] 彭党聪. 水污染控制工程. 第3版[M]. 北京：冶金工业出版社，2010.

[7] 王郁，林逢凯. 水污染控制工程[M]. 北京：化学工业出版社，2007.

[8] 孙体昌，娄金生. 水污染控制工程[M]. 北京：机械工业出版社，2010.

[9] 任南琪，赵庆良. 水污染控制原理与技术[M]. 北京：清华大学出版社，2010.

[10] 唐受印，戴友芝，汪大翚. 废水处理工程. 第2版[M]. 北京：化学工业出版社，2004.

[11] 许保玖，龙腾锐. 当代给水与废水处理原理. 第2版[M]. 北京：高等教育出版社，2000.

[12] 朱屯. 萃取与离子交换[M]. 北京：冶金工业出版社，2005.

[13] 王湛，周翀. 膜分离技术基础[M]. 北京：化学工业出版社，2006.

[14] 华耀祖. 超滤技术与应用[M]. 北京：化学工业出版社，2004.

[15] 李亚新. 活性污泥法理论与技术[M]. 北京：中国建筑工业出版社，2006.

[16] 郑兴灿，李亚新. 污水除磷脱氮技术[M]. 北京：中国建筑工业出版社，1998.

[17] 尹士君，李亚峰. 水处理构筑物设计与计算[M]. 北京：化学工业出版社，2004.

[18] 田禹，王树涛. 水污染控制工程[M]. 北京：化学工业出版社，2011.

[19] 王小文，张燕秋. 水污染控制工程[M]. 北京：煤炭工业出版社，2002.

[20] 刘雨，赵庆良，郑兴灿. 生物膜废水处理技术[M]. 北京：中国建筑工业出版社，1999.

[21] 张自杰. 排水工程（下册）. 第4版[M]. 北京：中国建筑工业出版社，2000.

[22] 张自杰. 环境工程手册：水污染防治卷[M]. 北京：高等教育出版社，1996.

[23] 郑铭，刘宏，陈万金，等. 环保设备——原理 设计 应用. 第2版[M]. 北京：化学工业出版社，2007.

[24] 陈家庆. 环保设备原理与设计. 第2版[M]. 北京：中国石化出版社，2008.

[25] 高廷耀，顾国维. 水污染控制工程（下册）. 第2版[M]. 北京：高等教育出版社，2003.

[26] 蔡隽璇，姚群，李宁. 环保工程投资计算与控制[J]. 中国环保产业，2004（1）：22-24.

[27] 曾科，卜秋平，陆少鸣. 污水处理厂设计与运行[M]. 北京：化学工业出版社，2001.

[28] 高峻发，王社平. 污水处理厂工艺设计手册[M]. 北京：化学工业出版社，2003.

[29] 张智，张勤，郭士权，等. 给水排水工程专业毕业设计指南[M]. 北京：中国水利水电出版社，2002.

[30] 魏先勋. 环境工程设计手册. 修订版[M]. 长沙：湖南科学技术出版社，2002.

[31] 伊军，谭子军. 污水污泥处理处置与资源化[M]. 北京：化学工业出版社，2004.

[32] 崔玉川，刘振江. 城市污水处理设施设计计算[M]. 北京：化学工业出版社，2004.

[33] 吴俊奇，付婉霞. 给水排水工程[M]. 北京：中国水利水电出版社，2004.

[34] 史魏祥. 实用环境工程手册——污水处理设备[M]. 北京：化学工业出版社，2002.

[35] 崔玉川，刘振江，张绍仪，等. 城市污水厂处理设施设计计算[M]. 北京：化学工业出版社，2004.

[36] 王良均，吴孟周. 污水处理技术与工程实例[M]. 北京：中国石化出版社，2006.

[37] 韩剑宏. 水工艺处理技术与设计[M]. 北京：化学工业出版社，2007.

[38] 胡纪萃. 废水厌氧生物处理理论与技术[M]. 北京：中国建筑工业出版社，2003.

[39] George Tchobanoglous，Franklin L. Burton，H. David Stensel. Wastewater Engineering: Treatment and Reuse. Fourth Edition. McGraw-Hill，2004.

[40] Ronald L. Droste. Theory and Practice of Water and Wastewater Treatment. Wiley，1997.

[41] Nicholas P. Cheremisinoff. Handbook of water and wastewater treatment technologies. Butterworth-Heinemann，2002.

[42] Udo Wiesmann，In Su Choi，Eva-Maria Dombrowski. Fundamentals of biological wastewater treatment. Wiley-VCH，2007.

[43] 成官文. 水污染控制工程[M]. 北京：化学工业出版社，2009.

[44] Udo Wiesmann，In Su Choi，Eva-Maria Dombrowski. 废水生物处理原理[M]. 盛国平，王曙光译. 北京：科学出版社，2009.

[45] 王洪臣，周军，王佳伟，等. 5F-A^2/O—脱氮除磷工艺的实践与探索[M]. 北京：中国建筑工业出版社，2009.

[46] 邓荣森. 氧化沟污水处理理论与技术[M]. 北京：化学工业出版社，2011.

[47] Mark J Hammer. Water and wastewater technology. Pearson/Prentice Hall，2008.

[48] John C Crittenden，R Rhodes Trussell，David W Hand，et al. MWH's Water Treatment: Principles and Design，3rd Edition. Wiley，2012.